KB135145

UV/EB시리즈 2

광경화형(UV, EB, LED) 고분자 화학

광경화형(UV, EB, LED) 고분자 화학

임진규 지음

목 차

개요

1. 개요

　광경화라는 용어는 광에 의해 액체에서 고체로의 전환을 설명하거나 중합체의 물리적 특성을 변화시키는 데 사용된다. 업계에서 일반적으로 사용되는 광은 자외선 또는 전자빔이다. 최근에는 펄스 라이트 시스템에 새로운 관심을 보이며, 연속파 레이저 및 발광 다이오드를 사용할 시스템을 찾기 위해 많은 노력을 기울이고 있다. 결과적으로 가시광선 및 근적외선에 반응하는 광개시제의 사용에 대한 관심이 증가하고 있다.

2. 빛의 흡수

　원하는 반응을 일으키기 위해 어떻게 빛을 이용할 수 있을까? 빛은 에너지이고 에너지의 양은 주파수와 관련이 있다.

$$\text{에너지} \ \alpha \quad \text{진동수} \quad \alpha \quad \frac{1}{\text{파 장}}$$

자외선은 파장에 따라 분류할 수 있다.

UVA 315~380nm

UVB 315~280nm

UVC 280~100nm

시스템이 빛에 민감하기 위해서는 이를 흡수할 수 있어야 하고 중합반응을 시작하거나 가교반응을 일으키는 종을 생성할 수 있어야 한다. 광개시제(A)의 역할은 중합을 개시할 반응종을 만든다. 반면, 광증감제(Photosensitiser)(D)는 반응종의 생산을 유도하는 종을 활성화시키는 화합물이다.

$A \rightarrow A^* \rightarrow$반응종

$D \rightarrow D^*$

$D^* + A \rightarrow D + A^*$ 에너지 전이

전자 또는 원자 이동

$A^* \rightarrow$반응종

가교결합 반응(고분자의 물리적 성질을 변화시킴)에서 광반응성 그룹(P)은 빛을 흡수해서 에너지를 받고, 새로운 결합을 만드는 반응을 시작한다. 이러한 시스템은 많은 경우 에너지 이동(사용되는 시스템에 따라 단일 또는 삼중항 에너지 이동)에 의해 민감해질 수 있다.

이 공정에서, 증감제 D는 광을 흡수하고 그로 인해 들뜬 상태(excited state)가 되며, 이 과정에서 종 P에게 에너지를 전달할 수 있는, 들뜬 상태 P를 발생시킨다.

$P \rightarrow P^* \rightarrow P\text{-}P$ 새로운 결합 형성

$D \rightarrow D^*$

$D^* + P \rightarrow P^* + D$ 에너지 전이

$P^* + P \rightarrow P\text{-}P$

분자에 의한 빛의 흡수는 여러 원자가 연결되는 결합의 유형에 의해 결정된다. 광자(Photon)가 흡수될 때 에너지는 결합 또는 비결합 오비탈로부터 반결합 오비탈로 전자를 이동시키는 데 사용된다. 결과적으로 자외선, 가시광선 흡수 분광기는 전자 흡수 분광기로 종종 나타낸다. 일반적으로 사용되는 개시제로 광증감제, 감광성 그룹은 광경화가 발생한다. 결합 오비탈이라고 하면 보통 π-오비탈, 비결합 오비탈, n-오비탈이 있다. 보통 이러한 오비탈로부터의 전자는 π^* 반결합 오비탈로 이동된다.

카르보닐기를 생각해보자. 그림 1.1에서 보여주는 것과 같이 그것은 π와 n-결합 오비탈을 가진다. 빛의 흡수는 π 또는 n-결합 오비탈로부터 π^* 오비탈로 전자를 이동시킨다. 광자의 흡수가 일어나기 위해서는 그 에너지가 전자 전이를 일으키는 데 필요한 에너지와 정확히 일치해야 한다. 즉, 이것이 양자화되는 과정이다.

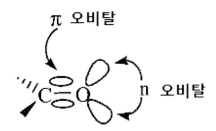

그림 1.1 카르보닐기에 존재하는 n과 π 결합 오비탈

용액에서 벤조페논과 같은 전형적인 케톤의 전자 흡수 스펙트럼은 두 가지 유형의 전이가 존재한다(그림 1.2).

두 가지 유형의 전이 존재는 광경화에 관련된 공정에 어떠한 영향을 미칠까? 완전히 점유된 오비탈은 2개의 전자를 포함하며, 스핀들이 짝을 이루는 것을 단일 상태로 불린다.

광자의 흡수는 매우 빨라서 스핀은 유지되고 그 결과로 들뜬 단일상태(excited singlet states)가 생긴다. 절반만 점유된 오비탈의 전자와 핵 사이에서 자기적 상호작용 때문에 스핀 반전(spin inversion)이 일어나고 삼중항 상태(triplet states)가 생긴다(그림 1.3).

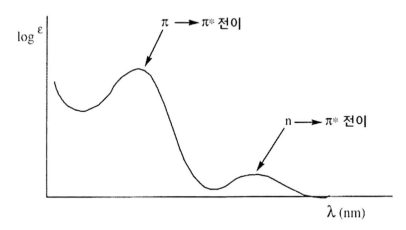

그림 1.2 벤조페논의 흡수 스펙트럼

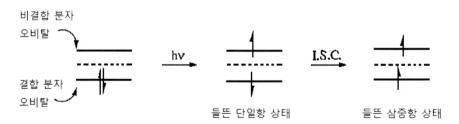

그림 1.3 들뜬 단일 상태와 삼중항 상태가 어떻게 생성되는지를 보여주는 도식적 그림

스핀 반전 과정은 향간 교차(ISC)라고 말한다. 이것은 느린(~10^{-9}sec) 흡수 공정과 관계 있다. 삼중항 상태에서 바닥 상태로 전이되기 위해 스핀반전을 발생하여야 하며, 이것은 느리기 때문에 긴 수명을 갖는다(10^{-8}~10^{-3}sec). 들뜬 단일 상태는 스핀반전이 수반되지 않는 과정(내부전환이라함)에 의해 바닥 상태로 이동한다. 결론적으로 상대적 수명이 짧다(10^{-12}~10^{-9}sec). 분자에 두 가지 전이가 나타날 때, 광자는 흡수되어 더 높은 에너지 전이가 진행된다. 일반적으로 들뜬 상태에서 주위 분자에게 열과 같은 에너지를 잃고 가장 낮은 들뜬 단일 상태로의 발생은 향간 교차(ISC)를 겪

는다. 우리는 자블론스키(Jablonski) 도표에 의하여 모든 공정을 요약할 수 있다(그림 1.4).

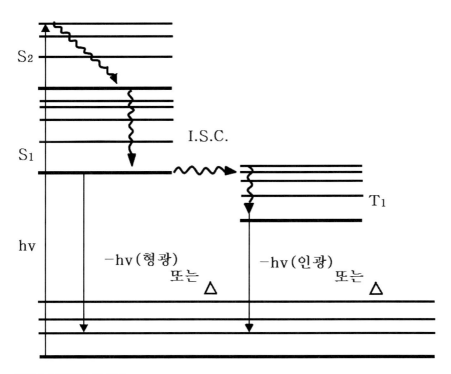

벤조페논의 경우, S_2는 $\pi \rightarrow \pi^{*}$ 전이를 거쳐서, S_1은 $n \rightarrow \pi^{*}$ 전이를 거쳐서 일어난다. 그림 1.3과 1.4를 통해 254nm에서의 빛 흡수가 S_2 단계를 발생시킨다는 것을 보여준다. 그러나 에너지 손실은 S_1과 T_1 단계와 동시에 발생된다. 결과적으로 흡수된 빛 모두가 광화학 반응에 이용되는 것은 아니다. 그럼에도 불구하고 짧은 파장에서 빛의 흡수는 특히 도막-공기 경계 면에서 경화를 향상시키는 데 유용하다.

보통 삼중항 상태가 들뜬 단일 상태보다 더 긴 수명을 갖는다고 언급되었다. 짧은 수명의 들뜬 단일 상태보다는 긴 수명을 갖는 삼중항 상태가 이분자 반응을 더 겪는다. 들뜬 상태 A^{*}와 바닥 상태의 분자 M 사이에서의 이분자 반응속도는 A*의 수명, M의 농도, 반응속도상수, 매질의 점도에 의존한다. 따라서 빠른 속도는 긴 수명을 가지는 A*, 고농도의 M, 낮은 매체 점도에 의해 선호된다. A*와 M의 반응은 M으로부터 유도된 개시 라디칼(유형 Ⅱ 광개시제 시스템)을 발생시키며, 광개시 중합공정이 진행됨에 따라 공정의 효율은 감소할 것이다. 이는 반응이 진행됨에 따라 반응 혼합물의 점도가 증가하기 때문이다.

이전에 민감화에 대하여 논의되었을 때, 에너지 전이반응는 이분자 과정이며, 따라서 민감화의 효율은 또한 매질의 점도에 의존한다. 이것은 경화의 진행을 감소시킬 것이다. 에너지 전이는 에너지 소비를 초래한다. 광경화에서 여러 가지 타입 Ⅱ 개시제는 비교적 긴 수명을 가지며, 산소에 의해 억제될 수 있다.

$$A^*_{T1} + {}^3O_2 \longrightarrow A_{S0} + {}^1O_2$$

T_1: 첫 번째 들뜬 삼중항 상태
${}^3O_2$: 바닥 상태 산소
${}^1O_2$: 단일항 산소-들뜬 상태의 산소

이는 코팅에서 산소의 존재로 인해 경화의 효율을 감소시킬 수 있는 방법 중 하나이다.

그림 1.2에 표시된 것과 같은 흡수 스펙트럼에 포함된 정보를 이해하는 것은 다른 이유로 중요하다. 정량 스펙트럼(quantitative spectrum)이 실행된다면 흡광 계수는 Beer Lambert의 규칙을 사용하여 계산된다.

$$OD = \log(I_0/I) = \varepsilon Cl$$

여기서 OD=광학 밀도, I_0은 입사 광의 강도, I는 투과된 광, e=흡광 계수, c=리터당 몰농도, l=경로 길이(cms).

용액에서 물질에 대한 스펙트럼을 기록할 때 1cm를 사용하는 것이 일반적이다. 셀과 개시제 제조자는 종종 셀에서 진행되는 용액에서의 물질에 대한 흡수 스펙트럼을 제공한다.

우리가 코팅에 대해 고려할 때 mm단위의 경로길이를 이야기한다. 10mm 코팅은 1cm 셀의 1/1,000의 경로길이다. 이 경로길이는 스펙트럼을 기록하는 데 있어 1cm 셀보다 상당히 짧다. 그러나 용액 스펙트럼으로 흡광 계수를 계산할 때 우리는 코팅에서 물질이 명시된 파장을 흡수한 정도를 계산할 수 있다. 광개시제의 경우 빛이 코팅 전체에 효율적으로 흡수되는 것은 필수적이다. 코팅 바닥의 불량한 흡수는 경화부족을 초래할 것이다. 이것은 개시제의 양이 너무 많거나 너무 적을 때 발생할 수도 있다. 너무 많은 개시제가 사용되면 거의 모든 빛이 코팅의 윗부분에서 흡수될 것이다. 실용적으로, 사용되는 램프의 주요 방출선을 아는 것과 이 파장에 대한 개시제의 흡광 계수를 계산하는 것은 유용하다.

흡광 계수와 코팅 두께의 정보로부터, 특정 파장이 흡수되는 정도를 계산할 수 있다. 이것은 빛의 적절한 흡수를 보장하기 위해 엑시머 램프에 의해 제공되는 것과 같은 단색 광을 사용하는 것이 특히 중요하다. Beer Lambert Law가 말한 전이 과정은 효율적인 빛의 흡수와 관계되고, 얇은 필름에서 물질의 낮은 농도가 필요하다. 두꺼운 필름이 사용될 때, 빛이 바닥에 도달한다면 물질의 농도를 낮춰야만 한다. 낮은 흡광계수를 갖는 물질은 빛이 두꺼운 필름의 바닥에 도달하는 경우에 특히 유용하다. 약 15mm 정도의 보통 두께의 필름에서 벤조페논이 개시제로 사용된다면, 그림 1.2에서 흡수 스펙트럼에 따르면 300nm 이하의 파장은 흡광계수의 높은 값으로 인해 표면 근처에서 효과적으로 흡수될 것이며, 300nm 이상의 파장은 필름을 통과하여 경화시킬 것이다. 어떤 물질이 UV 스크린에서 활성화되는지, 개시제에 의해 효과적으로 흡수되는 빛을 막는지 결정하기 위해 배합 구성물의 흡수 스펙트럼을 기록하는 것은 유용하다.

3. 전자빔 조사

높은 에너지의 전자가 유기물질과 충돌할 때 이온화가 에너지 손실 이후에 일어난다.

$$e^{*****} + M \rightarrow ^{***} + e + M^{+\cdot}$$

e^{*****}: 고에너지 전자

e: 느리거나 낮은 에너지 전자

$M^{+\cdot}$: 분자이온

이온화 프로세스는 특정한 분자에 선택적이지 않고 구조적으로 다른 다수의 이온 분자가 만들어진다.

예,

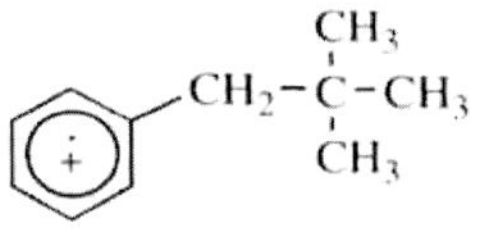

(1)
방향족 잔기의 이온화

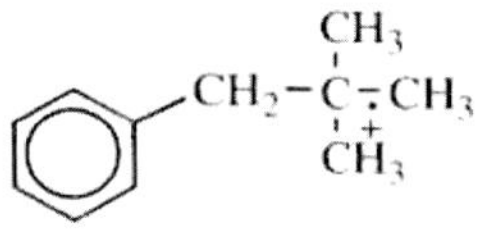

(2)
곁사슬의 이온화

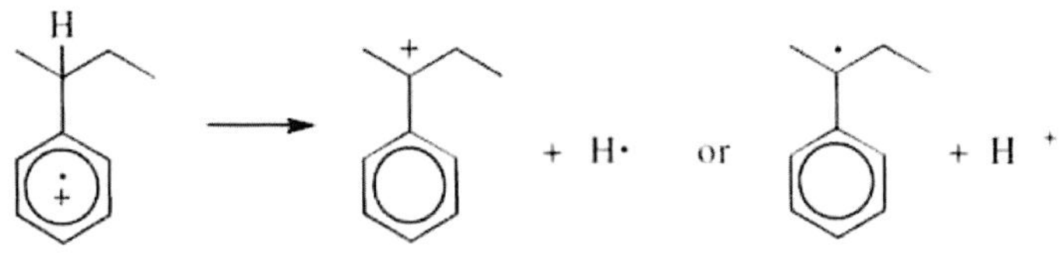

초기 이온 프로세스는 랜덤하게 일어남에도 불구하고, 가장 안정한 분자 이온을 제공하기 위해 홀 호핑(hole hopping)이 발생할 수 있다. 예 (2)→ (1). 분자 이온은 양이온 및 라디칼을 제공하기 위해 단편화될 수 있다. 저속 또는 저에너지 전자의 화학 작용이 가장 중요하다. 이와 같은 전자는 (1) 환원제의 역할을 하고(양이온성 광개시제를 환원시킨다), (2) 그들 자체로 이중결합(아크릴레이트에서 발견할 수 있는)에 붙어서 개시종을 생성하고, (3) 안정한 라디칼 이온을 제공하는 방향족 잔류물에 결합하거나 일시적인 종을 분리하기 위해 방향족 잔류물에 결합한다(해리성 전자포획)(그림 1.5).

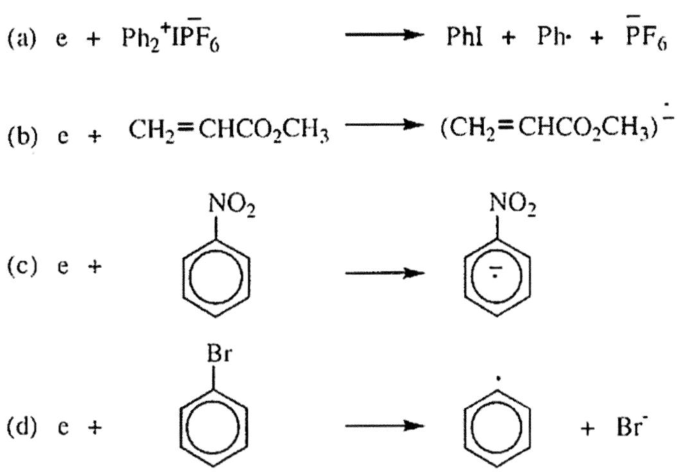

그림 1.5 느린 전자가 겪을 수 있는 반응 요약

전자빔은 라디칼 양이온, 저속 전자를 통한 라디칼 경화 시스템의 개시를 이끈다.

4. 전형적인 UV, EB 경화 배합

투명한 표면 코팅 생성에 관한 UV 경화 배합의 가장 간단한 유형은 다음과 같은 성분을 포함한다:

광개시제	1~15%w/w
반응성 희석제(모노머)	~55%w/w
예비중합체(올리고머)	~30%w/w

이러한 배합은 자유 라디칼 또는 양이온성 과정을 통해 투명 바니쉬를 제조하는 것이 일반적이다. 자유 라디칼 경화가 진행됨에 따라 산소장애가 발생하므로, 효과를 개선하기 위해 3차 아민(~5%w/w)을 첨가한다. 올리고머는 경화된 코팅에 적절한 물리적 성질을 부여하는 분자 그 자체뿐만 아니라 중합 공정을 담당하는 다수의 관능기를 포함하는 비교적 고분자량 물질이다. 올리고머는 통상 점도가 높기 때문에 일반적인 도료 공정을 통해 기재에 도포하기가 어렵다. 이러한 이유로 반응성 희석제가 첨가된다. 이 혼합물은 중합 가능한 그룹을 갖고 있고 배합점도를 낮추는 역할을 하며 반응시스템과 가교밀도를 제어하는 데 사용된다. 착색된 코팅이 필요한 경우 적절한 안료가 혼합된다(15~25%의 w/w 정도). 양이온성 경화시스템에 사용하는 안료를 선택할 때, 치환체(substituent)와 표면처리(surface treatment)를 포함하지 않아야 하기 때문에 특별한 주의가 필요하다.

자유 라디칼 과정과 EB를 통한 투명한 표면 코팅을 만들기 위해서는 위에 보여준 것과 같은 유사한 배합에 광개시제 없이 사용될 수 있다.

경화할 때 질소 조건하에서 수행된다. 즉, 코팅은 산소가 없는 조건에서 경화되고 3차 아민은 필요없게 된다. 착색된 코팅은 적절한 안료분쇄에 의해 생성된다. 많은 안료들은 저속 전자를 포집함으로써 경화 과정을 방해한다. 양이온 반응을 통한 코팅 경화를 시키기 위해서는 배합에 양이온 광개시제를 포함해야 한다. UV 경화 시스템에서 안료의 선택은 신중해야 한다.

5. UV 경화 장비

5.1 총론

일반적인 UV 경화 장치는 그림 1.6에서 보여주는 것과 같이 하나 또는 그 이상의 램프를 갖고 있다. 경화시킬 물질은 움직이는 벨트를 이용하여 램프의 밑을 통과한다. 벨트의 속도는 코팅이 빛에 얼마나 오래 노출되는지를 결정해준다. 다른 중요한 매개변수는 반사면 시스템의 설계 및 최적의 유형에 관한 다양한 견해들이 있다.

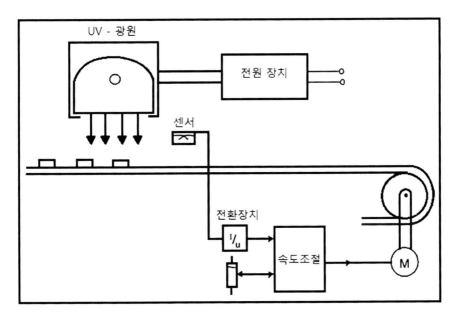

그림 1.6 실험실 UV 경화 장비

일부는 코팅에 빛을 집중시키는 포물선 모양의 반사체를 사용하는 것이 더 좋다고 생각하는 반면, 타원형 반사경 또는 비교적 큰 영역의 코팅을 조사할 수 있는 초점 없는 포물선형의 반사체를 선호하는 사람들도 있다.

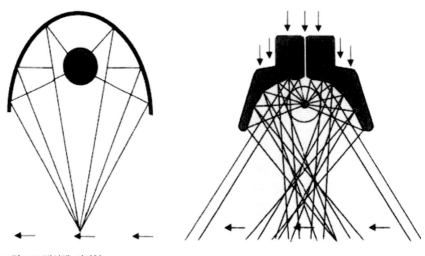

그림 1.7 반사체 디자인

UV 빛의 반사체는 양극처리된 알루미늄이 좋으며 일반적으로 사용된다. 다이크로익(Dichroic) 반사면도 사용 가능하며 이는 적외선 복사를 전도하고 유용한 UV, 가시광선을 반사하도록 설계되었다. 어떤 반사경 시스템을 선택하든지 간에 열적 관리가 가장 중요하다.

셔터 메커니즘은 대부분의 산업 장비에 장착되며, 정전이 발생하면 컨베이어가 멈추게 된다. 이러한 방식으로 코팅에 점화하는 광에 의해 야기된 화재는 피할 수 있다.

조사 챔버의 열량은 환기 시스템에 의해 단위시간당 램프를 지나가는 공기의 부피로 결정된다. 열에 민감한 기판을 코팅할 경우 냉각 롤러가 사용될 수 있다. 두꺼운 도막을 경화할 때 중합열이 상당한 기여를 할 수 있으며, 안료가 코팅된 경우, 안료가 상당한 양의 광을 흡수하여 열로 분해될 수 있다는 점을 기억해야 한다. 램프의 종류와 정격 출력은 경화 효율 및 조사 챔버에서 발생하는 열량에 큰 영향을 미친다.

앞서 말한 것들도 컨베이어 시스템과 관계 있으나 그 밖에 많은 다른 것들도 관계가 있다.

프로젝션 시스템은 광원과 렌즈 배열을 사용하여 넓은 영역을 조사/이미지화할 수 있으며 포스터 제작에 유용하다. 스팟 경화(Spot cure)시스템, 연속파 레이저 등은 전자 응용분야에서 작은 영역을 조사할 때 사용된다.

5.2 램프

중합을 개시하기 위해 다양한 램프를 사용하며, 다음과 같다.

- 수은 램프(저, 중, 고 압력)
- 무전극 램프
- 엑시머(Excimer) 램프
- 제논 램프(무동 펄스, free running pulse)
- 스팟 경화 램프
- 연속파, 펄스 레이저
- 발광 다이오드(LED)

많은 램프에서 도핑(doping)을 통해 스펙트럼 출력을 바꿀 수 있으며 이 것은 기술자가 사용할 수 있는 재료의 선택을 증가시킨다. UV 경화 응용에 가장 많이 사용되는 램프는 중압 수은 램프이다. 이 램프는 사용되는 개시제를 활성화시키는 데 일반적으로 사용되는 방출 스펙트럼을 갖고 있을 뿐만 아니라 램프를 시작하고 작동시키는 데 필요한 전기 회로가 간단하다(보통 변압기, 콘덴서 그리고 더 작은 램프는 초크용). 그리고 램프의 가격이 상대적으로 저렴하며(많은 가로등이 이 램프인 걸 고려하면 가장 중요한 특징이다) 램프와 반사면을 생산라인에서 장착하기가 쉽다. 또 다른 매력적인 특징은 최대 2.5m의 램프가 가능하여, 넓은 웹 너비를 수용할 수 있음을 의미한다. 일반적으로 사용되는 전력 수준은 40～200W/cm이며, 특별한 적용을 원하는 곳에는 더 높은 수준으로 사용한다.

기존의 중압 수은 램프는 수은 금속과 증기가 들어 있는 텅스텐 전극과 **보통 아르곤 가스가 들어 있는,** 스타터 가스가 밀봉된 원통형 석영 튜브로 **구성된다**(그림 1.8).

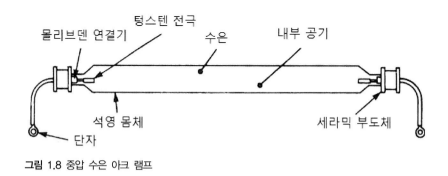

그림 1.8 중압 수은 아크 램프

튜브에서 압력은 10^2～10^4 Torr(760Torr=1기압)이다. 전극을 통해 높은 전압이 적용되면 스타터 가스가 이온화된다.

$$Ar \rightarrow Ar^+ + e \qquad 이온화$$
$$Ar^+ + e \rightarrow Ar^* \quad Ar^*: \qquad 들뜬 아르곤 상태$$

아르곤 양이온으로 이온화된 전자와 재조합하면 들뜬 아르곤 원자가 생겨 수은원자를 활성화하고 이온화할 수 있다.

$$Ar^* + Hg \rightarrow Ar + Hg^+ + e$$

전자와 수은 양이온의 재조합은 에너지를 방사적으로 잃고, 전자적으로 들뜬 수은 원자를 생성한다. 결합된 효과는 UV와 가시광선 범위에서 빛의 방사와 열의 발생이지만 발생할 수 있는 공정은 단지 몇 가지뿐이다(그림 1.9). 열은 일부 수은 금속의 증발을 초래한다. 발생한 수은 양이온이 이끌며, 그로 인하여 전극 사이를 통과하는 전류는 안정 상태로 도달할 때까지 상승한다.

위의 사실을 알고 있으면 램프를 사용할 때 왜 다음과 같은 주의 사항을 준수해야 하는지를 쉽게 알 수 있다.

(1) 램프는 맨손으로 취급하면 안 된다. 석영 튜브에 단백질이나 다른 물질이 증착되어 램프가 작동할 때, 탄화(carbonise)된다. 이러한 증착물은 광필터 및 전기 감쇠기와 같은 역할을 한다.
(2) 램프를 폐기할 때 주의를 기울여야 한다. 램프가 독성물질을 갖고 있다는 것을 기억해야 한다. 램프의 내용물들은 압축되어 있으므로 폭발의 위험이 있다. 램프는 수은을 포함하고 있으므로 지역규정과 부합하게 폐기되어야 한다.

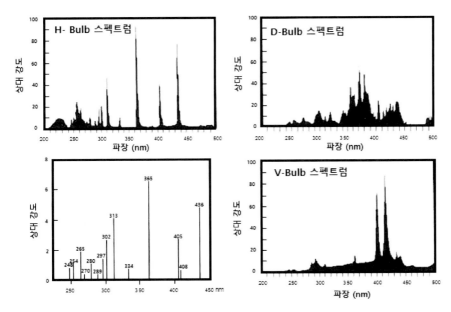

그림 1.9 UV 경화에서 사용되는 램프 스펙트럼의 출력

램프의 사용에서 두 가지 중요한 문제점으로 첫째, 램프는 백열 점화하지 않으며 둘째, 조작하는 동안 방출된 열은 관리되어야 한다. 그렇지 않으면 종이 탄화물 또는 폴리에스터가 연화되거나 녹으면서 제품이 손상될 수 있다. 첫 번째 문제는 문제를 바로잡기 위해 운행 중에 정지해야 할 때 일어나며, 가능한 빨리 작업을 재개하고자 할 때 발생한다. 램프가 작동할 때 열의 발생은 이전에 설명한 것과 같이 이점을 가지지만, 열에 민감한 기재를 코팅할 때, 휘발성 성분의 휘발을 피하고, 화재를 방지하기 위해 컨베이어 시스템에 코팅된 기재를 램프 아래에 두지 않아야 한다. 이전에 언급했듯이 램프를 통과하는 데 있어 양호한 공기 흐름은 온도를 조절하는 데 사용되며, 냉각된 롤러는 열에 민감한 기재를 바람직한 온도로 유지하는 데 사용된다.

램프는 종종 3,000시간 이상을 사용할 수 있는 좋은 수명을 가지지만, 방출되는 빛의 강도와 스펙트럼 선의 상대적 강도는 시간에 따라 변한다. 램프가 파손되면 새것일 때의 출력과 같다는 보장을 못 하며, 경화가 안 되지 않는 수준으로 시간이 지남에 따라 감소한다.

이러한 변화를 감지하는 데 이용되는 조도계(radiometers)가 제공되며 이는 고장수리에 매우 유용하다.

중압 수은 램프의 스펙트럼 출력은 미량의 금속 할라이드를 가스 혼합물에 첨가함으로써 변할 수 있다. 일반적으로 사용되는 도핑된 램프는 철과 갈륨 램프이다.

도핑되지 않은 램프와 비교된 몇 가지 램프의 스펙트럼 출력이 그림 1.10에 도시되어 있다. 도핑된 램프는 과도하게 착색된 시스템의 경화에 사용된다.

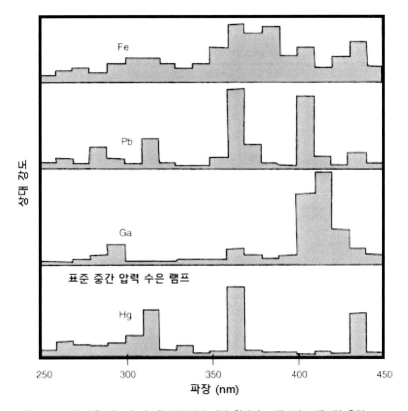

그림 1.10 표준 수은 램프와 비교한 일반적인 메탈 할라이드 램프의 스펙트럼 출력

저압 수은 램프는 다른 모양들로 제작 가능하지만 일반적으로 양쪽 끝에 전극이 있는 석영 실린더로 구성된다(그림 1.11). 이 실린더는 낮은 압력 $10^{-2} \sim 10^{-3}$Torr에서 수은과 아르곤의 혼합물을 포함한다.

이 램프에서 방출은 254nm이지만 고품질의 석영을 사용할 경우 189nm의 빛이 발생한다. 이 램프는 상대적으로 전력이 낮으며, 일반적으로 표면 코팅에는 사용되지 않으나 마이크로 칩 생산을 위한 레지스트 기술에 가치가 있다. 튜브의 내부가 적당한 인광물질로 코팅된다면, 램프는 다른 스펙트럼 방출 범위를 얻을 수 있다. 약 300~350nm의 파장대에서 방출하는 램프로 이용 가능하다. 이 램프의 파워는 약하지만 예를 들어 느린 경화가 요구되는 액정 디스플레이 생산에서 사용 가능하다.

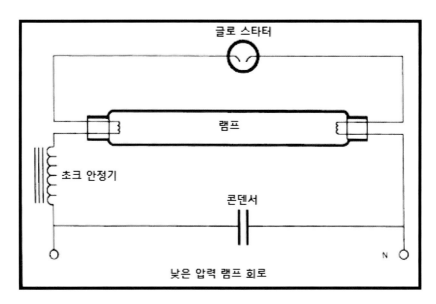

그림 1.11 저압 램프 회로

고압 램프는 이름에서 알 수 있듯이 고압에서 작동되며(10기압), 이는 2가지 유형으로 이용 가능하다. 하나는 점 광원(point source)(그림 1.12)이며 집중적인 광의 작은 직경 지점(spot)을 생성할 수 있도록 초점을 쉽게 만든다.

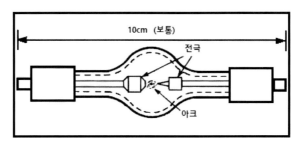

그림 1.12 소형 아크 램프

다른 유형은 모세관 램프(그림 1.13)이며 이는 작은 웹에서 함께 사용된다. 중압, 그 이상의 압력을 가지는 램프의 장점은 스펙트럼 출력의 특성을 포함한다. 중압 램프에 의해 나타나는 방출선은 고압 램프에도 존재하지만 상당히 넓어지고, 결과적으로 스펙트럼 출력이 연속체가 된다. 출력이 풍부하기 때문에 개시를 위해 훨씬 많은 파장을 사용할 수 있다. 그 밖의 다른 속성으로, 램프의 출력이 매우 높다(150~2,880W/cm). 이 램프의 단점으로는 이용될 수 있는 제한된 크기, 짧은 작동수명(수천 시간이 아닌 수백 시간)을 들 수 있다.

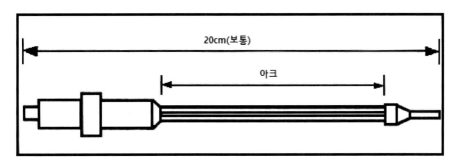

그림 1.13 모세관 램프

많은 무전극 램프는 도프(doped)되거나 도핑되지 않은(undope) 중압 수은 램프와 유사한 방출 특성을 갖는다(그림 1.9). 그들은 실제로 수은 램프이지만 튜브에 전극이 없다는 점에서 기존 램프와 다르다(그림 1.14).

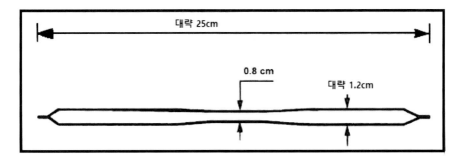

그림 1.14 무전극 램프

수은 원자의 들뜸은 마그네트론에 의해 생성된 마이크로파 전력에 달려 있다. 전원 모듈과 반사면 시스템의 덮개(housing)는 일체형이며, 이 장치는 반사면 시스템을 가지는 동일한 중압 램프보다 다소 크다. 이러한 고려사항은 역-피팅(retro-fiting)개조를 할 때 고려될 필요가 있다. 사용될 수 있는 램프의 크기는 최대 25cm 정도로 다소 제한적이어서 큰 웹 너비에 사용될 때는 여러 모듈의 끝과 끝 사이에 장착된다.

램프에 대한 다양한 가스 충전이 가능하므로, UV와 가시광선 스펙트럼에 좋은 적용 범위를 제공한다. 램프의 변경은 비교적 쉽게 이뤄질 수 있기 때문에 작업 중인 램프를 사용하는 데 특별한 문제는 없다.

무전극 램프의 장점 중 몇몇은 다음과 같다.

- 모듈러 램프, 반사면 시스템이 단순하고 설치하기 쉽다.
- 램프의 수명이 길다(~3,000시간, 전극 램프와 비교 시~1,000시간).
- 빠른 예열 시간(2~3초).
- 램프를 끈 다음 재점화 전에 램프를 식힐 필요가 없다.

무전극 램프 사용과 관련된 단점

- 일반적으로 사용할 수 있는 유일한 램프길이는 24cm이다. 램프의 길이가 길어지면 4개 이상의 일치된 마그네트론이 필요하여 시스템을 매우 비싸게 만든다.
- 비교적 비싼 마그네트론은 5,000시간마다 교체해야 한다.
- 높은 파워 출력은 낮은 효율의 마이크로파 생성과정 때문이다.
- 큰 웹의 폭을 수용할 수 있는 모듈의 구성은 많은 공간이 필요하다.

전극 램프 및 무전극 램프는 일반적으로 사용되며, 각각의 유형에 따른 고유한 장점을 갖고 있다.

엑시머 램프는 액시머 레이저가 발전된 것이다. 레이저는 근본적으로 단색광의 고전력 펄스를 전달하는 데 사용되며 반도체 제조에 사용이 증가하고 있다. 단파장(예, 222nm) UV에 의한 패터닝, 유도된 레이저의 절제 공정에서 사용되는 빛은 매우 일반적이다. 레이저와 같은 엑시머 램프는 본질적으로 가스 충진에 의해 결정되는 파장을 갖는 단색 광을 전달한다.

현재 이용 가능한 파장은 172nm(제논), 222nm(크립톤 클로라이드), 308nm(제논 클로라이드)이다. 상업화된 시스템의 구성은 그림 1.15에서 보여준다.

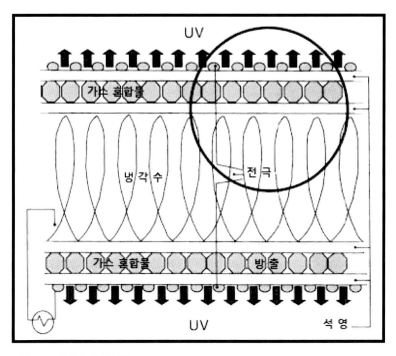

그림 1.15 엑시머 램프의 구조

램프는 두 개의 동심 원통형 튜브로 구성되어 있으며, 끝부분에는 가스가 윤활유와 벽 사이에 봉합되어 있다. 안쪽 공간에 물이 통과하여 장치를 차갑게 한다. 고주파 교류 전압이 전극에 적용되어 가스가 충진된 상태에서 들뜬 상태의 생성을 유도하는 무성 전기 방전(silent electric discharge)을 발생시킨다. 코팅은 질소 조건에서 경화되는데 장점과 단점이 있다. 분명히 비용에 영향을 미치지만 이것들은 더 적은 광개시제를 사용할 수 있게 됨으로써 상쇄된다. 수냉식 램프의 장점은 다음과 같다.

- 경화되는 동안 기재가 열을 받지 않아, 얇은 플라스틱 필름, 감열지 및 기타 온도에 민감한 물질을 코팅하는 데 유용하다.
- 램프는 전원이 공급되는 즉시 켜지며, 즉 예열 단계가 필요없다.
- 질소하에서 경화되면 오존을 생성하지 않고 경화된 코팅의 냄새는 줄어든다.
- 램프 구성이 간단하고 설치하기 쉽다.

이러한 램프의 매우 흥미로운 응용은 통상적인 램프의 사용이 보통 광택 코팅으로 이어지기 때문에 무광택 코팅을 생산하는 것이다. 소광제를 포함하지 않은 배합을 172nm에서 조사하는 경우, 광에 의해 수축에 기인한 표면의 외관이 주름지는 경우에만 상부 표면이 경화된다. 무광 효과에는 주름이 영향을 준다. 표면 아래의 습윤 물질은 통상적인 방법으로 경화될 수 있다.

제논 램프는 포인트 광원(point source) 및 튜브형 램프와 다른 기타 구성으로 사용 가능하다. 제논 램프에 의해 전달되는 빛은 특히 400nm 이하로 풍부하지 않기 때문에, 이 램프는 많은 주목을 받지 못했다. 그러나 두 가지의 개발로 다시 관심을 받게 되었다. 첫째, 높은 피크 조사가 가능하도록 하는 제논 램프를 펄스화할 수 있으며 둘째, 가스 충진을 바꿈으로써 자외선이 풍부한 출력 램프를 사용할 수 있다. 자외선과 가시광선에서 방출되는 펄스 램프를 사용할 수 있다. 이 램프는 의료, 전자, 반도체, 광 섬유에 적용된다.

이 램프의 장점은 다음과 같다.

- 펄스 램프는 깊은 곳까지 경화가 가능하며, 안료 코팅에도 유용하다.
- 경화가 짧은 시간 내에 진행된다.

- 기재와 코팅에 최소의 손상을 주도록 조절된다.
- 펄스 램프는 연속파 램프보다 높은 피크 전력을 발생시키므로 평균 전력이 낮고, 낮은 온도에서 경화가 빨라진다.
- 질소를 주입할 필요가 없다.
- 송풍기는 경화 터널의 공기 온도를 낮추는 데 필요하지 않다.
- 정전이 발생할 경우, 셔터를 설치할 필요가 없다.

국부 경화 램프는 짧은 아크 램프를 사용하여 방출된 광을 좁은 영역(즉, 반점)에 집중시키는 포커싱 시스템(그림 1.16)을 사용한다.

빛은 UV 전달 광가이드와 같은 광학 전달 시스템을 통해서 램프 하우징(lamp housing)에서 경화될 표면으로 전달된다.

2,000mW/cm^{2}의 에너지 레벨은 100W 단파장 수은 소스로부터 얻을 수 있다. 이러한 시스템은 자외선 경화형 접착제를 사용하여 작은 전자 및 광학부품을 조립하는 경우와 같은 작은 영역을 경화시키는 데 이상적이다.

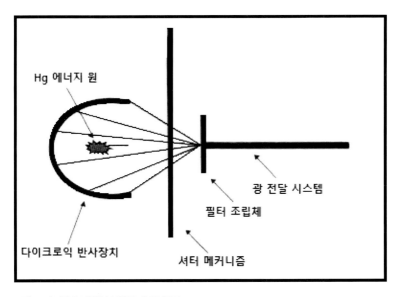

그림 1.16 국부 경화시스템의 초점 구조

광경화와 같은 광원의 사용은 여전히 매우 제한적이지만, 이들 램프에 의해 생성된 방출선에 반응하는 시아닌 및 다른 염료의 붕산염을 기초로 한 광개시제의 사용 가능성은 이들의 용도를 향상시킬 것으로 예상된다. 초기 응용분야는 직접 쓰는 시스템 및 홀로그래피와 같은 전문분야에 있었다. 연속파 레이저는 가시영역에서 반응하는 개시제의 수가 증가함에 따라 보다 광범위한 응용분야를 찾을 수 있다.

5.3 몇 가지 유용한 용어들

UV 조사량은 단위 면적당 표면에 도달하는 복사 전력(흐름)이며, 즉 광자 흐름은 때때로 '선량률(dose rate)'로 불린다. 일반적으로 와트 또는 W/cm^2로 표시한다.

조사량은 램프의 유형, 광학 필터의 존재, 반사경 시스템의 효율에 따라 다르다. 피크 방사량은 램프가 표면에 줄 수 있는 최대 복사 전력이며, 이는 코팅의 두께에 따라 경화가 얼마나 효과적인지를 결정하는 데 영향을 준다(Beer Lambert 법칙).

UV 양은 표면에 의해 경화되는 복사 에너지의 총량이며, 복사전력, 복사 노출시간 및 광원 노출횟수에 따라 달라진다. UV 경화 터널이 사용될 때 양은 컨베이어 속도와 램프 밑으로 통과하는 횟수에 반비례한다. 양은 줄(Joule) 또는 밀리줄(milliJoules)로 표시된다. 스펙트럼 분포는 파장의 함수로서 복사 에너지이다.

위의 몇 가지 측면에서 시스템을 특성화하려면 UV 측정 장치가 있어야 한다. 선량계 용지는 양이 증가함에 따라 색상이 변하지만 파장의 민감도는 300nm 이상으로 제한된다.

컨베이어가 램프 아래의 기재를 운반하는 데 사용되는 경우 빛을 감지하는 센서가 사용될 수 있다. 이 센서에는 조명으로 인해 빛의 세기에 비례하는 전기 신호를 생성하는 광전지가 들어 있다. 이는 '센서'로서 터널을 통과할 때 통합되면 UV 용량을 얻을 수 있다. 장치를 통해 '버그'가 지나갈 수 없는 상황에서는 광 전송 장치는 적당한 전송 특성을 가지고 있어 조명 구역에서 복사계로 빛을 가져오는 데 사용될 수 있다. '빛 감지 센서'는 어떤 스펙트럼 정보도 제공하지 않으며, 광전지의 응답은 제한될 수 있다. 예를 들어 램프의 전체 스펙트럼 범위에 걸쳐 균일하지 않은 경우, 일부 방출선은 다른 것들보다 도출선량에 더 큰 기여를 할 것이다. 이런 사실은 서로 다른 유형의 램프에 의해 제공되는 선량을 비교하는 것을 매우 어렵게 만든다. 스펙트럼 복사계는 파장의 함수로 복사량(W/cm)을 제공한다(그림 1.17). 이 장치는 램프 성능을 지속적으로 모니터링하고 현장 검사를 수행하도록 설치될 수 있다.

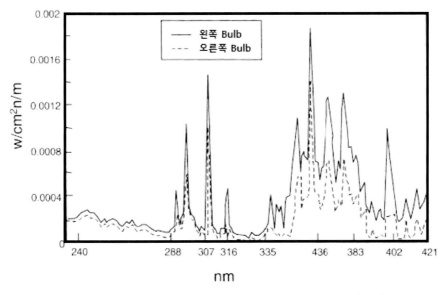

그림 1.17 7인치 프로브를 통해 태양-센서로 측정한 컨베이어 라인에 있는 두 유사한 램프의 스펙트럼 분포

6. 전자빔 경화 장치

모든 텔레비전 튜브는 전자 총을 포함하고 있으며 생성된 전자는 가속되고 안내되어 인광체와 충돌하여 스크린에서 이미지를 만든다. 초기 전자빔 경화장치는 유사한 원리로 작동하지만 이와 같은 경우 스크린은 경화를 시작하는 데 사용할 수 있도록 전자를 투과한 냉각 금속 박으로 대체되었다. 요즘 장비는 대개 전자를 커튼으로 적용한다(그림 1.18). 음극은 웹의 이동 방향에 평행한 전자를 방출하도록 가속된다(인가 전압 120~300kV). 이런 과정은 진공 상태에서 일어나고, 전자는 금속 창을 통하여 밖으로 빠져나와, 경화되는 위해 코팅에 충돌하기 전에 작은 틈을 가로지른다. 전자원과 코팅 사이의 틈은 질소로 플러시 되어 전자의 통과가 산소에 의해 방해받지 않고(산소 제거 전자) 전자빔에 의해 생성된 라디칼을 소거하는 산소에 의해 경화의 개시가 유해한 영향을 미치지 않는다.

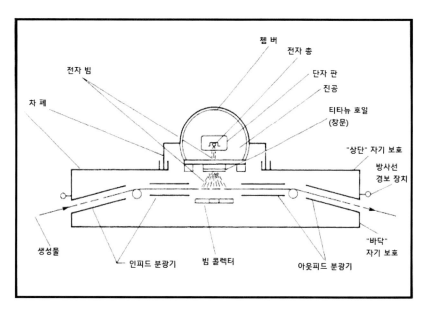

그림 1.18a 셀프-실드 웹 핸들링 어셈블리가 있는 전자 커튼 프로세서

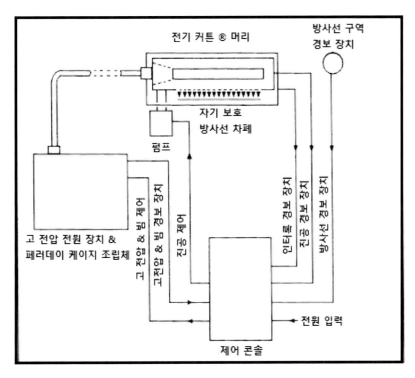

그림 1.18b 전자 커튼 장치의 블록 다이어그램

일부 장치에는 하나 이상의 전자총이 장착되어 있다(그림 1.19).

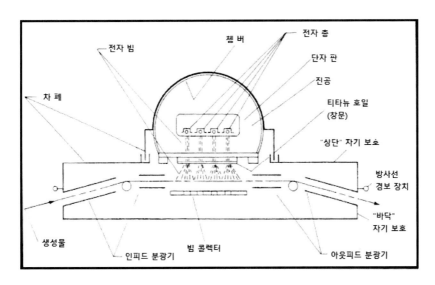

그림 1.19 4 필라멘트 전자 커튼 프로세스

이 배열의 대안은 웹의 이동 방향에 평행한 축을 갖는 약 3인치 떨어져 있는 다수의 짧은 필라멘트를 갖는 것이다(그림 1.20). 전자는 120~300kV 의 전압에 의해 생성된다.

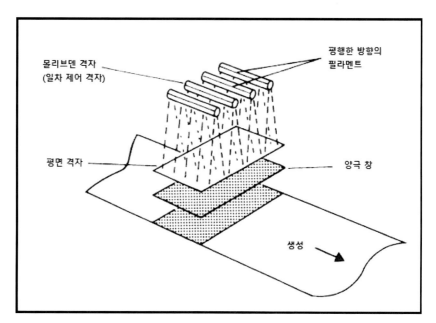

그림 1.20 브로드빔 프로세서

여러 필라멘트로 구성된 장치는 매우 높은 에너지 선량(1,500Mrad meters/ min)을 전달할 수 있다.

비교적 새로운 제품은 비교적 작은 테이블 위에 놓인 컨베이어(6" 너비) 가 장착된 장비이다. 전자는 작은 전자빔 튜브에서 전달되며 5" 너비의 샘 플을 조사하려면 5개의 튜브를 병렬로 배열해야 한다. 튜브의 작동 전압은 30~70kV이다. 이런 장치는 최대 70um 두께의 코팅을 경화할 수 있으며 모든 상황에서 질소가 주입되는 것은 아니다. 이런 유닛은 전자빔 경화에 대한 배합의 적합성을 테스트하는 데 매우 유용할 것이다.

시스템에 전달되는 선량은 라드 또는 그레이로 측정되며 그 관계는 아래 와 같다.

$$1megarad=1Mrad=10Joule/gram$$
$$1kilogray=1kGy=1joule/gram$$
$$10kGy=1Mrad$$

선량률은 에너지가 흡수되는 속도이며 Mrad/s 또는 Mrad/min으로 표시된다.

전달된 선량은 회선속도와 선량 사이에 있다.

선량률 x 노출 시간=선량률/선속=선량 및 선량률=광선 전류

가속 전압은 전자가 코팅을 관통하지만 빔전류 및 선량과는 독립적인 정도를 결정하기 때문에 중요한 매개 변수이다.

7. UV의 상대적인 장점 및 전자빔

UV 조사단위가 덜 비싸기 때문에 경화는 의심할 여지없이 저렴한 비용이며 일반적으로 질소 주입에 비용이 더 들어가지는 않는다.

자유라디칼 경화시스템에서, UV 경화의 단점은 광개시제의 사용이 필요하여 비용이 들고, 색깔이나 냄새 같은 원하지 않는 효과를 가져온다. UV 경화에 질소가 사용된다면 두 가지 효과를 최소화할 수 있다. 나중에 자세히 이유를 설명하겠지만, 안료가 포함된 잉크 및 특히 두꺼운 코팅제의 경화는 동일한 코팅이 전자빔에 의해 효율적으로 경화되는 반면, UV 경화는 문제점을 나타낸다. 또한, UV 경화된 코팅에 존재하는 이동 가능한 종의 비율이 전자빔 경화된 코팅된 것보다 높으며, 이는 종종 미사용 광개시제 및 개시제 잔류물의 존재 때문이다.

식품 포장에 관련한 규정에서는 전자빔 경화가 시장에서 확실하게 우위를 차지하는 것처럼 보인다. 유사한 배합으로 형성되지만 UV 및 전자빔하

에서 경화된 코팅은 2가지 경화 공정이 근본적으로 상이하므로 내스크래치성 및 내용매성과 같은 물리적 특성이 종종 다르다.

전자빔 장치를 설치하고 가동하는 비용이 더 많이 들지만, 전자빔 경화는 많은 중요한 응용 분야를 가지고 있다. 프로세스는 높은 연속 처리량을 갖는다. 목재 코팅 및 두꺼운 안료 코팅을 경화하고 식품 포장용으로 사용되는 경우 자체적으로 사용된다.

8. 코팅 방법

다양한 요인들이 코팅방법의 선택에 영향을 미친다. 인쇄업계에서는 코팅방법을 결정하는 것이 프로세스의 본질이다. 스크린 인쇄에서 경화층을 쌓는 것은 플렉소 그래픽 또는 리소 인쇄의 경우와 매우 다르다. 매우 중요한 요소는 배합의 점도이고 적용하는 온도에 따라 다르다. 3차원 제품을 코팅해야 하는 경우 스프레이 코팅을 사용할 수 있으며, 그렇다면 배합의 점도가 낮아야 한다. 실험실 연구를 위해 기재를 코팅하는 것은 대형 인쇄기와 같은 코팅기를 가동하는 것과 매우 다를 수 있다.

실험실 연구에서 기재를 코팅하는 것은 커다란 프린팅 프레스의 코터(coater)와는 다를 수 있다.

몇 가지 적용 방법은 간단히 말해서 다음과 같다.

- 바코터의 사용
- 스핀 코팅
- 스프레이 코팅
- 스크린 인쇄
- 커튼 코팅기
- 슬롯 다이

바코터는 실험실에서 일반적으로 사용된다.

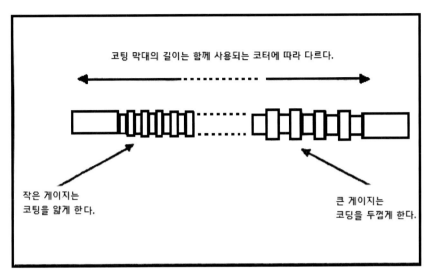

코팅 막대의 길이는 함께 사용되는 코터에 따라 다르다.

작은 게이지는
코팅을 얇게 한다.

큰 게이지는
코딩을 두껍게 한다.

그림 1.21 바 코터(Bar coater)의 다이어그램

와이어가 감긴 강철막대로 구성된다(그림 1.21). 와이어의 치수 및 감기의 견고성은 적용된 필름의 두께를 결정한다. 일반 실험실에서 2~80um의 두께를 가장 일반적으로 사용하지만 이 막대를 이용하여 다양한 코팅 중량을 적용할 수 있다. 막대는 수동으로 사용할 수 있지만 막대가 기계적으로 그려지는 장비를 사용할 수 있다. 기판을 완벽하게 편평한 상태로 유지시키는 진공 베드, 적절한 금속 기판을 제 위치에 유지하기 위한 자기 베드 및 200도의 온도까지 필름을 도포할 수 있는 가열된 베드와 같은 기재를 지지하기 위해 이용 가능한 다양한 베드가 있다.

베드 이외의 애플리케이터와 함께 베드를 사용할 수 있으며 마이크로미터 조절식 애플리케이터가 포함되어 있다.

스핀 코팅은 집적회로의 생산에서 매우 균일하고 종종 매우 얇은 코팅이 요구될 때 비교적 작은 치수를 갖는 표면을 코팅하는 데 사용된다.

기재 실리콘 웨이퍼가 회전되고 용매에 경화성 용액이 중앙에 도포된다.

원심력으로 배합이 코팅 전체로 퍼지게 한다. 용제는 증발해서 없어진다. 코팅의 두께는 적용되는 재료의 양과 스핀 속도에 따라 결정된다.

코팅은 배합을 기재상에 분무함으로써 도포될 수 있으며, 이는 자동차 헤드라이트 부품 등 3차원 물체를 코팅하는 데 특히 중요하다. 이 방법은 목재 코팅에도 사용되었다. 상기 방법은 비교적 두꺼운 필름을 놓기에 적합하지만, 특히 적용된 필름의 두께는 균일하지 않다. 배합의 점도가 비교적 낮아야 하며, 과거에는 원치 않는 약간의 유기 용제를 첨가하는 것이 일반적이었다. 그러나 수용성 코팅에 사용할 수 있는 재료가 증가함에 따라 용제로 물을 사용할 가능성이 있다. 물은 경화 이전에 적외선에 의해 제거될 수 있거나 또는 경화 터널에서 생성된 열이 물을 제거하기에 충분할 수 있다. 스크린 인쇄는 그 이름에서 알 수 있듯이 스크린 인쇄 업계에서 시작되었으며 여전히 중요한 그래픽 아트 프로세스이다. 초기에는 실크 스크린에 네거티브가 칠해졌고 이렇게 얻어진 이미지화된 스크린이 기판과 잉크 위에 적용되었다. 잉크는 어플리케이터로 인해 스크린 구멍을 통해 흐르므로 포지티브 이미지가 얻어졌다(그림 1.22).

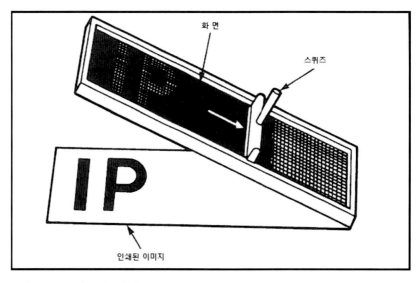

그림 1.22 스크린 인쇄의 원리

스크린 물질로서 실크는 이제 나일론, 폴리에스테르 및 스테인레스스틸로 대체되었다. 광감성 에멀전이 스크린에 적용되는 경우 네거티브를 통한 조사 또는 다이렉트 레이저 기록 시스템을 사용하여 이미지화할 수 있다. 이미징된 스텐실은 인쇄 회로 기판의 제조공정의 일부로써 구리 클래드 보드(Cupper clad board)상에 경화성 수지를 놓기 위해 사용될 수 있다. 통상의 프린팅 공정에서, 경화성 수지는 비전도성 기재에 놓인다. 플라스틱 표면에 코팅한 다음 일반적인 방법으로 경화한다. 프로젝터 시스템을 사용하여 스텐실을 이미징하면 광고판에서 보이는 넓은 영역을 인쇄하는 데 유용한 매우 큰 스텐실이 생성된다. 커튼 코팅은 비교적 두꺼운 필름(20um 이상)을 적용하는데 유용하므로 가구 및 전자 산업에서 사용된다. 배합은 바닥판에 슬릿이 있거나 칼날이 적절하게 배열되어 있는 홈통(그림 1.23a 및 b)으로 펌핑된다.

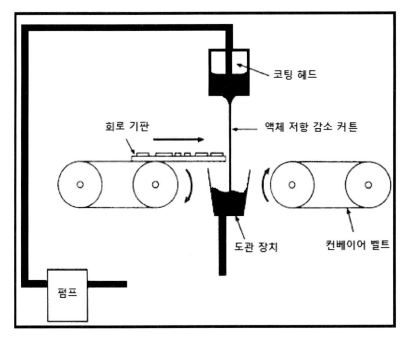

그림 1.23a 커튼 코팅 장비

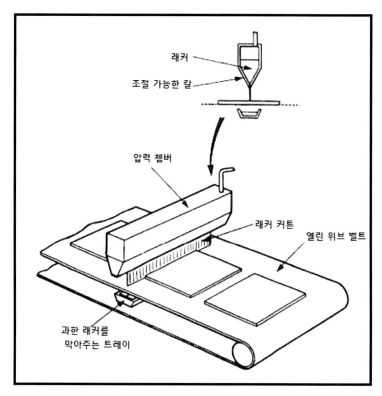

래커

조절 가능한 칼

압력 챔버

래커 커튼

열린 위브 벨트

과한 래커를
막아주는 트레이

그림 1.23b 커튼 코터의 다이아그램

커튼을 형성하는 액체가 정확한 표면장력을 갖는 것이 필수적이다. 이렇게 되는 액체는 정확한 표면장력을 갖고 있어야 한다. 실리콘을 첨가하는 것은 표면장력에 효과를 준다. 첨가제의 예를 들면 실리콘은 표면장력에 상당한 영향을 미쳐 우수한 커튼을 형성하는 것을 불가능하게 한다. 증착된 필름의 두께는 기재가 커튼 아래로 통과하는 속도조절과 나이프-에지 사이의 거리를 변화시킴으로써 조절할 수 있다. 이런 도포 방법은 표면이 고르지 않은 코팅에 적합하지만, 배합의 점도가 비교적 낮기 때문에, 코팅은 도포 후에도 계속될 수 있어서 기재의 올라온 부분은 하부코팅보다 더 얇은 코팅을 가질 수 있다.

슬롯 다이 코터는 상대적으로 높은 점도를 갖는 배합물이 도포될 수 있게 하며 두께가 25um 이상인 필름이 이런 방식으로 도포될 수 있다. 배합은 두 개의 플레이트 사이의 틈을 통해 압력하에서 적용되며, 분사거리는 조심스럽게 조절된다(그림 1.24).

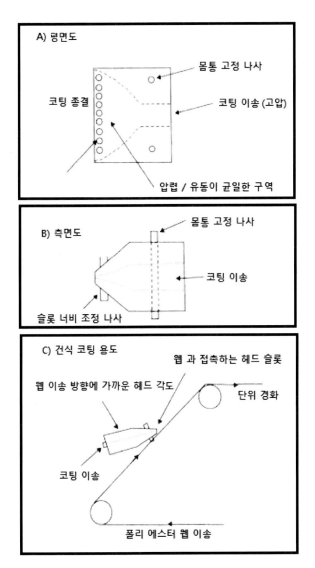

A) 평면도

몸통 고정 나사

코팅 종결

코팅 이송 (고압)

압렵 / 유동이 균일한 구역

B) 측면도

몸통 고정 나사

코팅 이송

슬롯 너비 조정 나사

C) 건식 코팅 용도

웹 과 접촉하는 헤드 슬롯

웹 이송 방향에 가까운 헤드 각도

단위 경화

코팅 이송

폴리 에스터 웹 이송

그림 1.24 슬롯다이 코터

광경화에 사용되는 중합반응 시스템

제2장

1. 자유 라디칼 프로세스

광경화에 일반적으로 사용되는 자유 라디칼 반응은 라디칼 부가 반응이다. 즉, 기본 단계는 이중 결합에 라디칼을 첨가하는 것이다. 예를 들어 아크릴레이트 또는 메타아크릴레이트, 스티렌 불포화 폴리에스테르 등과 같이, 사용된 중합 가능한 불포화 시스템의 유형에 따라 반응의 명칭이 부여된다. 광경화에 사용되는 반응의 또 다른 특징은 **사슬 반응(Chain reaction)**, 즉 이중 결합에 라디칼을 첨가하면 또 다른 이중 결합과 반응하는 또 다른 라디칼을 생성한다는 것이다. 이러한 반응에는 세 가지 단계가 있다.

   (a) 개시
   (b) 전파
   (c) 종결

제1단계 (a)에서, 개시 라디칼은 이중 결합에 부가된다. 예를 들어 주성분에서 단일 치환된 이중 결합 $CH_2=CHX$는, 가장 안정한 라디칼(식 2.1)을 제공한다.

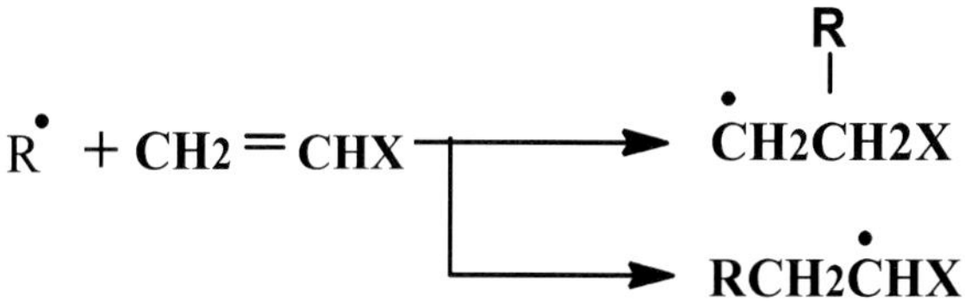

$$R\overset{\bullet}{} + CH_2 = CHX \longrightarrow \overset{\overset{R}{|}}{CH_2}\overset{\bullet}{CH_2}X$$

(식 2.1)

$$\longrightarrow RCH_2\overset{\bullet}{CH}X$$

이 과정에 대한 속도 상수는 R과 X의 성질에 의존한다. X가 전자흡인 그룹인 경우, 반응은 R이 전자 공여 라디칼인 것에 의해 선호된다. 즉, 전이 상태에서 음전하가 아닌 양전하를 생성하는 것을 선호하는 라디칼을 의미한다(그림 2.1).

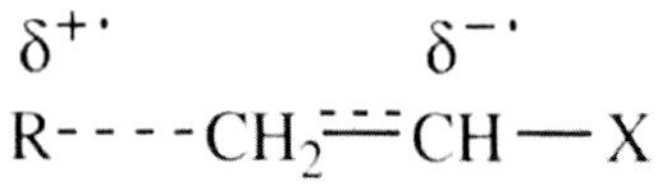

$$\overset{\delta^{+\bullet}}{R}---\overset{\delta^{-\bullet}}{CH_2} \overset{}{=\!=\!=} CH — X$$

그림 2.1 이중 결합에 라디칼 첨가를
위한 전이 상태

전형적인 전자흡인 그룹은 (메타)아크릴레이트 및 말레에이트에서 발견되는 에스테르 그룹이다. 전형적인 전자공여 라디칼은 알킬($CH_3 \cdot$, $RCHOR'$) 및 아실($RCO \cdot$)을 포함한다. $RCH_2CH \cdot CO_2R'$과 같은 전자흡인 라디칼의 첨가는 OR' 및 OCOR'과 같은 전자 공여체인 치환기 X에 의해 선호된다.

페닐(예, 스티렌과 같은)과 같은 치환체는 비편재화에 의해 초기 라디칼을 안정화시킬 수 있고 결과적으로 이중 결합은 전자 공여 및 라디칼 모두에 반응한다.

UV 라디칼 경화는 개시제 시스템(타입 I 또는 타입 II)을 통해 광화학적으로 생성되며, 희석제 또는 수지 내의 C-H 결합으로부터 열적으로 생성된 라디칼(예를 들어, 과산화물 종) 또는 수소 추출을 통해 생성될 수 있다.

전파 단계 (b)에서, 개시 단계에서 생성된 라디칼은 이중 결합을 부가하여 추가 반응(식 2.1)을 진행하는 라디칼을 생성한다.

$$InCH_2\dot{C}HCO_2R \longrightarrow InCH_2CHCH_2\dot{C}HCO_2R \longrightarrow InCH_2CHCH_2CHCH_2\dot{C}HCO_2R$$
$$\underset{CO_2R}{|} \qquad\qquad \underset{CO_2R}{|}\ \underset{CO_2R}{|}$$

(식 2.2)

In = 개시제로 파생된 라디칼

이 공정은 선형 단일 중합체의 생성을 유도한다. 경화 배합이 알켄의 혼합물을 함유하는 경우, 공중합체가 형성될 가능성이 있다. 이는 특히 개시 라디칼에 대한 두 알켄의 반응성이 유사할 때 그러하다. 알켄의 반응성이 매우 다른 경우(예를 들어, 아크릴레이트 및 메타아크릴레이트의 경우)보다 더 반응성인 알켄은 덜 반응성인 알켄(예를 들어, 아크릴레이트의 중합은 메타아크릴레이트보다 우선적으로 발생한다)보다 바람직하지 않게 사용될 것이다. 이런 시스템을 사용하면 블록 공중합체가 형성될 수 있거나 또는 하나의 성분 중합에 이어서 다른 중합체가 중합물을 제공하여 조건이 맞으면 상호 침투 네트워크를 생성할 수 있는 가능성이 있다(예를 들어, 아크릴레이트-비닐에테르 제형). 예를 들어, 말레에이트 또는 푸마레이트 에스테르와 비닐에테르의 혼합물은 1:1 교대 공중합체가 형성된다.

단일 중합성 그룹을 함유하는 화합물의 사용은 2차 반응으로 인한 가교 결합을 유도할 수 있지만 선형 중합체를 생성한다. 두 개의 중합 가능한 그룹이 동일한 화합물에 존재할 때, 분지형 중합체가 형성되고, 2개 이상의 중합 가능한 그룹이 존재할 때 가교 구조가 형성된다.

모든 불포화 그룹이 다 소멸될 때까지 전파 반응이 계속될 것으로 기대할 수 있다. 종결 반응이 발생하지 않은 경우에 해당된다. 종결 반응에는 두 가지 유형이 있다. (a) 라디칼-라디칼 조합 반응 (b) 불균등 반응. 이러한 반응은 (식 2.3) 및 (식 2.4)에 기술되어 있다.

$$2RCH_2CH_2{}^\bullet \longrightarrow RCH_2CH_2CH_2CH_2R$$

(식 2.3)

$$2RCH_2CH_2{}^\bullet \longrightarrow RCH{=}CH_2 + RCH_2CH_3$$

(식 2.4)

종결 반응은 다른 라디칼을 발생시키지 않으면서 라디칼을 소모하며, 생성 속도는 생성된 고분자의 반응 속도 및 평균 분자량을 감소시킨다. 종결 반응의 참여를 선호하는 두 가지 중요한 요소는 (a) 라디칼의 고농도 및 (b) 점도가 낮은 매질에서의 라디칼의 높은 이동성이다.

진행은 또한 라디칼 포착제 및 연쇄 전달제의 존재에 의해 영향을 받는다. 광경화 시, 산소는 경화 중에 거의 항상 존재하고 산소는 삼중 항(triplet species)인 것은 매우 효율적인 라디칼 스캐빈저이다. 라디칼 부가 반응의 산소는 퍼옥시 라디칼을 생성하기 위해 확산 제어 한계에서 탄소 중심 라디칼과 반응한다.

$$R^{\bullet} + O_2 \rightarrow RO_2^{\bullet}$$

퍼옥시 라디칼을 이중 결합에 첨가하는 것은 매우 비효율적이며, 따라서 라디칼의 개시 및 전파의 소거는 중합 속도 및 생성된 중합체의 평균 분자량을 감소시킨다. 퍼옥시 라디칼은 $-CH_2OCH_2R$과 같은 적합한 C-H 결합으로부터 수소 원자를 추출할 것이고, 이로써 개시할 수 있는 라디칼을 생성할 수 있다.

사슬 이동제는 라디칼을 제거하지만 그렇게 함으로써 중합을 개시할 수 있는 라디칼을 생성한다. 일반적으로 사용되는 사슬이동제는 수소 결합이 이들 결합으로부터 쉽게 추출되기 때문에 S-H 및 P-H 결합을 함유한다. 경화제의 분자량 및 가교결합 밀도를 제어하기 위해 사슬이동제를 제제에 첨가한다.

메틸 메타아크릴레이트의 벤조인 이소프로필 에테르 개시 중합에 티오페놀의 첨가에 대한 연구가 이루어졌다. 티올은 유도 기간을 단축시켰고 중합 속도를 가속화시켰다.

이러한 효과는 티올로부터 수소를 추출하여 라디칼을 발생시키는 종을 생성하도록 분해되는 퍼옥사이드를 제공하기 위해 코팅에서 산소를 소비함으로써 설명될 수 있다고 제안되었다.

1.1 아크릴레이트/메타아크릴레이트 시스템

이 시스템은 다양한 산업 분야에서 폭넓게 응용되고 있다. 이들의 대중성은 부분적으로는 재료의 넓은 선택의 용이한 이용성에 기인하며, 이에 따라 매우 다른 특성을 갖는 다양한 범위의 코팅을 제조할 수 있게 한다. 단단한 코팅으로 부드럽고 매우 유연한 코팅이 가능하다.

아크릴레이트의 경화는 사슬 과정이며 하나의 개시 라디칼을 생성하는 하나의 광자는 원칙적으로 수백 개의 새로운 결합을 형성할 수 있기 때문에 증폭 과정으로 간주될 수 있다. 이 공정이 가교결합을 수반할 때, 매우 신속한 경화가 일어나며, 이는 매우 많은 코팅 공정에 의해 요구되는 높은 선 속도가 달성되는 경우에 중요하다. 빠른 경화는 인쇄 회로 기판(PCB) 제조와 같은 많은 이미징 응용에서도 중요하다. 중합 공정의 제1단계에서, 개시 라디칼은 아크릴레이트 이중 결합에 가장 안정한 라디칼을 생성하는 방식으로 첨가한다(식 2.1).

벤조일 라디칼은 가장 일반적으로 발생하는 시작 종이다. 다른 이러한 라디칼은 치환된 벤조일 라디칼 및 포스피노일 라디칼을 포함한다. 페닐 및 알킬 라디칼은 또한 중합을 개시하지만, 분명히 더 낮은 효율로 시작한다. 개시공정은 반응성 희석제 또는 예비 중합체(식 2.6)의 주사슬로부터 산소 (식 2.5) 또는 원자 추출화(보통 수소)에 의해 개시제 라디칼을 제거하는 것과 경쟁한다.

$$\text{In} \cdot \ + \ ^3O_2 \ \longrightarrow \ \text{InOO} \cdot \qquad \text{(식 2.5)}$$

(비효율적인 개시제)

$$\text{In} \cdot \ + \ \text{H} - \overset{|}{\underset{|}{C}} - \text{OR} \ \longrightarrow \ \text{InH} \ + \ \cdot \overset{|}{\underset{|}{C}} - \text{OR} \qquad \text{(식 2.6)}$$

(개시제 역할을 할 수도 있음)

개시제 라디칼이 높은 국소 농도에서 생성되는 경우, 이들은 이량체화되거나 불균형화되어 개시 효율을 감소시킬 수 있다. 따라서 UV 경화의 경우, 광 강도를 증가시키면 경화 속도가 증가하지만, 이러한 종료 반응의 발생으로 인해 일정 레벨까지만 레벨링된다.

중합반응의 두 번째 단계는 중간 거대 라디칼을 통한 사슬의 성장을 유도하는 전파과정이다(식 2.2). 이 공정은 발열성이며, 결과적으로 반응 혼합물이 상당히 높은 온도에 도달하여 경화 공정에 열적으로 기여할 수 있다. 이러한 효과는 중합 공정의 자동 가속화에 기여한다. 가열이 공정에 기여하는 정도는 코팅의 질량에 대한 표면 코팅 면적의 비율(두꺼운 코팅이 비교 가능한 얇은 코팅보다 높은 온도에 도달함), 코팅 및 기판의 열전도도 및 코팅 위의 공기 온도이다. 중합이 진행됨에 따라 거대 라디칼의 증가 및 가교결합 반응의 길이가 모두 발생하여 필연적으로 점도가 증가하게 되고, 이는 확산 과정의 속도를 감소시키기 때문에 그 결과가 없다. 점성이 증가함에 따라 거대 라디칼의 이동도가 점점 더 제한되며, 이것은 보다 작은 개시제 라디칼보다 훨씬 더 두드러진다. 결과적으로 거대 라디칼은 불균형(종결 반응)을 겪을 가능성이 적다(식 2.3과 2.4). 종료 속도 상수가 감소하면 속도가 전반적으로 증가하여 자동 가속화가 발생한다. 이것을 트롬스도프 효과라고 한다. 결국 점도의 상승은 시스템 겔화를 유발하고 이러한 조건하에서 거대 라디칼의 구조 이동성은 심각하게 제한된다. 최종 단계는 결국 코팅이 유리화되고 거대 라디칼의 이동성이 더욱 제한될 때이다. 중합의 모든 단계에서, 성장하는 거대 라디칼은 용존 산소와 반응하여 사슬 성장을 종결시킬 수 있다(식 2.7).

$$In(CH_2CH)_nCH_2\overset{\cdot}{C}HCO_2R \ + \ ^3O_2 \longrightarrow In(CH_2CH)_nCH_2CHCO_2R$$
$$\underset{CO_2R}{|} \qquad\qquad\qquad\qquad \underset{CO_2R}{|}\ \ \underset{OO\cdot}{|}$$

(식 2.7)

$$In(CH_2CH)_nCH_2CHCO_2R$$
$$\underset{CO_2R}{|}\ \ \underset{OOH}{|}$$

$$\sim\!\sim\!\sim\!\overset{\cdot}{C}HCO_2R \ + \ R'\overset{\cdot}{C}H_2CH_2 \longrightarrow \sim\!\sim\!\sim\!CH_2CO_2R \ + \ R'CH\!=\!CH_2$$

산소에 의한 이러한 라디칼 소거는 또한 점도의 상승에 의해 지연되고 겔화되고 유리화된 상태에서 심각하게 제한될 것이다.

전파 과정(식 2.2)은 새로운 탄소-탄소 결합을 형성하여 분자들을 결합시킨다. 따라서, 2개의 아크릴레이트 잔기가 그렇게 연결될 때, 잔류물들 사이의 거리는 유리된 아크릴레이트 분자가 순수한 용액에 존재할 때보다 적다.

이러한 효과의 결과는 중합 공정이 부피 감소를 수반하고 표면 코팅 경화의 경우 수축이 발생한다는 것이다. 모노 아크릴레이트의 경우 수축 정도가 크지 않지만 다기능 아크릴레이트의 경우 매우 중요하게 되고 표면 코팅(예, 균열)이 불완전해지고 코팅이 기재에 잘 부착되지 않을 수 있다.

모노 아크릴레이트의 중합은 선형 중합체가 형성되는 반면, 디아크릴레이트는 분지화되고 보다 높은 관능기 아크릴레이트는 가교결합된 구조를 생성한다(그림 2.2).

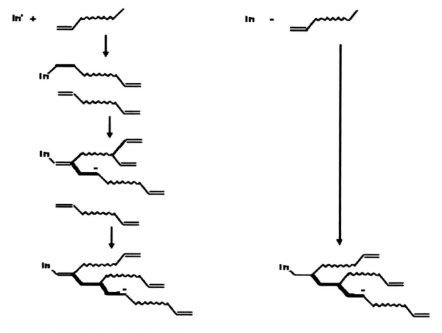

그림 2.2 디아크릴레이트가 나타내는 분지

메타아크릴레이트는 아크릴레이트와 유사한 방식으로 중합하지만 중합은 더 느리다. 그림 2.3에서 알 수 있는 바와 같이, 중합은 3차 라디칼을 통해 일어난다.

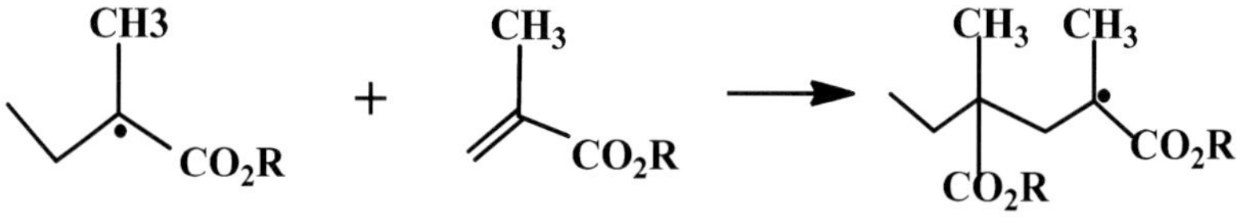

그림 2.3 메타크릴산의 중합반응

3차 탄소 라디칼은 2차 탄소 라디칼보다 안정하며 보다 입체적으로 방해 받는다. 이러한 요인들은 메타아크릴레이트의 전파반응이 아크릴레이트에 대한 반응보다 느리게 진행된다. 메타아크릴레이트 시스템은 아크릴레이트 보다 불균등화 반응을 통해 종결되기 쉽다(그림 2.4).

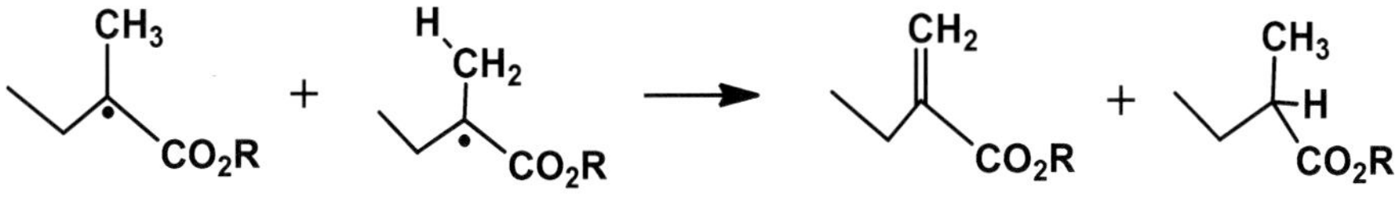

그림 2.4 메타아크릴레이트의 중합에서 포함된 거대 라디칼의 불균등화 반응

아크릴레이트보다 메타아크릴레이트의 낮은 반응성에도 불구하고 아크릴레이트보다 낮은 독성(특히 자극성) 때문에 상업적으로 중요하다.

1.2 스티렌/불포화 에스테르

스티렌의 중합은 넓은 범위의 열 및 유형 I 광개시제에 의해 개시될 수 있다(스티렌은 많은 카르보닐 화합물의 삼중항 상태를 멈추게 하므로, NB 유형 II 시스템을 항상 사용할 수는 없다). 스티렌은 무수말레산 및 푸마르산으로부터 제조된 불포화 에스테르에 대한 반응성 희석제로써 사용된다(그림 2.5).

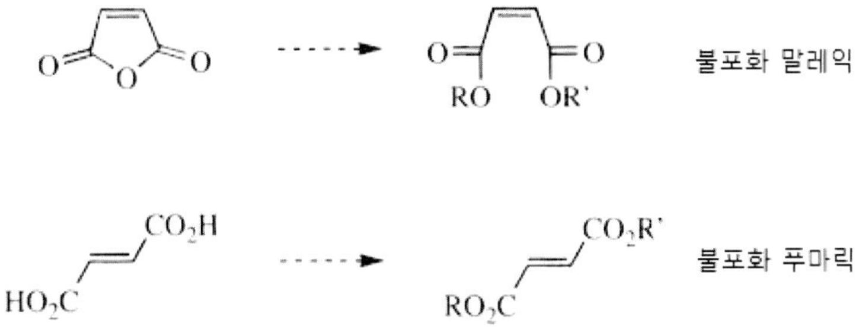

그림 2.5 무수말레산과 푸마르산을 기본으로 하는 예비중합체(올리고머)

이들 시스템의 광개시제 중합은 스티렌-폴리에스테르 공중합체를 유도할 것이다. 경화 공정이 상대적으로 느리지만 목재코팅 산업에서 비용이 저렴하고 샌딩(sanding) 및 핸들링(handling)과 같은 작업은 느린 라인 속도를 필요로 하기 때문에 광범위하게 사용되었다. 이 시스템은 산소 장해로 인해

경화속도가 느리다. 알릴 에테르 그룹이 중합체에 도입되면, 알릴 하이드로 퍼옥사이드가 생성되고 이들은 공기 건조(식 2.8)에서 발생하는 공정에 의해 추가 가교결합을 도입하는 데 사용될 수 있다.

$$RH + X^{\bullet} \longrightarrow R^{\bullet} + XH$$

$$2\ R'O_2H \longrightarrow R'O^{\bullet} + R'OO^{\bullet} + H_2O$$

$$R^{\bullet} + R'O^{\bullet} \longrightarrow ROR' \left.\begin{array}{c} \\ \\ \end{array}\right\}$$ 가교 형성

$$2R^{\bullet} \longrightarrow R-R$$

(식 2.8)

$$X^{\bullet} = C \text{ 또는 } O \text{ 중심}$$

1.3 티올-엔 반응

이 시스템은 티올과의 다관능성 올레핀(엔)의 화학양론적 반응에 기인한다. 즉, 앞의 예들와 달리 1:2 첨가반응이다. 첨가반응은 열적으로, 광화학적으로 그리고 전자빔에 의해 개시된다. 싸이일(Thiyl) 라디칼은 들뜬 카르보닐 화합물(일반적으로, 삼중항 상태)과 티올(식 2.9)의 반응에 의해 생성될 수 있으며, 예를 들면 벤조일 라디칼과 티올이 반응하는 유형 I 개시제를 광분해시킴으로써 생성된다.

$$Ph_2CO \xrightarrow{h\nu} Ph_2CO^* \xrightarrow{RSH} R\overset{\bullet}{S} - Ph_2\overset{\bullet}{C}OH$$

(식 2.9)

싸이일 라디칼은 올레핀을 추가하며 이는 중합 공정의 기본이다(그림 2.6).

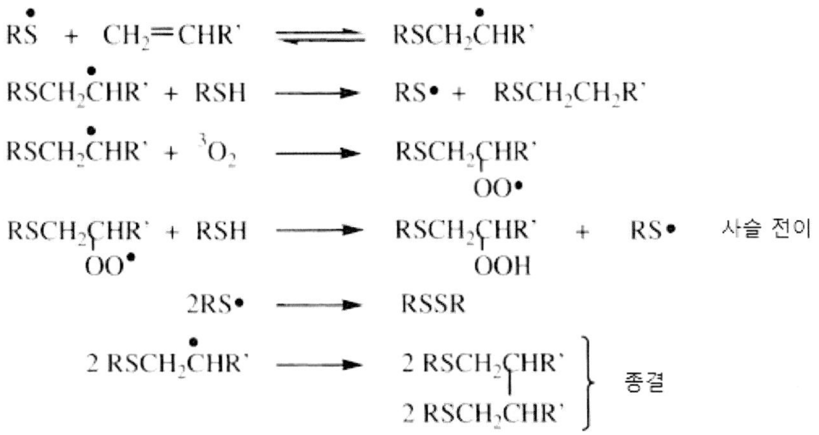

그림 2.6 티올-엔 반응에 참여하는 반응

메커니즘을 고려한 결과, 다이올레핀에 다이티올을 첨가하면 선형 폴리머가 얻어짐을 알 수 있다. 보다 높은 관능기의 티올 및 알켄이 사용되는 경우, 가교된 시스템이 형성된다.

티올-엔 시스템의 또 다른 특징은 올레핀에 싸이일 라디칼의 첨가가 가역적이어서 결과적으로 출발 올레핀의 입체 화학적 완전성이 생성물에서 유지되지 않는다는 것이다. 싸이일 라디칼에 대한 알켄의 반응성은 비닐에테르>프로페닐 에테르>알릴 에테르>비치환된 알켄>아크릴레이트>스티렌으로 나타났다. 싸이일 라디칼이 친전자성 라디칼인 것을 감안할 때 이것은 놀라운 일이 아니다. 상업적 시스템의 대부분은 알릴 그룹을 함유하는 화합물에 기초한다(그림 2.7).

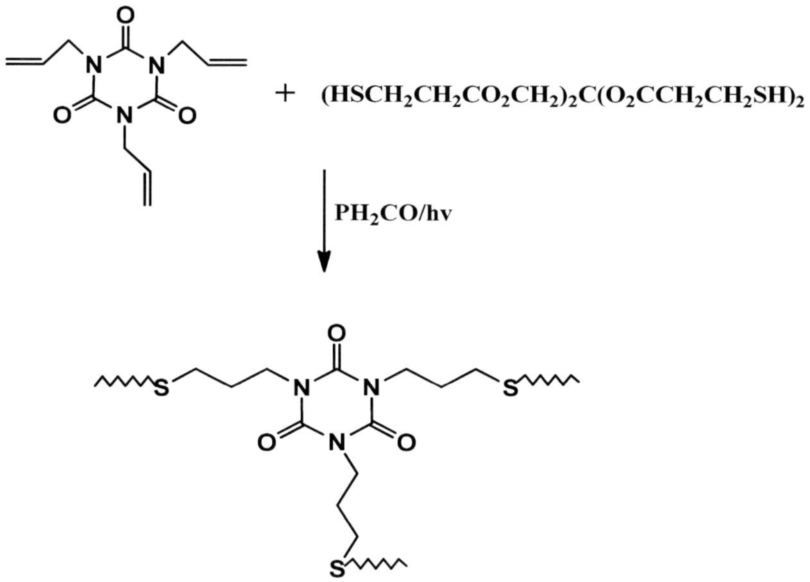

그림 2.7 티올-엔 가교결합 반응의 예

일반적으로 사용되는 물질은 알릴 에스테르(예, 프탈산 또는 말레산과 같은 불포화산), 알릴 에테르(예, 트리메틸올 프로판[2-비스(2-하이드록시메틸)부탄올])이다.

말레산의 디알릴 에스테르의 사용은 라디칼 중합반응이 수행된 후에 마이클 부가 반응을 통해 티올 잔기의 불포화 에스테르로의 염기 유도 가교가 수행될 수 있기 때문에 이중 경화의 기회를 제공한다(그림 2.8).

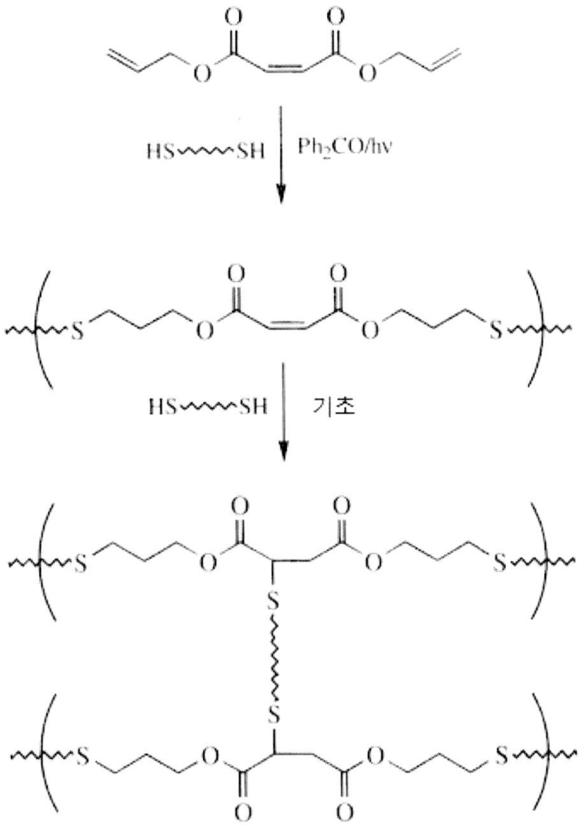

그림 2.8 이중 경화 티올-엔 시스템의 예

티올-엔 반응에 기초한 새로운 경화 시스템을 만드는 데는 많은 범위가 있다. 따라서 비닐 실록산은 실리콘 엘라스토머를 제조하는 데 사용되어 왔다. 비닐에테르의 사용 범위가 상업적으로 다양한 분야에 가능해짐에 따라, 알릴 에테르와는 반대로 비닐의 사용은 더 많은 가능성을 열어준다. 티올-엔 시스템의 가장 중요한 특징은 산소에 민감하지 않다. 즉, 산소장애를 겪지 않는다는 것이다. 탄소 중심의 라디칼(a β -싸이닐알킬 라디칼)은 산소로 제거되어 퍼옥시 라디칼을 생성하지만 이것은 차례로 티올과 반응하여 더 많은 중합을 시작할 수 있다. 따라서, 산소의 전반적인 효과는 사슬 이동과 정을 촉진시키는 것이다. 가교결합을 일으키는 다기능 화합물이 사용되는 경우, 경화 속도가 매우 빠르며, 이는 더욱 매력적인 특징이다. 생성된 코팅은 많은 상이한 기재에 대한 우수한 접착력을 나타내며, 이는 아마도 C-S 결합의 분극 성능 때문일 수 있다. 코팅에 존재하는 싸이오 에테르 결합은 에테르 결합과 같이 산화 분해되기 쉽지 않다. 티올-엔 반응의 가장 큰 단점은 티올 성분과 관련된 냄새이며, 이는 아마도 이 중요한 반응의 추가적 사용을 억제하고 있는 가장 중요한 요소일 것이다.

1.4 비닐에테르/불포화 에스테르계

비닐에테르는 독성이 낮기 때문에 매력적인 중합 가능한 화학종이며, 이제 화합물들이 넓은 범위에 거쳐 상업적으로 이용 가능하다. 이들 화합물을 사용하는 새로운 광중합성 시스템이 요구되고 있다.

타입 Ⅰ 및 Ⅱ 개시제 시스템으로부터 생성된 라디칼에 의해 개시된 비닐에테르의 중합은 비교적 비효율적인 공정이지만 적합한 불포화 에스테르(말레에이트, 푸마레이트, 시트 라코네이트 등), 이미드(말레이미드) 또는 N-비닐포름아미드가 존재할 때 1:1 교대 공중 합체가 형성된다(그림 2.9).

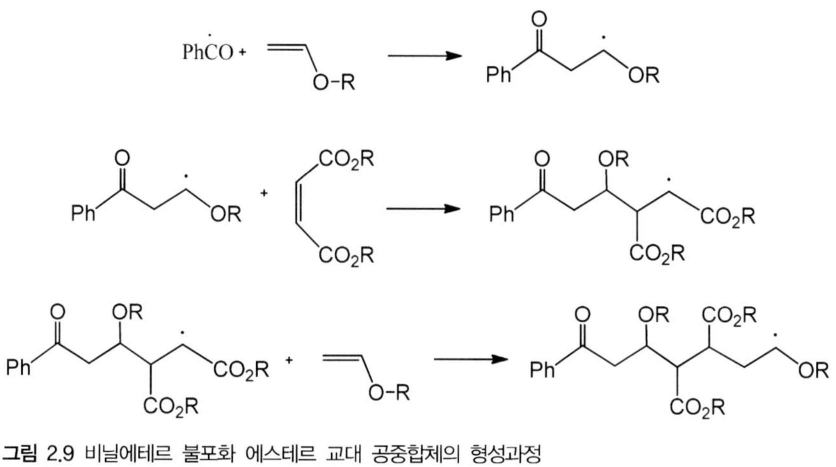

그림 2.9 비닐에테르 불포화 에스테르 교대 공중합체의 형성과정

말할 필요도 없이, 이 시스템은 산소장애에 민감하지만 흥미롭게도 아크릴레이트 중합과 같은 정도는 아니다. 광DSC 실험은 디비닐에테르와 N-(n-헥실)말레이미드 산소의 반응의 경우 개시 속도를 늦추지만 중합의 전반적인 정도는 질소 조건하에서 중합될 경우 관찰된 것보다 약간 느림을 보여준다(그림 2.10).

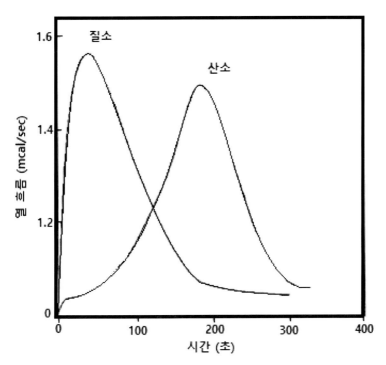

그림 2.10 Pyrex(I~20mWcm⁻²)를 통해 질소 및 대기압에서 중압 수은램프로다-(4-비닐글리콜)부틸 이소프탈레이트와 N-헥실 말레이미드의 같은 몰 혼합물을 노출시키는 발열곡선

비교 예로써, n-헥실 아크릴레이트와 헥산-1,6-디올 다이아크릴레이트의 50:50 혼합물을 유사한 조건하에서 조사하였을 때, 산소 존재하에서 거의 경화되지 않는 반면, 질소 존재하에서는 경화가 정상적으로 일어난다. 이것이 왜 그런지에 대해서는 명확하지 않지만, 개시 라디칼을 생성하는 수소 추출 반응의 발생은 분명히 유리하다. 이러한 이유로 폴리에틸렌 및 폴리프로필렌 글리콜과 같은 폴리에테르의 사용은 산소장애에 대한 반응의 감도를 감소시킨다. NB는 에테르로부터 수소 추출에 대한 속도 상수~$2 \times 10^5 Ms^{-1}$인 반면, 벤조일 라디칼의 아크릴레이트에의 첨가는~10^5 내지 $10^6 Ms^{-1}$이다. 이는 산소 원자에 인접한 C-H 결합의 농도가 이중 결합농도보다 적어도 10배 큰 경우 수소 추출 반응이 첨가반응과 쉽게 경쟁할 수 있음을 의미한다. 다음 그림(그림 2.11)에서 첫 번째는 수소 추출 반응이 새로운 개시 화학종을 유도할 수 있는 방법을 보여주며, 두 번째는 폴리에테르 사슬에서 생성된 하이드로퍼옥사이드가 반응성 3차 C-H 결합으로부터 분자 내 수소 추출을 통해 (6원 전이상태)는 반응성 히드록실 라디칼의 생성을 유도할 수 있고, 세 번째 그림은 분자 간 수소 추출화 반응의 참여를 나타낸다.

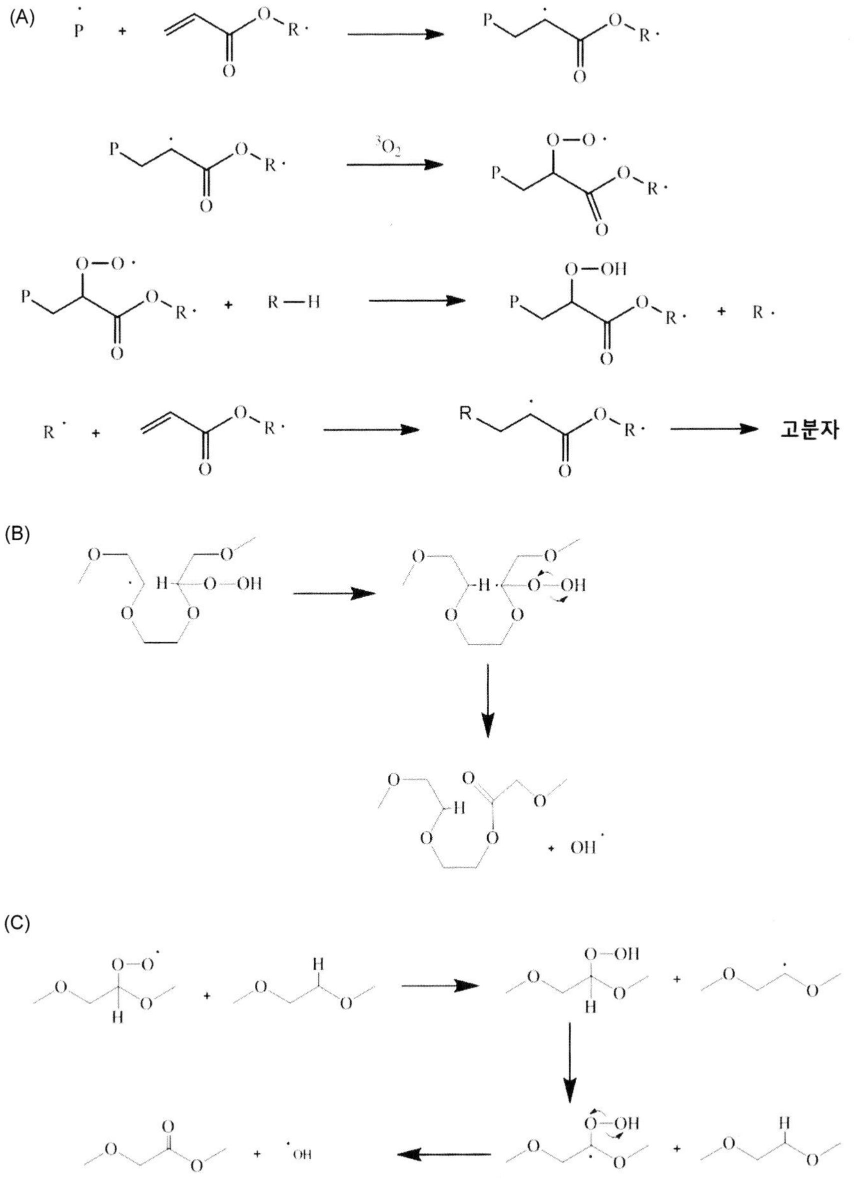

그림 2.11 산소의 개입을 통해 경화 도중 생성되는 라디칼

또 다른 측면은 산소장애를 극복하고 증감제로서 작용하는 제3급 아민을 우선적으로 선호하지는 않는다. 아민은 때로 적은 농도로 배합에 첨가되어 냄새가 있는 아세트 알데히드를 생성하는 비닐에테르 성분의 산촉매화된 가수분해를 감소시킨다. 배합에 아민이 함유되어 있어 해로운 영향을 줄 수 있다는 것은 흥미로운 관찰이지만 그 기원은 분명하지 않다. 이러한 현상을 고려할 때 유형 Ⅱ 개시제 시스템이 특히 효율적이지 않은 것은 놀라운 일이 아니다. 아실포스핀 옥사이드 및 비-아민 함유 아세토페논과 같은 유형 Ⅰ 개시제 시스템은 매우 효율적이다. 도너 및 억셉터가 정확하게 매치될 때, 전하 이동 착물형성으로 인한 새로운 흡수 밴드가 관찰될 수 있고, 이들 밴드를 통한 착물의 조사는 1:1 교대 공중합체의 형성을 유도하는데, 즉 중합반응은 광개시제의 존재하에 발생하며, 말레이미드는 불포화 에스테르와 유사한 방식으로 거동하고 더 낮은 환원 전위로 인해 보다 강한 전하 이동대를 발생시킨다.

산소장애에 대한 말레이미드 시스템의 낮은 민감도는 부분적으로 적절한 C-H 결합으로부터 수소원자를 추출하여 다른 개시 라디칼을 생성시키는 들뜬 상태($n \rightarrow \pi^*$ 들뜬 삼중항 상태)의 말레이미드 능력에 기인할 수 있다 (그림 2.12).

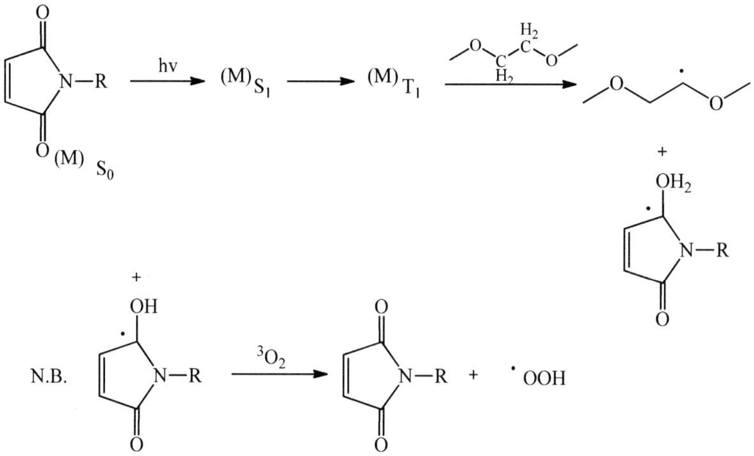

그림 2.12 말레이미드에 의한 수소 추출화

말레이미드 내의 N-(n-알킬)치환기가 적절한 C-H 결합을 포함하고 들뜬 말레이미드가 6원 또는 10원자 전이상태를 통해 이들과 상호작용할 수 있는 경우, 분자 내 수소 추출화가 발생할 수 있다. 산소의 존재는 말레이미드의 재생을 유도한다는 것을 주목해야 하는데, 이는 수소 추출 공정이 교대 공중합 공정이 발생하는 정도를 감소시키지 않음을 의미한다. 다시 한번 폴리에테르는 거의 효과가 없는 비분지형 알킬 사슬을 갖는 수소 추출 반응을 촉진시키는 데 가장 적합한 것으로 보인다.

폴리에테르로부터의 수소 추출에 대한 들뜬 말레이미드의 능력은 아크릴레이트기를 함유한 중합을 개시하는 데 사용될 수 있음을 의미한다. N-아릴 이미드는 또한 아릴기가 2 위치에 치환체를 함유하는 경우, N-알킬 대응물에 의해 나타나는 수소 추출 반응을 겪는다. 이는 아릴 고리가 꼬여서 이미드 질소 원자와의 결합을 제거하기에 충분히 부피가 크다. 탈 결합(deconjugation)을 일으키는 데 효과적인 치환체는 트리플루오로메틸, 3급 부틸 및 이소프로필을 포함한다. 탈결합은 낮은 반응성(낮은 에너지)의 π π^* 상태가 아닌 낮은 삼중항 상태를 nπ^*로 만든다. N-알킬 및 N-아릴 이미드의 수소 추출 반응은 티옥산톤에 의해 민감해질 수 있어 이 새로운 개시 시스템의 파장 민감성을 확장시킨다. 비틀리지 않은 N-아릴 말레이미드는 티옥산톤과 같은 3중 증감제(triplet sensitiser)가 사용되는 경우 수소 추출을 유도할 수 있도록 한다.

2. 양이온성 과정

양이온 중합 공정은 루이스 및 브론스테드 산에 의해 개시되어 진행된다. 광경화에서, 이들 산은 광을 이용하는 적절한 전구체로부터 생성되어야 하며, 이러한 물질은 양이온 개시제로 지칭된다.

에폭사이드(옥시란)의 중합에 대한 단순한 관점을 고려하면(그림 2.13) 다수의 중요한 사실들이 나타난다.

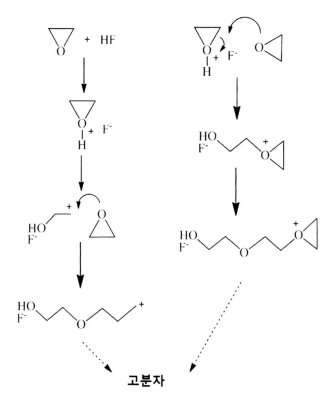

그림 2.13 에폭시의 산촉매 중합반응의 개략도

    반응을 개시하고 증식시키는 종은 양이온성이고, 이 방법이 효율적이기 위해서는 친핵성 음이온이 필수적이다. Cl⁻ 또는 SO4⁻는 존재하지 않는다. 이용 가능한 모든 양이온성 광개시제는 염이고 그 자체로 음이온을 함유한다(제3장 5). 경화를 지연시키거나 방지하는 이들 음이온의 문제점을 극복하기 위해, 친핵성이 낮은 음이온이 선택된다. 종종 이들은 음전하가 큰 부피로 퍼지는 헥사플루오로포스페이트 음이온과 같은 큰 음이온이다. 또한 배합의 다른 성분이 안료(많은 안료가 표면에 흡착된 음이온을 가지고 있고 일부는 배합에서 분산을 돕기 위해 폴리아민으로 코팅되어 있음)와 같은 음이온을 함유하지 않는 것이 중요하다. 배합에 존재하는 기타 통상적으

로 발생하는 친핵체는 히드록실 및 아미노기이다. 알코올과 카보네이트의 상호작용은 양성자를 발생시키며, 즉 알코올은 사슬 이동제로서 작용한다 (그림 2.14).

양이온성 경화 시스템에 다관능성 알코올을 첨가하는 것이 가교결합을 생성시키는 데 사용될 수 있고 다수의 이러한 화합물이 상업적으로 이러한 용도로 이용될 수 있기 때문에 가장 유익할 수 있다.

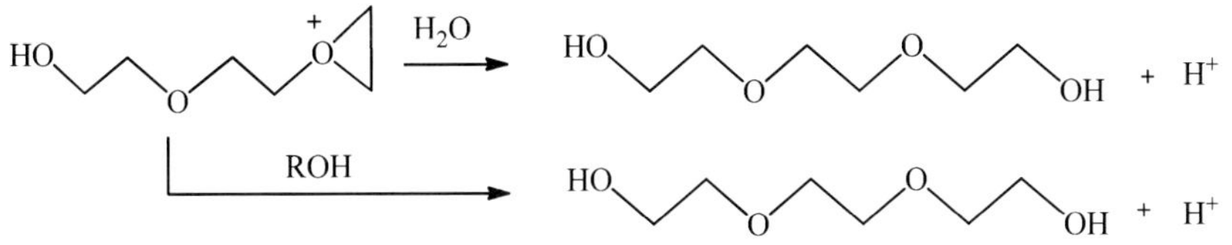

그림 2.14 다관능성 알코올에 의해 유도되는 가교결합

티올은 알코올과 비슷한 방식으로 반응하지만 암모늄이온을 생성하고 반응을 종결시키기 위해 반응하는 아민의 경우에는 해당되지 않는다.

알코올이 사슬 이동제 역할을 한다는 것을 감안할 때, 물이 비슷한 방식으로 작용한다는 것을 발견하는 것은 놀라운 일이 아니다. 많은 양의 양이온성 경화 배합에서 물이 상당히 높은 비율로 용인될 수 있으며 때로는 이점이 있다. 대기 중 물의 존재는 좋지 않은 영향을 미칠 수 있으며, 양이온성 경화의 확실한 단점은 경화 공정이 습도에 민감하다는 것이다. 습도가 높으면 경화가 완전히 중단될 수도 있다. 습기의 이런 효과는 코팅에서 생성된 휘발성 산이 습기가 많은 대기로 이동하기 때문일 수 있다. 양이온 시스템의 두 가지 가장 긍정적인 측면은 산소장애의 대상이 아니며 일반적으로 생성된 코팅은 기재에 대한 우수한 접착성을 나타낸다.

양이온성 경화의 또 다른 중요한 특징은 그것이 살아 있는 중합 공정이라는 것이다. 즉, 모든 중합 가능한 화학종이 모두 소진된 경우 카보케이션 및 양성자가 존재하고 따라서 더 많은 양의 중합성 물질이 첨가하게 되면 중합반응이 재개될 것이라는 점이다. 친핵성 불순물로 인하여 코팅이 경화 터널을 통과한 후에는 카보케이션이 존재하지 않을 것으로 보이지만 양성자는 확실하게 존재할 것이다. 이들 종의 존재는 후-경화(post-cure)현상을 일으킨다. 양이온성 경화 시스템에 사용할 수 있는 재료는 에폭사이드, 비닐에테르 및 그 유도체이다. 최근에 옥세탄(oxetanes)의 사용에 관심을 보였다. 에폭사이드는 개환 반응(ring opening reaction)에 의해 경화되고, 추진력은 링변형(ring strain)의 방출이다.

옥세탄이 개환될 때 그렇게 많은 에너지가 방출되는 것은 아니지만, 이것은 옥세탄 고리의 산소 원자가 에폭시 고리의 산소 원자보다 높은 친핵성으로 어느 정도 상쇄된다.

2.1 에폭사이드(옥시란)

에폭사이드의 중합은 개환 반응을 포함하고 변형 에너지의 완화는 중합 공정의 열역학에 유리하게 기여한다. 반응은 루이스산(예, 삼불화 붕소, 인산 펜타플로라이드) 또는 브론스테드 산(예, 불화수소)에 의해 이루어질 수 있다. 중합 공정의 단순한 보기가 그림 2.13에 나와 있다.

일반적으로 사용되는 에폭사이드는 지환족 에폭사이드 및 글리시딜 에테르를 포함한다(그림 2.15).

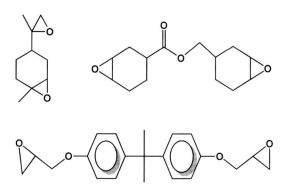

그림 2.15 광경화에서 사용되는 몇몇 에폭사이드

지환족 에폭사이드는 글리시딜 에테르보다 더 반응성이 있다. 에피클로로히드린과 알코올 및 페놀을 반응시켜 쉽게 제조할 수 있기 때문에 글리시딜 에테르의 사용 범위가 용이하다. 매우 보편적인 희석제 중 하나에서 카보닐 그룹의 존재는 화합물을 양이온 경화로 비활성화시키는 것으로 나타났다. 이 효과에 대한 많은 설명이 가능할 수 있지만, 카보닐 그룹에 존재하는 고립 전자쌍이 가역적인 과정에서 양성자와 카보네이트와 상호작용하여 경화 과정에 참여할 수 있는 이들 종의 농도를 효과적으로 낮추는 것은 틀림 없다.

예를 들어 글리시딜 에테르와 같은 일부 에폭사이드의 개환을 위해서는 중합 공정을 완료하기 위해 열에너지를 투입해야 한다. 결과적으로, 코팅이 램프 아래로 지나간 후에, 중합은 그 진행에 따라 계속되며, 그 온도에 의해 결정된다. 이러한 과정을 후경화(postcure)라고 한다.

대부분의 광경화성 배합은 가교결합 밀도를 증가시켜 경화 속도를 향상시키는 폴리올 첨가제를 함유한다. 교차 결합 밀도를 증가시키기 위해 적절한 유형의 폴리올이 사용된다면 필름의 기계적 강도도 향상된다. 경화 속도는 또한 옥세탄의 첨가로 증가하는 것으로 알려져 있다. 에폭사이드는 전자빔에 의해 중합될 수 있지만 산이 생성될 수 있도록 양이온성 광개시제가 존재해야 한다.

2.2 비닐에테르

비닐에테르는 에폭사이드에 사용되는 광개시제 시스템을 사용하여 양이온 경화될 수 있다.

양이온성 광개시제가 배합에 포함되는 경우, 허용 가능한 사용 수준에서 전자빔에 의해 경화될 수 있다. 루이스와 브랜스태드 에스테르에 의한 비닐에테르의 경화 메커니즘은 여전히 논쟁의 여지가 있다. 루이스 산(Lewis acid)에 의한 경화 메커니즘의 단순한 보기는 그림 2.16에 나와 있다.

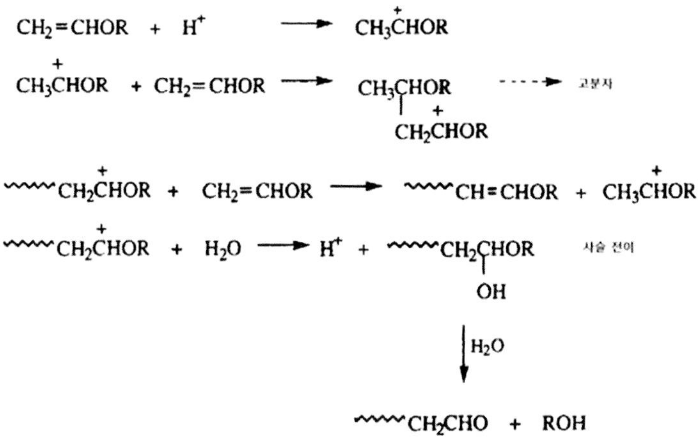

$$CH_2\!=\!CHOR \ + \ H^+ \longrightarrow CH_3\overset{+}{C}HOR$$

$$CH_3\overset{+}{C}HOR \ + \ CH_2\!=\!CHOR \longrightarrow \begin{array}{c} CH_3\overset{+}{C}HOR \\ | \\ \overset{+}{C}H_2CHOR \end{array} \quad \text{- - - - -} \blacktriangleright \text{고분자}$$

$$\sim\!\!\sim\!\!\sim\!\overset{+}{C}H_2CHOR \ + \ CH_2\!=\!CHOR \longrightarrow \sim\!\!\sim\!\!\sim\!CH\!=\!CHOR \ + \ CH_3\overset{+}{C}HOR$$

$$\sim\!\!\sim\!\!\sim\!\overset{+}{C}H_2CHOR \ + \ H_2O \longrightarrow H^+ \ + \ \underset{OH}{\sim\!\!\sim\!\!\sim\!CH_2CHOR} \quad \text{사슬 전이}$$

$$\big\downarrow H_2O$$

$$\sim\!\!\sim\!\!\sim\!CH_2CHO \ + \ ROH$$

그림 2.16 비닐에테르의 양이온 경화 시 일어날 수 있는 몇 가지 반응의 단순한 보기

양이온성 광개시제가 배합에 포함되는 경우 허용 가능한 사용 수준에서 전자빔에 의해 경화될 수 있다. 다관능성 비닐에테르의 사용은 가교결합을 유도한다. 이관능성 에테르의 경우 폴리에테르, 폴리에스테르 및 폴리우레탄 연결 사슬을 갖는 다양한 물질이 현재 이용 가능하다. 지방족 폴리우레탄 비닐에테르는 폴리에테르 디비닐에테르보다 느린 방향족 우레탄 비닐에테르보다 훨씬 느리게 경화된다는 것을 발견했다.

그림 2.16으로부터, 중합 공정은 카보케이션(Carbocation)을 포함하고, 이들은 전파 반응에서 필수 종임을 이해할 것이다. 우레탄의 질소 원자는 친핵성이며 방향족 우레탄보다 지방족의 친핵성이 높다. 따라서, 이들 관능성 그룹은 카보케이션와 상호작용함으로써 반응을 방해하여 경화 속도를 감소시킬 수 있다. 다른 친핵체도 유사하게 반응하지만, 물의 경우, 아세트 알데히드를 생성하기 위해 가수분해가 진행되는 헤미아세탈이 생성된다(그림 2.16). 코팅에서 알데하이드의 존재는 매우 불쾌한 냄새를 준다.

사슬 이동의 발생은 운동 사슬 길이를 감소시킨다. 그것의 발생은 분자량의 감소를 가져오기 때문에 예상보다 부드러운 코팅을 유도할 수 있다. 그러나 생성된 거대 카보케이션보다 훨씬 더 이동성이 있는 저분자량 카보케이션(CH_3CH^+HOR)의 생성은 아마도 비닐에테르 그룹의 보다 광범위한 소비를 초래할 것이다. 에폭사이드와 같은 비닐에테르의 경화는 리빙 중합체를 생성한다. UV 경화 조건에서 카보케이션은 일반적으로 제거되지만 경화 단위에서 나오는 코팅은 산을 함유하게 된다.

일반적으로 비닐에테르의 경화는 매우 빠르고 에폭사이드의 경화보다 빠르다. 흥미롭게도, 비닐에테르 희석제와 에폭사이드 예비중합체로 구성된 하이브리드 시스템이 사용된다면, 에폭사이드의 경화 속도 및 소비량이 향상된다.

치환된 비닐에테르 및 특히 프로페닐 에테르의 적용에 많은 관심을 보였다. 이들 화합물은 쉽게 입수 가능한 알릴 에테르의 촉매화된 이성질체화에 의해 제조되는 비닐에테르보다 제조하기가 훨씬 쉽다. 이러한 화합물의 경화 속도는 비닐에테르의 경우와 유사하며 가수분해가 용이하다. 상업적으로 이용 가능한 프로페닐 에테르의 수는 상당히 증가할 것으로 예상된다.

비닐에테르의 바이닐 화합물은 2 및 4 알콕시스티렌이다. 이들 화합물은 매우 수용 가능한 속도로 경화되고 레지스트 재료로써의 용도를 찾고 있다.

2.3 하이브리드 시스템

아크릴레이트 희석제와 에폭사이드 올리고머, 비닐에테르 희석제와 아크릴레이트 올리고머 그리고 아크릴레이트 희석제와 비닐에테르 올리고머와 같은 하이브리드 시스템의 사용으로 인해 많은 이점이 있다. 이러한 시스템에서 하이브리드는 다른 메커니즘으로 중합하는 물질의 혼합물을 사용하는 맥락에서 사용된다. 하이브리드 시스템의 또 다른 유형은 두 가지 상이한 물질이 사용되지만 일반적인 메커니즘에 의해 중합되는 것이다. 예를 들면 알릴 에테르와 아크릴레이트가 있다.

아크릴레이트 희석제가 타입 I 개시제 및 양이온성 개시제의 혼합물과 함께 에폭사이드 올리고머와 함께 사용되는 경우, 개별 성분 중 하나의 특성을 능가하는 특성을 갖는 코팅이 생성된다. 에폭시 아크릴레이트 및 우레탄 아크릴레이트와 같은 비닐에테르 희석제 및 아크릴레이트 올리고머의 혼합물은 유형 Ⅰ 개시제와 양이온 개시제의 혼합물을 사용하여 경화되었다. 이 시스템은 공기와 질소하에서 매우 빠르게 경화되었으며 비닐에테르 대신 에폭시 희석제가 사용된 시스템보다 빠르다는 것이 발견되었다. 비닐에테르 희석제는 아크릴레이트 반응성 희석제가 사용되는 경우보다 아크릴레이트 이중 결합의 이용률이 훨씬 더 높다는 것을 발견했다. 이러한 시스템은 또한 산소 저감에 덜 민감하며 이는 아마도 비닐에테르의 빠른 양이온성 경화로 인하여 대기로부터의 산소 침투를 지연시켜 아크릴레이트 경화 속도를 가속시킨다. 이 필름은 폴리에스테르에 대한 우수한 접착력을 나타내어 우수한 내용매성을 나타내었고 단단하다. 불활성 대기에서 사용되는 경우, 경화는 오니움염 개시제의 단독 사용에 의해 달성될 수 있다. 이것이 끝나면 비닐에테르의 중합이 아크릴레이트보다 먼저 진행되고 결과적으로 아크릴레이트 중합이 폴리(비닐에테르) 용매에서 용질인 경우 일어난다. 이 과정은 상호 침투 네트워크의 생성으로 이어진다. 비닐에테르 예비중합체와 아크릴레이트 희석제의 사용은 우수한 내충격성 및 접착력을 나타내는 빠른 경화 시스템 및 코팅을 제공한다.

3. 음이온성 과정

염기에 의해 촉매작용을 할 수 있는 수많은 중합반응이 있지만, 광경화성 시스템에 대한 연구는 거의 없다. 이러한 이유는 최근까지 적절한 광개시제 시스템이 거의 없었기 때문이다.

가장 일반적으로, 광 생성된 아민은 디에폭사이드의 가교결합을 유도하는 데 사용되어 왔다. 이러한 반응에 기초한 네거티브 레지스트가 기술되어 있다(그림 2.17). 공지된 특허는 다관능성 아크릴레이트에 대한 말로네이트 폴리에스테르의 마이클 첨가를 촉매화하는 데 사용될 수 있는 매우 강한 염기를 방출하는 개시제를 기술하고 있다.

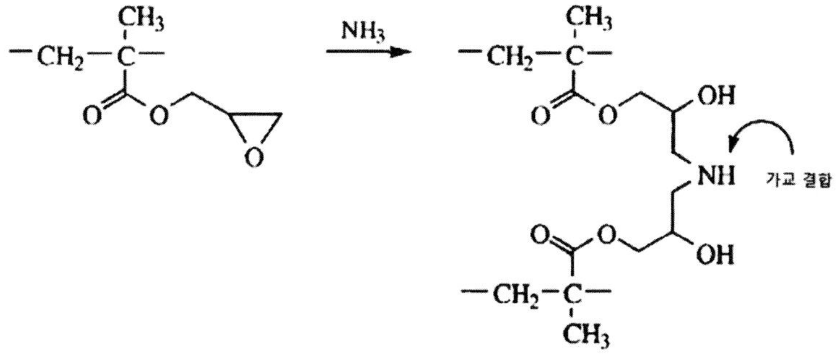

그림 2.17 음이온 중합 공정에 기초한 네가티브 레지스트 시스템

금속 착화합물로부터 광 생성된 싸이오시아네이트 음이온이 α-시아노아크릴레이트의 중합을 개시하는 데 사용되어 왔다. 다른 아민 방출 복합체가 다기능 아크릴레이트의 음이온성 중합반응을 촉진시키는 데 사용되어 왔다.

4. 사이클로 첨가반응

4.1 신나메이트 시스템

사이클로 첨가반응의 사용, 특히 신나메이트의 사이클릭 첨가반응은 인쇄 회로기판 및 리소그래피의 제조에 특히 잘 확립되어 있다. 폴리비닐알코올, PVOH가 신남산(cinnamic acid)으로 에스테르화되면 감광성 중합체가 생성된다. 조사는 [2+2]-사이클로 첨가반응을 일으키는 신나메이트 잔류물을 초래한다(그림 2.18).

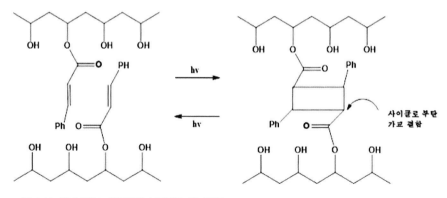

그림 2.18 신나메이트 잔류물의 사이클로 첨가반응

 이 반응에 대해 인식해야 할 몇 가지 중요한 요소가 있다. 두 개의 선형 중합체 사슬 사이에 하나의 사이클로부탄 가교결합만이 형성되면, 분자량은 두 배가 될 것이다. 이러한 분자량의 증가는 단량체를 가용화하는 데 사용되는 용매에서의 용해도를 감소시킨다. 따라서, 조사된 영역은 용매 전개에 의해 미조사 영역과 구별될 수 있다. 결과적으로, 네거티브 필름을 통해 재료의 필름이 빛에 노출되고 노출된 필름이 적절한 용매로 세척되면 필름의 조사된 영역에 해당하는 이미지가 남아 있게 된다. 두 번째 요점은 생성되는 사이클로부탄의 4가지 이성질체가 있다는 것이다(그림 2.19).

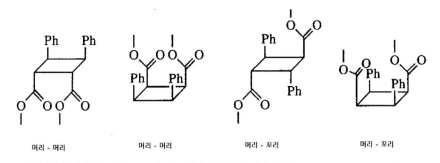

그림 2.19 신나메이트 잔여물을 가교결합하여 생성된 사이클로부탄

 아릴 치환된 사이클로부탄은 그 자체가 감광성이며, 조사 시에 분지되어 신나메이트 에스테르를 생성할 것이다. 정반응 및 역반응은 빛에 의해 유도

될 수 있기 때문에, 우리가 원하는 반응을 어떻게 선택적으로 일어나게 할 수 있을까? 신나메이트 그룹은 300~350nm 사이의 흡수를 나타내며, 이는 사이클로부탄이 흡수하지 않는 범위이다. 따라서 300nm보다 큰 빛을 사용하면 원하는 반응을 유도할 수 있다. 더 짧은 파장(<290nm)은 광가교 중합체를 비중합(depolymerise)시키는 데 사용될 수 있다.

신나모일레이티드 폴리비닐알코올은 점도가 높기 때문에 고분자의 구조적 움직임이 거의 없으며 필름이 건조될 때 곁사슬 에스테르 그룹이 발생할 수 있다. 신나메이트 에스테르의 조사는 시스템 간 교차(ISC)를 거쳐 삼중항 상태로 진행되는 들뜬 단일 상태를 채운다. 이 상태에서 사이클로첨가가 발생할 수 있다. 삼중항 상태의 불활성화는 시스/트랜스 이성질체화 또는 산소에 의한 퀜칭(quenching) 또는 부가 반응을 통해 발생할 수 있다.

사이클로 첨가반응이 효율적으로 일어나기 위해서는 필름 건조 시 신나메이트 그룹을 서로 인접하게 두어야 한다. 이것은 제어하기가 매우 어려울 수 있으며, 신나메이트기의 일부가 전자 공여 치환체를 함유하는 반면, 다른 일부는 전자 흡인 그룹을 포함하는 새로운 시스템을 구성하려는 시도가 있었다. 이러한 변형이 공여체-수용체 복합체 형성을 유도하여 일부 고분자의 선조직화(preorganisation)가 이뤄지기를 기대했다. 몇 가지 성공을 거두었지만 의심할 여지없이 케토쿠마린(ketocoumarins)과 같은 배합에 효과적인 삼중항 광증감제를 넣으면 더 큰 성공을 거둘 수 있었다(그림 2.20).

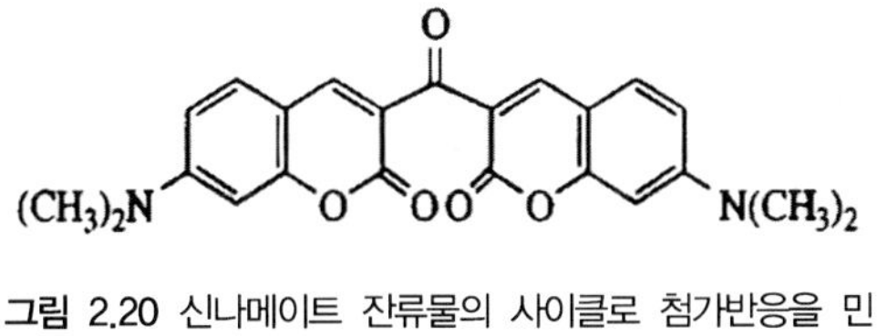

그림 2.20 신나메이트 잔류물의 사이클로 첨가반응을 민감하게 하기 위해 사용되는 A 비스 케토쿠마린(A bis ketocoumarin)

이러한 증감제는 폴리(비닐알코올)의 감도 파장을 거의 500nm까지 확장시킨다.

4.2 칼콘 시스템

β-아릴 $\alpha:\beta$-불포화 케톤은 칼콘(chalcones)으로 알려져 있다. 칼콘기는 중합체 주사슬 또는 곁사슬이기로 도입될 수 있다(그림 2.21).

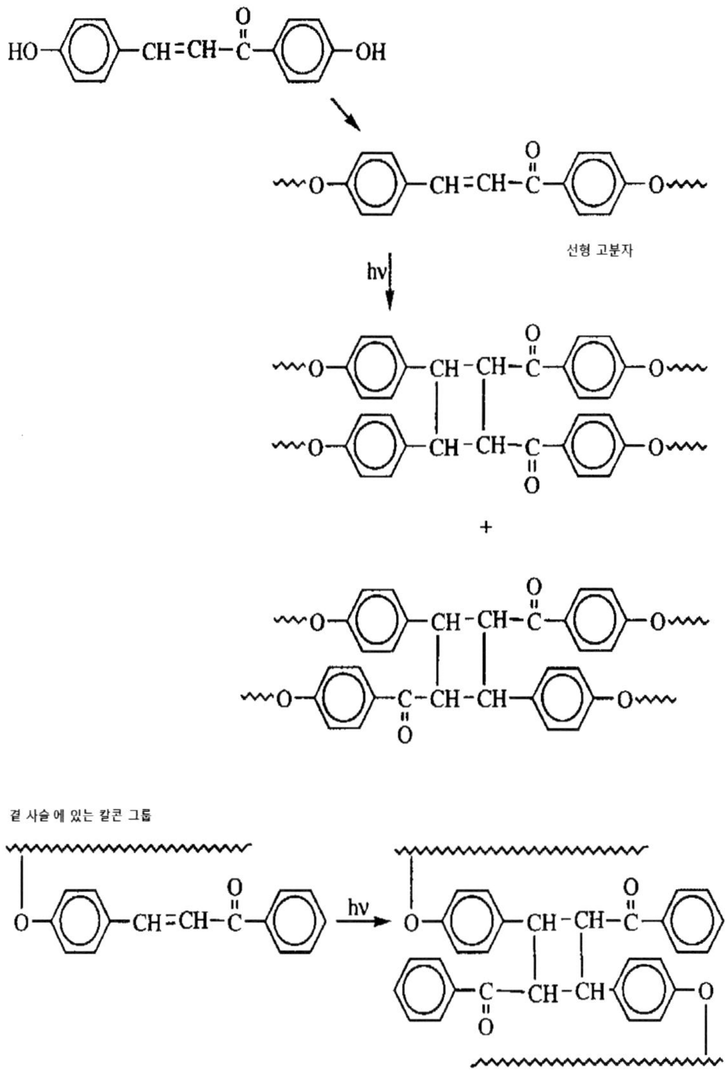

그림 2.21 주사슬 및 측사슬에 있는 칼콘기의 예

도시된 두 가지 예에서, 가교결합은 사이클로부탄 고리의 형성을 통해 이루어지며, 다시 4개의 이성체가 존재한다. 신나메이트 시스템에서와 같이, 감광성 그룹은 그의 들뜬 상태의 수명 동안 거의 공간 이동을 겪지 않을 수 있으며, 결과적으로 칼콘그룹이 건조된 필름에서 서로 가깝게 위치할 필요가 있다. 반응 확률을 높이기 위해 그림 2.22와 같은 종류의 칼콘이 도입되었다.

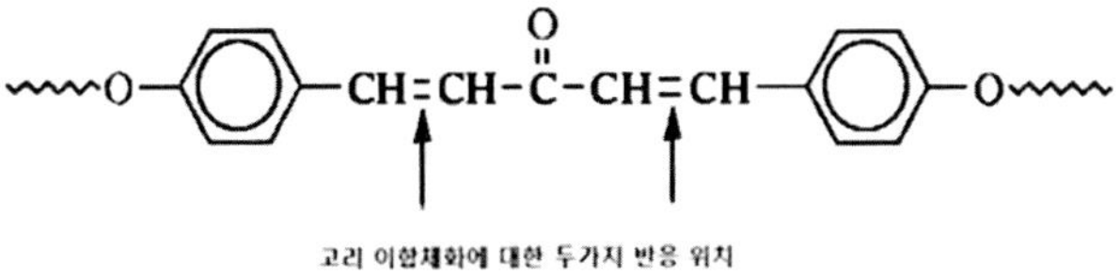

고리 이량체화에 대한 두가지 반응 위치

그림 2.22 반응성이 향상된 칼콘

칼콘의 성질이 시스템의 반응성에 어떻게 영향을 미치는지를 조사하기 위해 통계적 모델을 설정했으며 그림 2.22에 표시된 것이 가장 높은 반응성을 예측하는 것으로 밝혀졌다.

4.3 스틸바졸륨(Stilbazolium) 시스템

이치무라(Ichimura)는 처음에 스틸바졸륨(stilbazolium)그룹을 도입하여 폴리비닐알코올을 광감응성으로 만들 수 있는 방법을 설명했다. 이들 도너-억셉터 시스템은 매우 착색되어 있고 형광성이며, 들뜬 단일 상태로부터 [2+2] 사이클로 첨가반응을 쉽게 겪는다. 감광성 기를 폴리머에 연결하는 핵심은 아세탈 형성을 통한 것이다(그림 2.23).

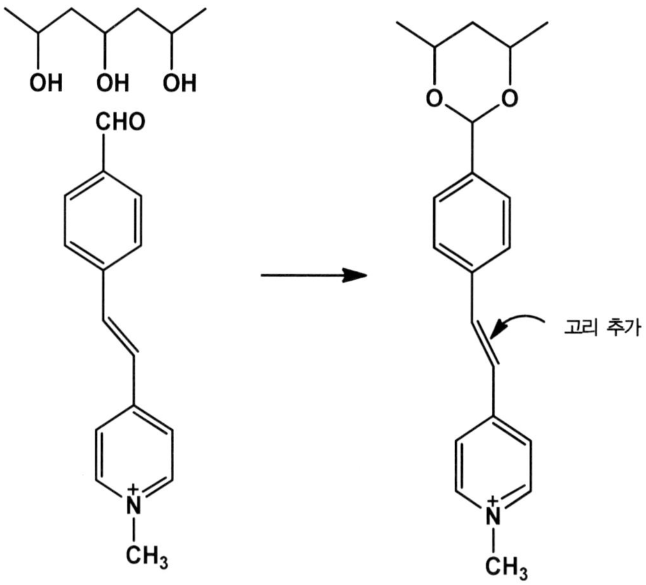

그림 2.23 폴리(비닐알코올)에 스틸바졸륨 그룹을 연결하는 아세탈화의 사용

스틸바졸륨 화합물의 아세탈 유도체는 형광성이며, 관찰된 형광 스펙트럼은 감광성 그룹의 농도에 의존한다. 그룹의 농도가 증가함에 따라, 형광 스펙트럼이 넓어지고 적색으로 이동한다. 이것은 스틸바졸륨 그룹의 농도가 증가함에 따라 연관성이 있음을 나타낸다. 이러한 방식으로 형성된 필름의 조사는 물에서 유도체화된 폴리비닐알코올의 부수적인 불용화로 사이클로첨가반응을 유도한다. 조사 후, 필름은 형광을 나타내지만, 이것은 전형적인 결합되지 않은 스틸바졸륨 그룹이다. 따라서 스틸바졸륨 그룹의 조합은 실제로 감광성 그룹을 미리 조직화하는 것을 도왔다. 다양한 스틸바졸륨 화합물과 관련 화합물이 준비되어 있으며, 그 예는 그림 2.24에 나와 있다.

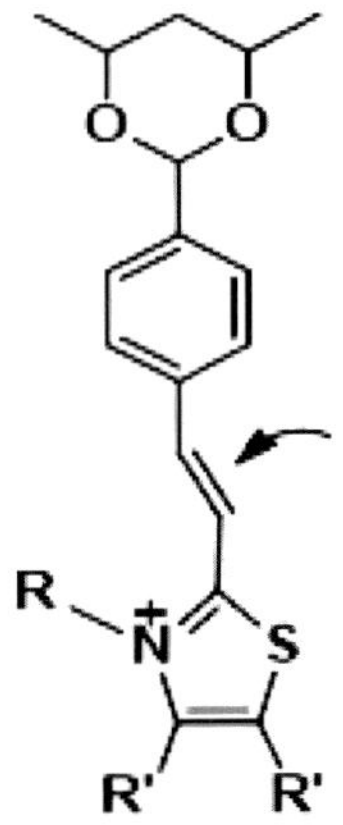

그림 2.24 스틸바졸륨 화합물

4.4 기타 사이클로 첨가 시스템

곁사슬 그룹의 [2+2] 사이클로 첨가반응을 포함하는 몇 가지 다른 가교 결합 반응이 기술되어 있다(그림 2.25). 말레이미드의 경우 파장이 300nm 를 초과하는 빛에 둔감하기 때문에 흥미롭다. 그러나 삼중항 증감제를 사용하면 파장 감도를 증가시킬 수 있다. 안트라센 그룹의 고리이량화는 다른 시스템과 달리, 들뜬 단일항 상태를 통해 진행된다.

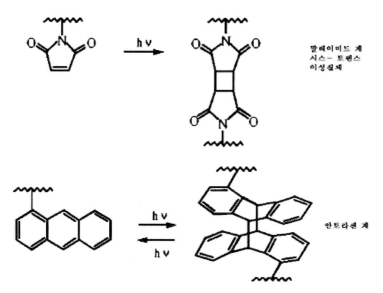

그림 2.25 곁사슬 말레이미드 및 안트라센 그룹의 고리이량화

파장 300~400nm의 빛을 사용하면 고리이량화 반응이 진행되는 반면, 254nm 빛은 안트라세닐 광이량체가 해리되어 안트라센 시스템을 재생하게 된다.

광개시제 시스템

제3장

1. 소개 및 분류

개시제는 자유 라디칼, 양이온, 음이온을 개시하는 중합 시스템 유형에 따라 쉽게 분류한다. 몇몇 경우에는, 개시제가 다른 공정을 통해 중합반응을 개시하는 데 사용될 수 있다. 요오드늄 및 설포늄염, 철분 혼합물 같은 양이온 개시제는 자유 라디칼 메커니즘을 통해 중합반응을 개시할 것이다.

자유 라디칼 개시제는 유형 Ⅰ, Ⅱ로 구성되었지만 분자 간 또는 분자 내 전자 전달에 의존하는 붕산염 개시제와 같은 몇몇 시스템은 이렇게 분류될 수 없다. 유형 Ⅰ 개시제 혹은 이러한 혼합물은 2개의 라디칼을 생성하기 위해 분열 반응(α 혹은 β-분열)을 거쳐야 한다(그림 3.1).

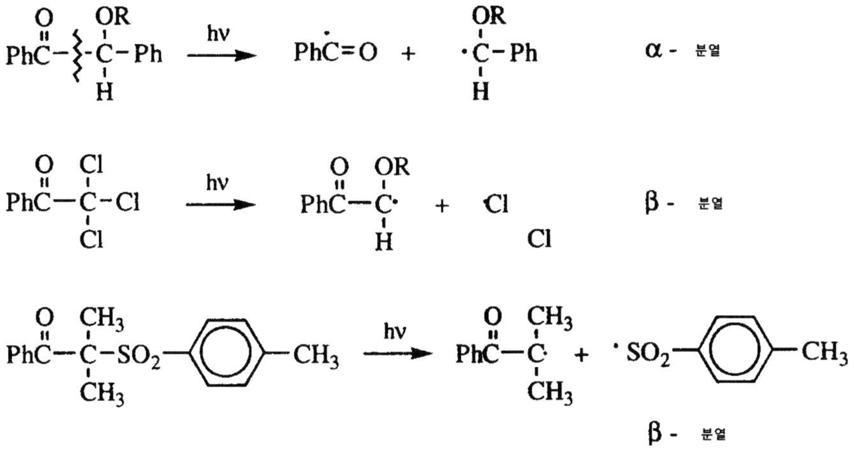

O   OR
‖ |
PhC—{—C—Ph   —hv→   PhC=O   +   ·C—Ph   α - 분열
      | |
      H   H

O   Cl
‖ |
PhC—C—Cl   —hv→   PhC—C·   +   ·Cl   β - 분열
     | |
     Cl   Cl

O   CH₃
‖ |
PhC—C—SO₂—⬡—CH₃   —hv→   PhC—C·   +   ·SO₂—⬡—CH₃
     | |
     CH₃   CH₃

                                              β - 분열

그림 3.1 α 와 β -분열 반응

분열 반응은 두 개의 라디칼을 발생시키고, 거의(항상 그런 것은 아니다) 이들 중 하나만 반응한다. 일반적으로 반응은 케톤의 삼중항에서 발생한다. 분열 반응은 매우 쉽고 빠르게 일어나며($k_{dissoc} > 10^9 sec^{-1}$) 결과적으로 분열 반응은 개시제의 삼중항 수명이 결정한다. 따라서 광개시제 유형 Ⅰ은 상대적으로 짧은 삼중항 수명(~1-50nsec)을 가지고 있으며, 이 결과 분열반응은 산소 퀜칭(quenching)을 받지 않는다.

유형 Ⅱ 개시제는 활성화되었을 때, 주개(donor) 분자로부터 원자나 전자 추출을 이끄는 화합물에 기반을 두고 있으며, 만들어진 탄소 중심의 라디칼은 중합과정에서 개시종으로 작용한다(그림 3.2).

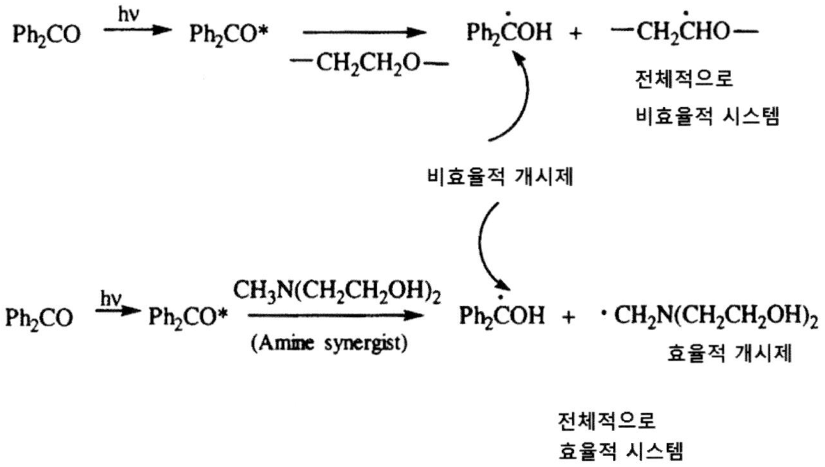

$$Ph_2CO \xrightarrow{h\nu} Ph_2CO^* \xrightarrow{\quad -CH_2CH_2O- \quad} Ph_2\overset{\bullet}{C}OH \; + \; -CH_2\overset{\bullet}{C}HO-$$

전체적으로
비효율적 시스템

비효율적 개시제

$$Ph_2CO \xrightarrow{h\nu} Ph_2CO^* \xrightarrow[\text{(Amine synergist)}]{CH_3N(CH_2CH_2OH)_2} Ph_2\overset{\bullet}{C}OH \; + \; \cdot CH_2N(CH_2CH_2OH)_2$$

효율적 개시제

전체적으로
효율적 시스템

그림 3.2 유형 Ⅱ 광개시제 시스템

그림에서 보듯이 광활성화 종은 벤조페논이다. 이 화합물은 긴 삼중항 수명시간($\sim 10^{-3}$sec)을 가지고 있으며, 기질로부터 수소 또는 전자 추출로 삼중항 수명을 줄일 수 있다. 그리고 산소로 에너지 전이가 일어나 비활성화된다(그림 3.3).

$$Ph_2CO_{T_1} \; + \; {}^3O_2 \longrightarrow Ph_2CO_{S_0} \; + \; {}^1O_2 \qquad \text{에너지 전이}$$

그림 3.3 산소 퀜칭으로 인한 벤조페논 삼중항의 비활성화 과정

모든 유형 Ⅱ 시스템에서는 산소로의 에너지 전이와 증감제 반응이 경쟁한다. 심지어 아크릴레이트와 메타아크릴레이트 그룹 및 스티렌은 벤조페논과 같은 높은 삼중항 에너지 상태를 소멸시킨다(에너지 전달 또는 가역적 이중 라디칼 형성에 의해 발생될 수 있다).

증감제의 역할은 유형 Ⅱ 개시제에서 매우 중요하다. (a) 보통 3차 아민은 낮은 에너지(40~70kcal/mol)의 삼중항 상태와 매우 효율적으로 반응하며, (b) 산소에 의한 경화억제를 지연시키는 역할을 하기 때문에 많이 사용한다.

이러한 시스템의 광화학에 더 많은 관심을 갖는 독자들에게 반응 메커니즘에 관한 좀 더 자세한 내용이 제시되었다. 삼중항 케톤은 알칸, 에테르, 알코올을 포함하는 다양한 기질로부터 수소 원자를 추출한다. 낮은 이온화 포텐셜을 갖는 원자 또는 그룹을 포함하는 화합물은 전자 전이과정을 통해 들뜬 상태, 단일항 상태와 반응할 수 있다. 라디칼 화학종을 만드는 양성자 전달반응으로 이어지며, 이 라디칼 화학종은 수소 원자추출을 통하여 이루어진다(그림 3.4).

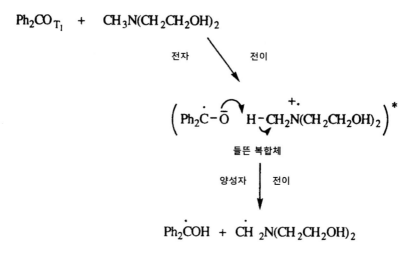

그림 3.4 전자 전달과정을 통한 삼중항 벤조페논과 아민의 증진효과

이 메커니즘은 적절히 치환된 2-아미노알코올 및 α-아미노산이 증감제로 작용할 수 있다(그림 3.5). 또한 이 메커니즘은 다른 종류, 헤테로싸이클릭 화합물, 방향족 니트로 화합물, 염료 등의 삼중항 상태가 벤조페논과 유사한 방법으로 반응할 수 있다. 이러한 메커니즘은 증명되었으며, 1970년 초 이후에 시작된 여러 결과를 이해하는 데 도움이 되었다.

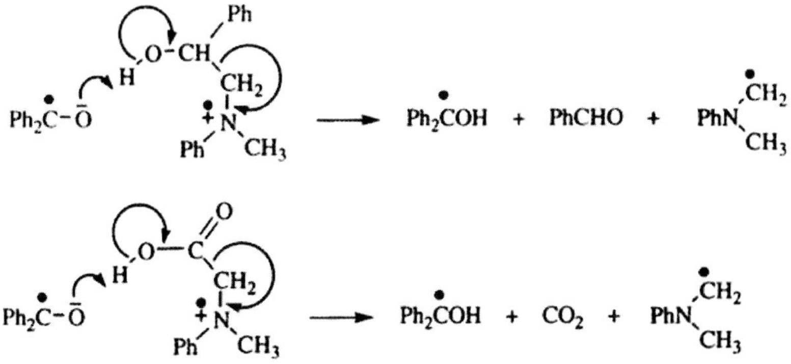

그림 3.5 2-아미노 알코올 및 α-아미노산에서 삼중항 벤조페논으로 전자 이동에 따른 반응

2. 유형 Ⅰ 자유 라디칼 개시제

벤조인과 벤조인 에테르는 광경화에 사용된 초기 유형 Ⅰ 개시제 중의 하나이다. 기술의 전체 범위, 예를 들어 제품 연구, 라디칼 트래핑, ^{1}H NMR, 화학적으로 유도된 동적 편광(chemically induced dynamic polarization) 등, 벤조인은 균일 분해되어 벤조일 라디칼 및 α 치환된 벤조일 라디칼을 생성한다(그림 3.6).

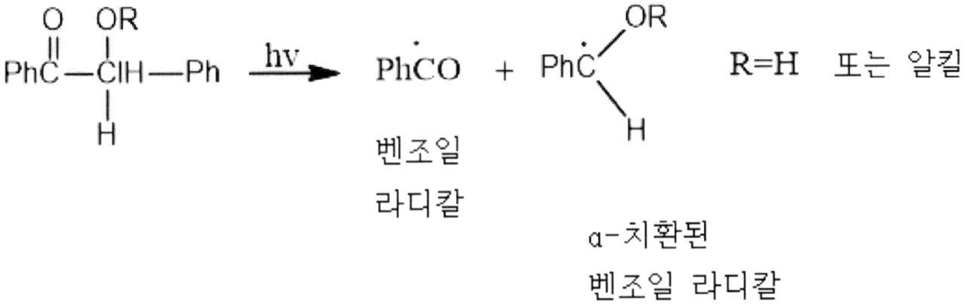

그림 3.6 α-분해 벤조인 에테르

벤조일 라디칼이 아크릴레이트, 메타아크릴레이트, 스티렌 등의 중합을 개시한다는 많은 증거가 있으며, 대다수 경우 속도상수가 유효하다. α 로 치환된 벤질 라디칼이 개시제인지 여부에 관해서는 상당한 논란이 있었다. 이 라디칼은 비교적 반응이 없어 보이며 이러한 특징은 아크릴레이트 경화에서 사슬 종결제로써 작용한다. 벤조인 메틸에테르로 메틸아크릴레이트의 광개시중합을 하여 생성된 고분자는 가스 크로마토그래피/질량 분석법에 의해 보여준다(그림 3.7).

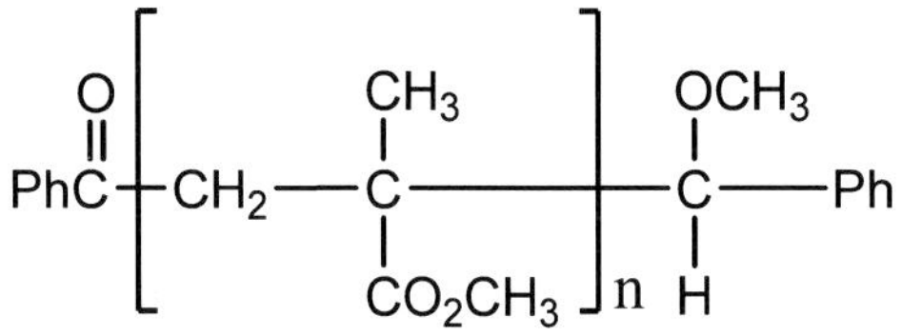

그림 3.7 벤조인메틸에테르 광개시제로 중합된 메틸메타 아크릴레이트의 구조

이러한 발견은 광범위한 개시 시스템에서 발생하는 반응을 이해할 단계를 제시한다.

벤조인아릴에테르는 널리 사용되지 않지만 특이한 광화학적 성질을 가지고 있다. 이 화합물 α 와 β -분해 반응에 의해 단편화된다(그림 3.8).

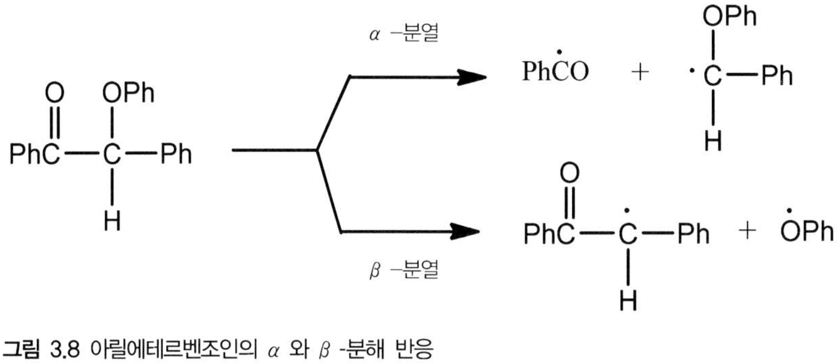

그림 3.8 아릴에테르벤조인의 α 와 β -분해 반응

88

그림 3.9에 나타난 화합물은 α 분해는 억제(이 분해는 공명안정 라디칼을 생성하지 않기 때문에)되고 β 분해가 우세하게 된다. CIDNP의 연구에서는 들뜬 단일항 상태로부터 분해가 되는 것으로 밝혀졌다.

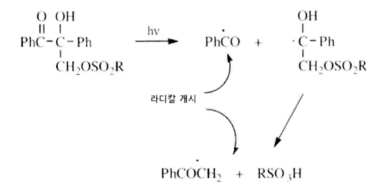

그림 3.9 β -아릴옥시아세토페논의 β -분해

반응은 리그닌의 광황변화 반응 중에 일어난다. 단순 벤조인에테르가 분해되기 전 벤조인에틸에테르가 광변색 개시제로 작용하고 복합체를 경화시키는 데 사용될 수 있다.

벤조인은 포름알데하이드와 알돌이 반응하여 1차 알코올기를 형성한다(그림 3.10). 알코올의 설포네이트에스테르는 우수한 광개시제이며, 조사 시 2개의 활성 라디칼 및 설폰산을 생성한다.

그림 3.10 광유도된 α -메틸올벤조인의 설포네이트에스테르 광유도 분열

설폰산을 방출한 한쪽의 라디칼 유형은 유형 Ⅱ 시스템에 의해 생성 가능하다(그림 3.11).

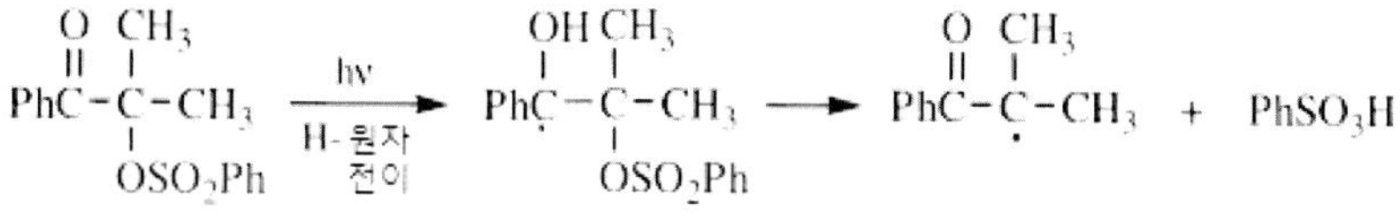

O CH₃
‖ |
PhC-C-CH₃   —hv→   PhC-C-CH₃   —→   PhC-C-CH₃   +   PhSO₃H
| H-원자 | ‖
OSO₂Ph   전이   OSO₂Ph

그림 3.11 유형 Ⅱ 반응을 통한 설폰산의 생성

다른 유형 Ⅰ 광개시제를 보기 전에 벤조인에테르의 분해에 대해 알아보고자 한다. 이 화합물의 분해는 n-π* 삼중항 상태에서 일어난다(에너지 68kcal/mol). 만일 효율적인 반응이 일어나려면 상태 에너지가 결합해리 에너지를 넘어야 한다. 해리 에너지는 만들어진 라디칼의 안정성과 관련 있다. 벤조일 라디칼은 σ 라디칼로 전자가 방향족 시스템으로 배열되어 있지 않다. 반면, 알콕시벤질 라디칼은 공명 안정화되며, 산소의 비공유 전자쌍이 안정화 측면에서 중요한 역할을 한다. 알콕시기가 에스테르로 대체되면, 산소는 카르보닐기의 π 시스템과 비공유 전자쌍이 상호작용하여 라디칼을 활성화시킨다. 결과적으로 이러한 치환체는 유형 Ⅰ 과정의 효율을 낮춘다(그림 3.12).

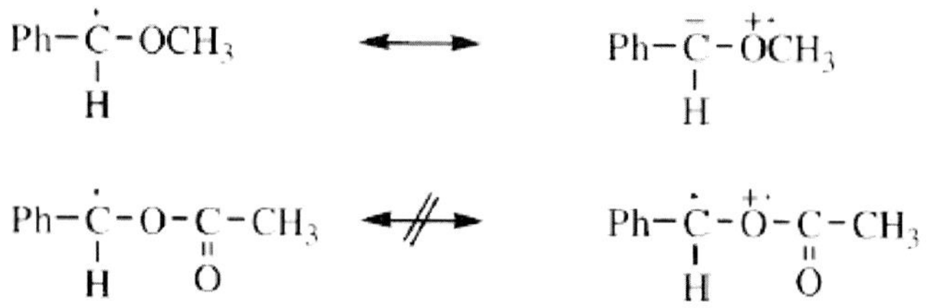

Ph-C-OCH₃   ⟷   Ph-C-OCH₃
| |
H   H

Ph-C-O-C-CH₃   ⟷̷   Ph-C-O-C-CH₃
| ‖ | ‖
H   O   H   O

그림 3.12 치환된 벤질 라디칼의 공명 안정화

이러한 요인을 인식하게 되면 삼중항 상태에서 α-절단반응이 일어날 수 있는 충분히 낮은 결합 에너지가 얻어지면 벤질 라디칼에 적절한 치환기가 존재하는 것이 왜 중요한지 쉽게 알 수 있다. 2개의 알콕시기가 벤질 라디칼에 존재한다면 어떻게 될까? 벤질의 디메틸케탈은 치환 가능한 장점을 보여준다. 이 유형은 일반적이며 효율적인 개시제이다(그림 3.13).

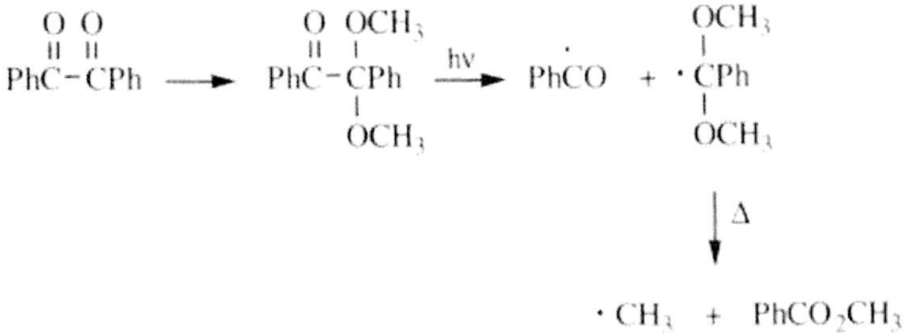

그림 3.13 벤질디메틸케탈의 광화학 분열

그러나 분해되어 형성된 디메톡시벤질 라디칼은 열에 의해 분해되어 메틸벤조에이트를 생성한다. 이 에스테르는 특유의 냄새로 포장 재료의 인쇄에 개시제로 사용될 수 없다.

아직 개발되지 않았지만, 이와 관련된 시스템은 디벤조일메탄 유도체를 기본으로 한다(그림 3.14).

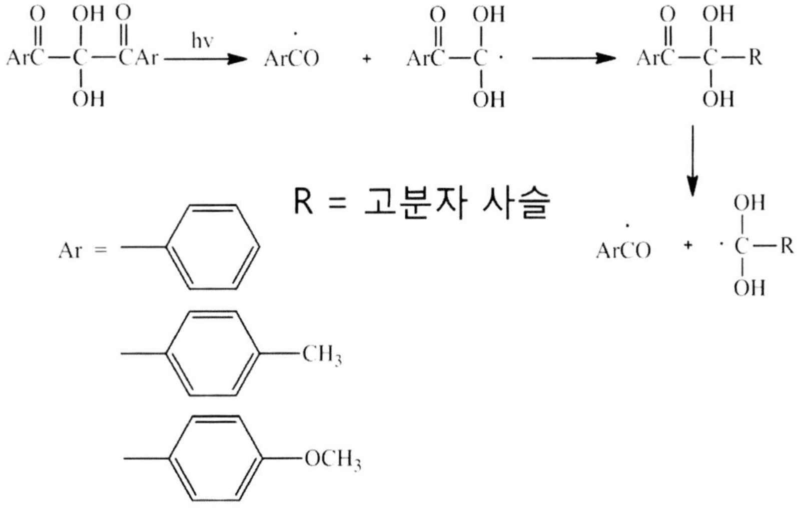

그림 3.14 치환된 디벤조일메탄의 α-분해 반응

이 시스템은 개시제 한 분자당 두 개의 반응성 라디칼과 하나의 비반응성 라디칼을 생성할 수 있다. α-알콕시벤질 라디칼의 안정성은 산소의 비공유

전자쌍과 상호작용으로 탄소 중심 라디칼의 안정화에 기여한다. 탄소 중심 라디칼과 아릴 그룹이 겹쳐져 일부 안정화가 된다. 만일 후자의 안정화의 중요도가 떨어진다면, 개시제가 알콕시벤질 라디칼보다 알콕시메틸을 형성할 수 있다. 2,2-디에톡시아세토페논은 훌륭한 개시제이며 상온에서 액상이기 때문에 배합에도 용이하다. 흥미로운 점은 이 화합물은 노리쉬 유형 Ⅱ 반응을 겪을 수 있다는 점이다(광개시제 분류의 유형 Ⅱ와 혼동하지 말 것)(그림 3.15).

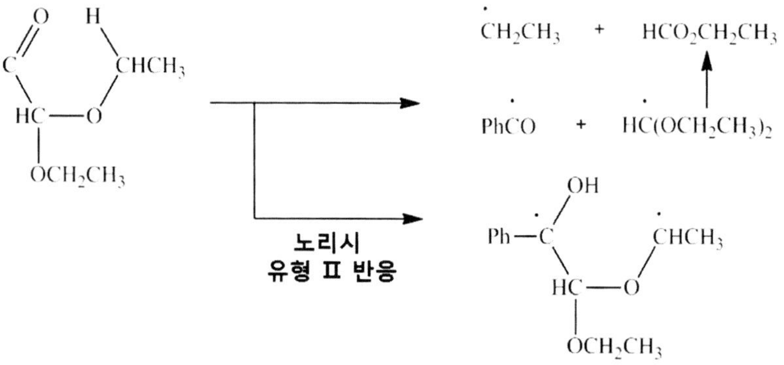

그림 3.15 2,2-디에톡시아세토페논의 광반응

3차 히드로옥시알킬 라디칼은 α-분해를 거쳐 광개시제로 이용 가능하다 (그림 3.16).

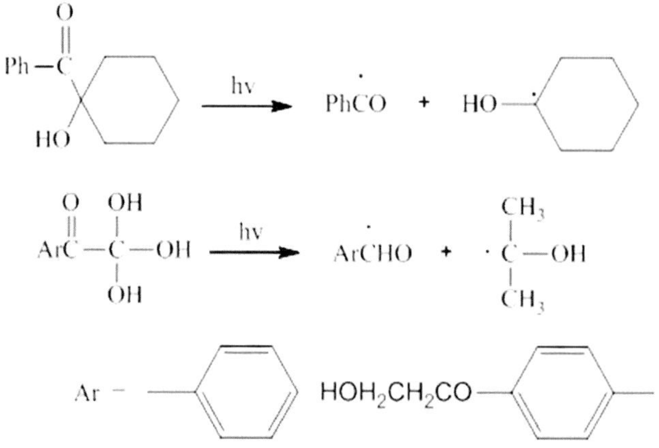

그림 3.16 2-하이드로옥시아세토페논의 α-분해 반응

최근 유형 Ⅰ 광개시제가 이용 가능해져 치환된 벤조일 라디칼뿐만 아니라 α-아미노알킬을 생성할 수 있다(그림 3.17).

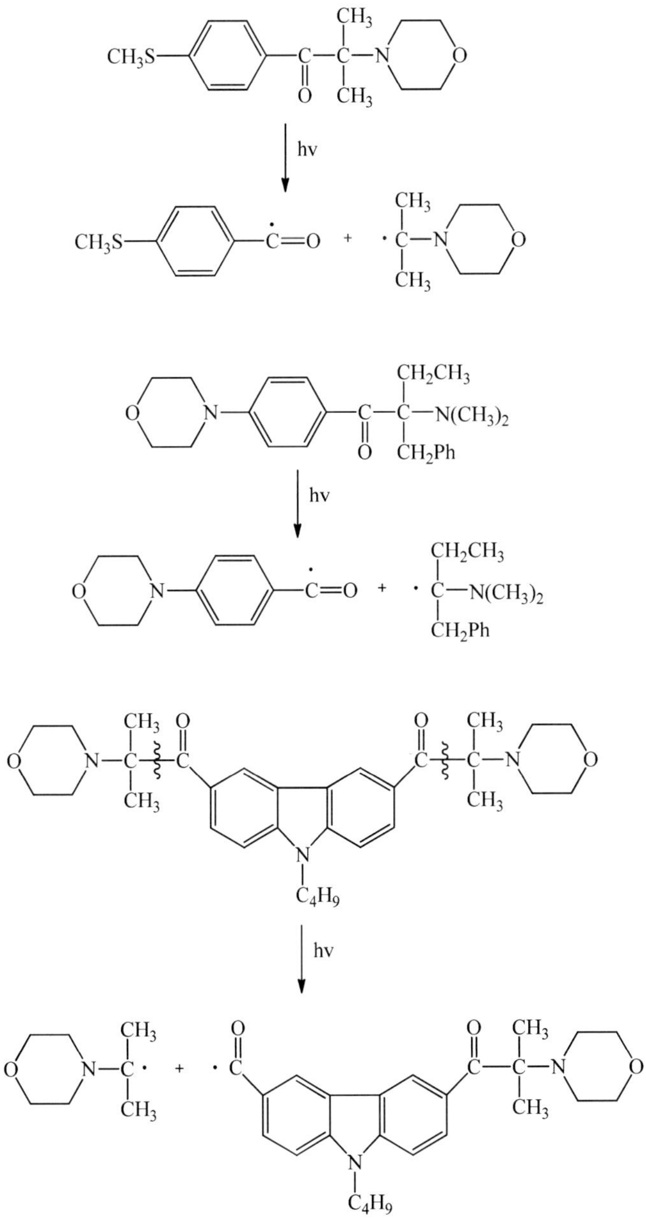

그림 3.17 α-아미노알킬 라디칼을 생성하는 유형 Ⅰ 광개시제

인접한 탄소 중심 라디칼을 안정화시키는 정도는 질소 원자가 산소보다 크다. 결과적으로 아미노기는 알콕시기보다 더 크게 α-분해가 일어나는 강도를 줄일 것이다. 이는 단계적 분해를 유발하는 데 필요한 활성 에너지가 적어야 함을 의미한다. 증감제인 티옥산톤은 삼중항 에너지를 60kcla/mol 이하로 가지고 있어 분해가 쉽게 일어난다. 추가적으로 개시제의 상중항 상태는 $\pi\pi^*$ 삼중항 상태이며 비교적 긴 수명을 가진다. 수명의 증가는 산소 퀜칭(quenching)과 아민 증감제와 같은 특정 종류와의 이분자 반응을 야기한다.

지금까지 α-분해 반응은 탄소-탄소 결합의 분해도 포함한다. 탄소-황 결합 분해의 예를 그림 3.18에서 보여준다.

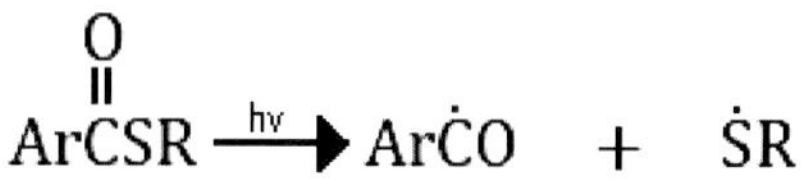

$$\underset{\parallel}{\overset{\overset{\displaystyle O}{\parallel}}{Ar}}CSR \xrightarrow{h\nu} Ar\dot{C}O \ + \ \dot{S}R$$

그림 3.18 싸이오벤조산 S-아릴에스터의 α-분해

또 탄소-인 결합을 끊는 몇몇 광개시제가 상업화되었다. 그림 3.19에서 보여주는 아실포스핀 옥사이드는 치환된 벤조일 라디칼과 인 중심의 라디칼로 분해된다. 두 라디칼 아크릴레이트와 메타아크릴레이트의 중합을 개시할 수 있다.

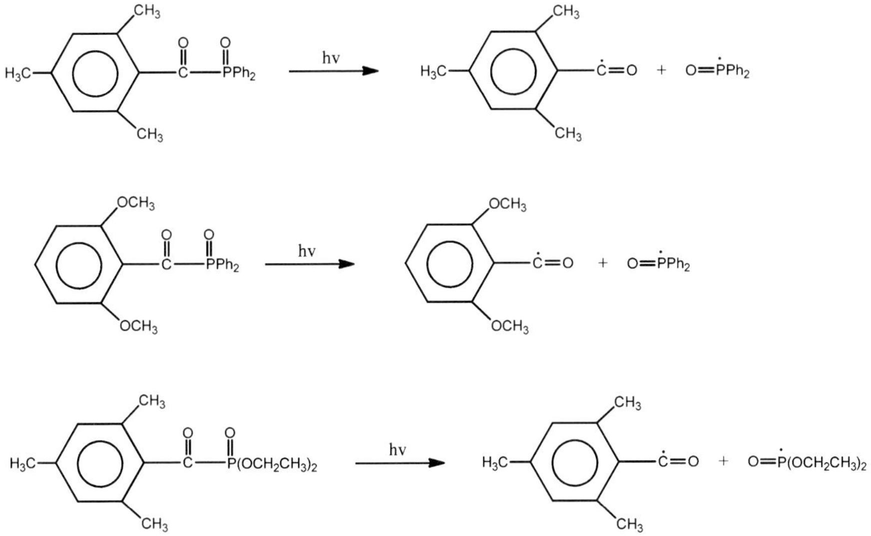

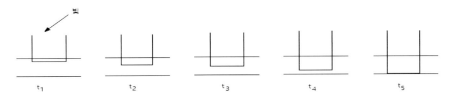

그림 3.19 아실포스핀 옥사이드와 아실 포스포네이트의 α-분해

그림 3.19에서 보인 이 화합물은 380∼390nm 부근에서 흡광하며, 결과적으로 노란색을 띤다. 이 색은 조사 시 파괴된 −C(O)P(O)-의 발색단 때문이다. 결과적으로 그림 3.19에서 보인 화합물에 조사하면 색상이 없는 광표백(Photobleachable) 개시제를 얻을 수 있다. 이는 두꺼운 부분에 경화될 수 있어 유용한 기능이다. 그림 3.20에 나온 화합물에 조사하면 광분해하는 파장이 단계적으로 침투한다. 다수의 아실포스핀 옥사이드의 분해는 개시제보다 더 적색으로 흡광 스펙트럼을 확장시키며 다양한 형광 증백제를 사용하여 변할 수 있다.

그림 3.20 광표백 가능한 개시제를 사용하여 두꺼운 부분을 경화시키는 원리($t_5>t_4>t_3>t_2>t_1$)

최근 탄소-인 결합분해로 인한 개시제 부류가 그림 3.21에서 나타난 비스-아실포스핀옥사이드이다. 이 개시제는 적색광을 보다 잘 흡수하며 두꺼운 부분, 혼합물, 안료 시스템 경화에 유용하다. 그러나 가격의 문제로 인하여 종종 상대적으로 저비용인 유형 Ⅰ 개시제와 함께 사용되기도 한다.

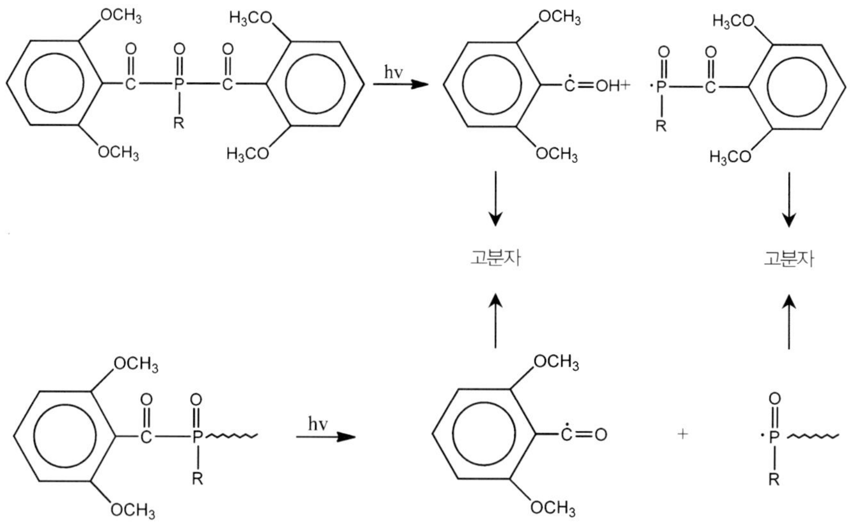

그림 3.21 비스-아크릴포스핀옥사이드의 광분해

그림 3.21로부터 한 분자당 세 가지 개시 라디칼 종이 이론적으로 생성될 수 있음을 보여준다. 최근에는 트리아실포스핀옥사이드가 기술되었다.

광개시제의 효율은 광을 얼마나 효율적으로 흡수하는 것과 기타 여러 요인에 의존한다. 주어진 광원이 일반적인 중압 수은 램프일 때 254, 302, 313nm의 파장의 빛이 흡광되어야 한다. 티타늄 옥사이드(rutile) 존재할 경우 380nm 이상의 빛을 흡수하는 것이 더 중요하다. 그림 3.22에서는 이러한 개시제의 흡광 스펙트럼들이다.

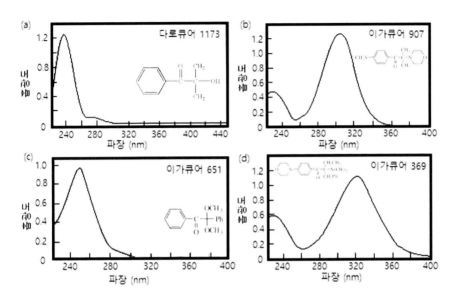

그림 3.22 일반적으로 사용되는 광개시제의 흡광 스펙트럼

　벤조일기의 4위치에 황 치환기를 도입하면 흡수대가 적색으로 좀 더 이동함을 알 수 있다. 이 효과는 모르폴리노 치환체에 의해 더욱 두드러진다. 그러나 아실포스핀 옥사이드에서 크게 이동되는 것이 관찰되었다. 그림의 개시제의 흡광 스펙트럼 b와 d는 안료의 경화 개시를 위한 중요한 값이다.

　높은 투명도가 필요한 코팅에는 α -분열 반응을 일으키기 위해 적절히 치환된 단순 지방족 케톤이 권장된다.

　유형 Ⅱ 개시제를 고려하기 전에 투명한 바니쉬에 사용되는 몇몇 유형 Ⅰ 개시제는 필름의 황변을 일으킬 수 있음을 명시해야 한다. 착색의 원인은 완전히 밝혀지지는 않았지만 이에 영향을 끼치는 요인은 어느 정도 밝혀졌다. 따라서 벤조일 라디칼은 경화 배합에서 형성되어 황색의 벤질을 생성한다. 착색된 생성물은 또한 알콕시벤질 라디칼을 통해 생성될 수 있다 (그림 3.23).

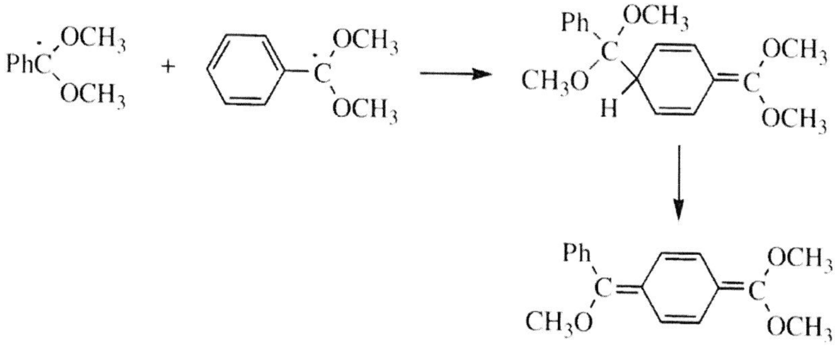

그림 3.23 케틸 라디칼을 통한 착색된 생성물의 형성 과정

착색 제품의 또 다른 제공원은 개시제 또는 아민 증감제로 존재할 수 있는 아미노기이다. 가장 반응성이 높은 아미노기는 (디)메틸아미노기이다. 3차 아민은 다양한 광산화 공정을 통해 착색이 심한 제품으로 변색이 될 수 있다.

3. 유형 II 자유 라디칼 개시제

일반적인(최소 비용) 시스템은 벤조페논과 3차 아민이 혼합된 형태이다. 일반적으로 지방족 아민은 증감제로 사용되며, N-메틸기를 함유한 것은 일반적으로 가장 반응성이 있다. 벤조 페논의 방향족 고리에 도입된 치환기는 흡수 스펙트럼을 더욱 적색 쪽으로 이동시킨다. 4 위치의 알콕시 치환체인 4,4'-디페녹시벤조페논의 경우는 적은 적색 이동이 일어나며, 특히 우수한 경화속도 및 경화정도를 보인다. 황 치환체의 도입으로 주요 흡수밴드를 적색으로 이동(그림 3.24)시키며 디메틸아미노 그룹은 훨씬 더 큰 효과를 갖는다.

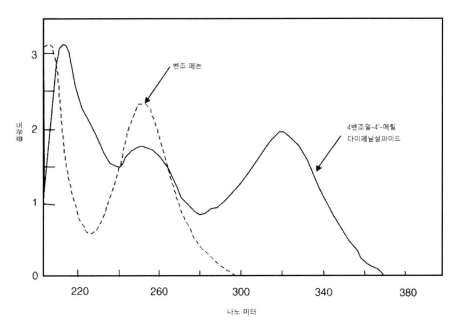

그림 3.24 몇몇 벤조페논의 흡수 스펙트럼

비스(4,4'-디메틸아미노)벤조페논(마이클러 케톤)은 우수한 광개시제(개시
제 및 아민 증감제로 역할한다)이지만 독성이 있어 제한적이다. 밀접하게
관련된 화합물인 비스(4,4'-디에틸아미노)벤조페논은 독성이 적지만 반응성
이 적다.~350nm에서 강한 흡수대를 나타내는 싸이옥사논의 대부분은 광
경화 시스템에 사용된다. 이런 일부 화합물이 그림 3.25에 나와 있다.

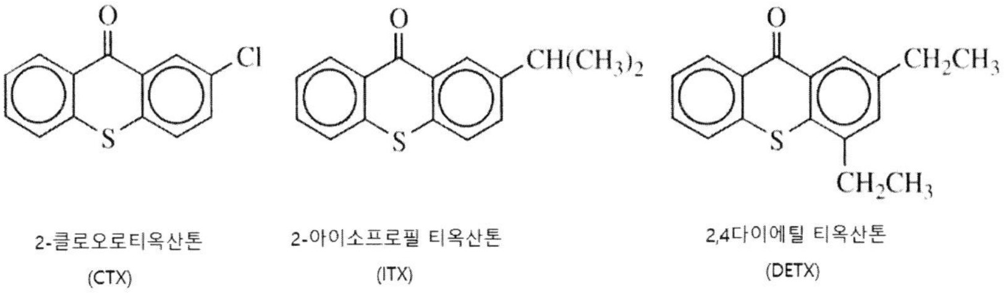

2-클로로티옥산톤   2-아이소프로필 티옥산톤   2,4다이에틸 티옥산톤
(CTX)   (ITX)   (DETX)

그림 3.25 광경화용 아민 증감제와 함께 사용되는 몇몇 티옥산톤

보다 최근에는 400nm에서 흡수대를 갖는 티옥산톤이 생성되었다.

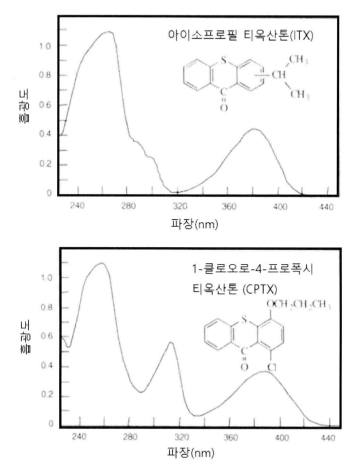

그림 3.26 몇몇 티옥산톤의 흡수 스펙트럼

티옥산톤은 지방족 아민 증감제와 함께 사용될 수 있지만, 방향족 아민 증감제 역시 사용될 수 있다. 에틸 4-디메틸아미노벤조에이트와 관련된 에스테르는 증감제로 사용된다(그림 3.27).

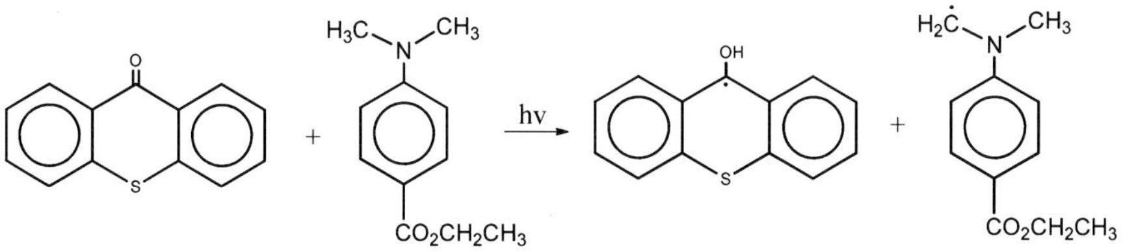

그림 3.27 티옥산톤과 에틸 4-디메틸아미노벤조에이트의 광반응

아민으로부터 유도된 라디칼은 효율적인 개시 라디칼이다. 2-에틸안트라 퀴논과 같은 안트라퀴논은 개시제로 사용될 수 있으며 인쇄 회로 생산 분 야에 사용된다. 다른 디카보닐 화합물이 사용될 수 있으며, 벤질, 메틸페닐 글리옥살레이트, 페난트라퀴논 및 캠포퀴논 등이 있다. 벤질은 저가의 개시 제이며, 유형 Ⅰ 개시제가 아닌 것도 유의해야 한다[그러나 벤질은 2-광반 응(식 3.1)에 의해 2개 광자의 흡수를 얻기 위해 분열이 진행되며, 매우 높 은 광감도가 요구된다].

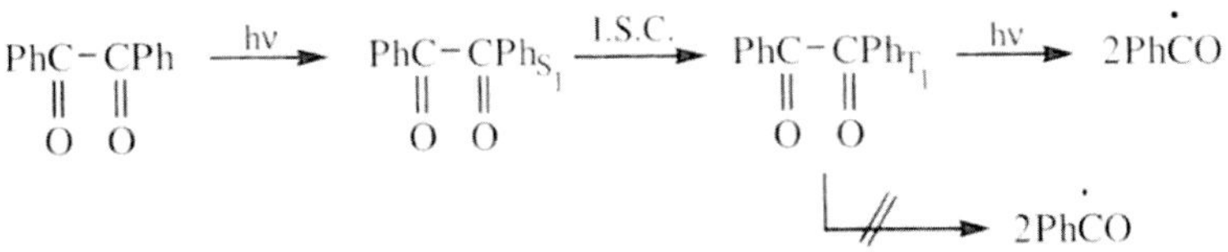

아민 증감제에 의한 환원과정에서 벤질은 벤조인을 생산하며 벤조인은 벤조일 라디칼을 조사 시 생성할 수 있다(그림 3.28).

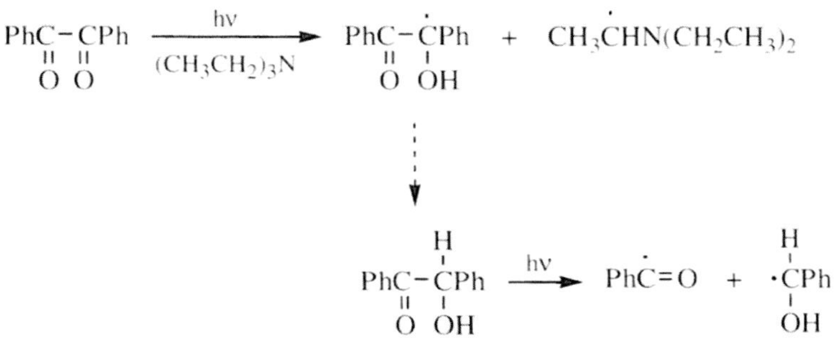

그림 3.28 트리에틸아민과 벤질의 광반응

메틸페닐글리옥사레이트는 중간 반응성을 가진 액상의 유형 Ⅱ 개시제이 다. 캠포퀴논은 480nm까지 흡수하는 개시제이다(그림 3.29). 이 개시제는 아민 증감제와 함께 사용되어야 하며, 치과 산업에 적용된다.

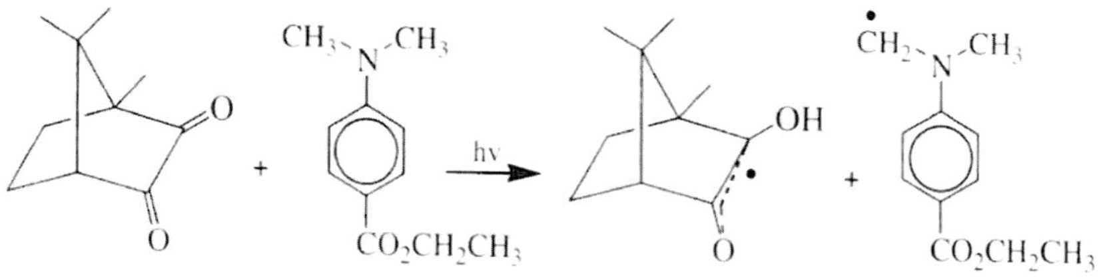

그림 3.29 캠포퀴논의 광환원 과정

아민 유도 라디칼은 중합반응을 개시한다. 모든 경우에 있어서 카르보닐 화합물의 반응은 케틸 라디칼을 제공하며, 이는 단계적으로 착색된 화합물의 생성을 유도한다. 싸이옥산틸 케틸 라디칼은 다른 라디칼과 반응하여 착색된 생성물을 만든다(그림 3.30).

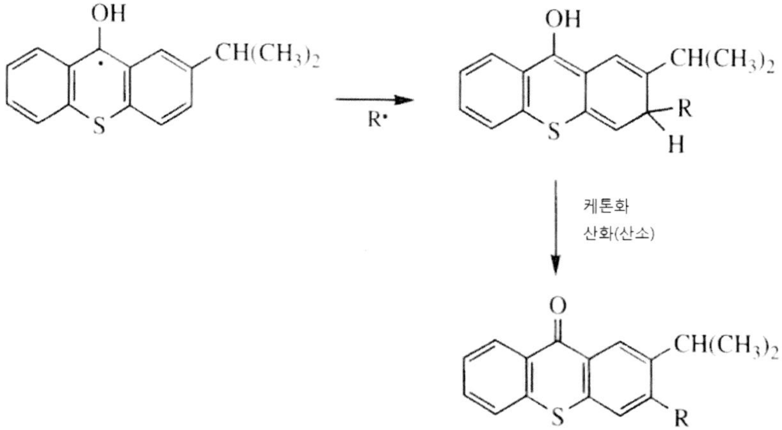

그림 3.30 2-이소프로필티옥산톤으로부터 유도된 케틸 라디칼의 착색 생성물의 형성

여기서 R은 중합반응에서 만들어진 라디칼과 같으며, 티옥산톤은 중합체에 혼합된다. 케토쿠마린은 원래 신나메이트에스테르에 [2+2] 사이클로 첨가반응에 대한 광증감제로써 사용되기 위해 합성되었다. 원래 목적에 첨가되기 위해 사용될 뿐만 아니라 아민 증감제와 함께 사용할 때 탁월한 유형 II 개시제로 사용될 수 있다. 또 우수한 흡광성이 있으며(즉, 비스-케토쿠마

린은 500nm까지 흡수함) 안료 시스템과 레이저 시스템에 사용할 수 있다.

지금까지 모든 유형 Ⅱ 개시제 시스템은 반응성 물질로 카르보닐 화합물을 함유하고 있다. 전자 전이반응의 연구로 카르보닐 화합물 대신 다른 시스템이 사용될 수 있다고 밝혀졌다. 이런 화합물의 부류 중 하나는 퀴녹살린이고, 이는 방향족 1,2-디아민으로 방향족 1,2-디케톤을 혼합함으로써 제조된다. 많은 방향족 1,2-디케톤이 이용 가능하며 광범위한 흡광 특성을 가지는 여러 화합물을 만드는 것을 촉진시킬 수 있다. 연구된 화합물 중 일부가 그림 3.31에 있으며 개시종이 형성되는 메커니즘을 보여준다.

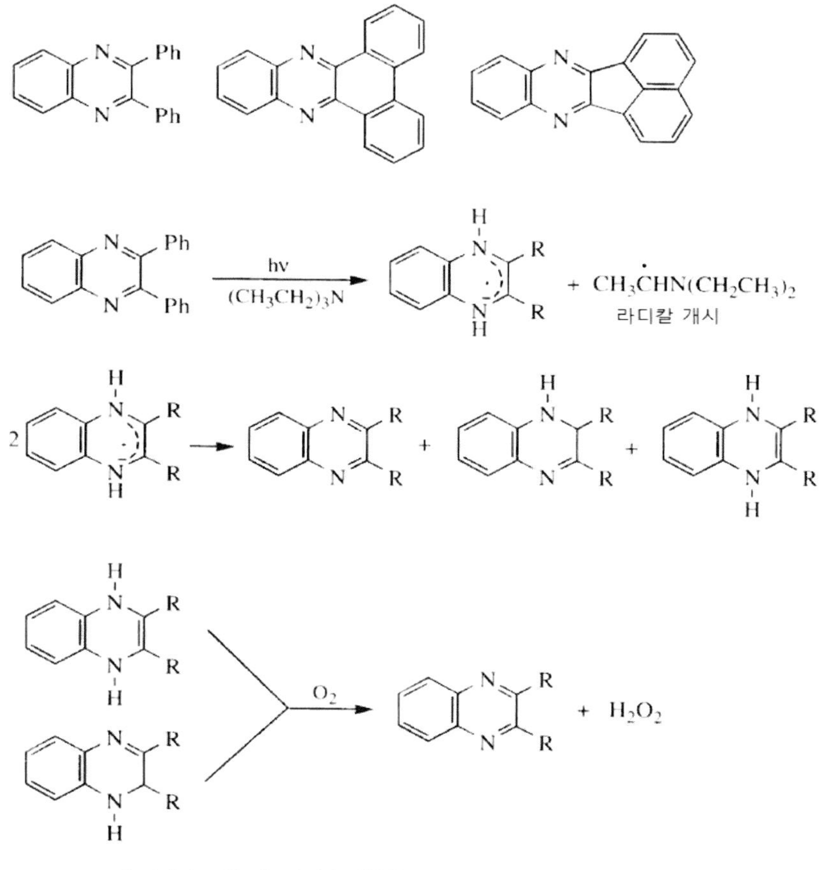

그림 3.31 3차 아민에 의한 퀴녹살린의 광환원

용해된 산소의 존재는 반응에서 광개시제를 유도하는 중요한 역할을 한다. 에오신, 메틸렌 블루, 클로로필 및 리보플라빈과 같은 많은 염료가 퀴녹실린과 유사한 방식으로 반응한다.

4. 기타 광개시제 시스템

O-아실 α-옥시미노케톤은 상업적으로 널리 사용되지 않지만 특이한 광개시제이다(그림 3.32). CIDNP 실험은 개시제의 삼중항 상태에서 분열이 일어남을 보여준다.

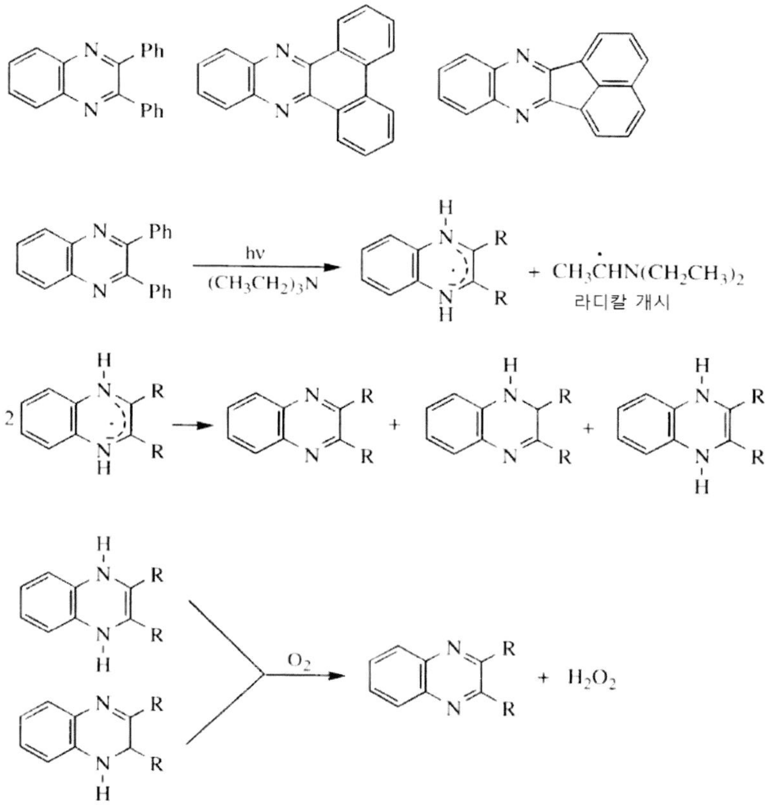

그림 3.32 O-아실 α-옥시미노케톤의 광이성질체 및 분열

조사 시 분해되는 개시제의 다른 분류로는 헥사아릴비스이미다졸(HABI) 시스템이다(그림 3.33).

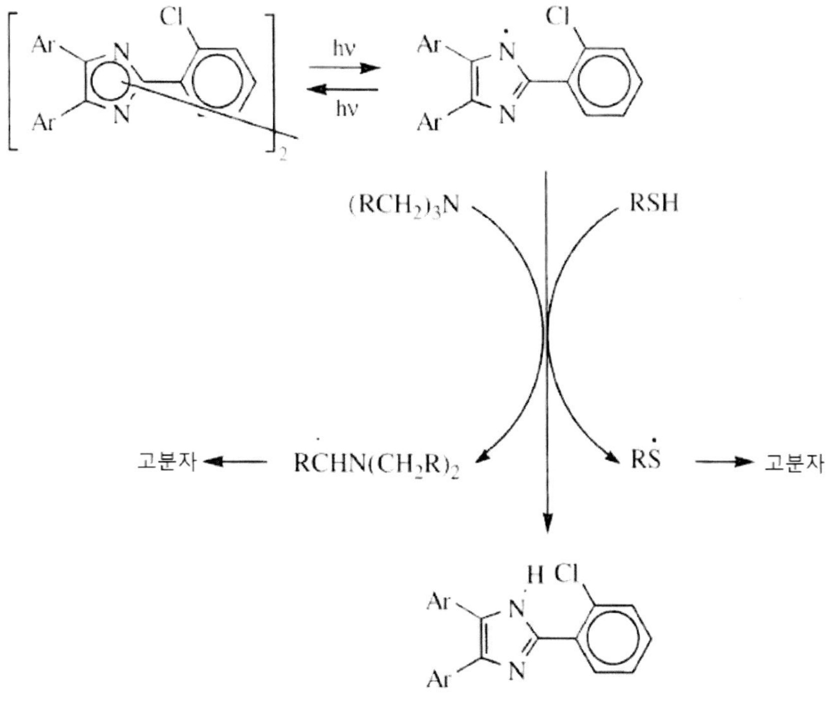

그림 3.33 HABI 시스템을 통한 광개시제 중합

HABI의 분해는 그 자체로 중합반응을 개시할 수 없으며, 산소에 의해 없어지지 않는 라디칼을 만든다. 그러나 이 라디칼은 티올과 3차 아민에서 수소 원자를 추출하여 개시종을 만든다. HABI는 375nm까지 흡광하지만, 그림 3.34와 같은 증감제를 사용하여 가시광 영역에서도 작용하도록 만들 수 있다.

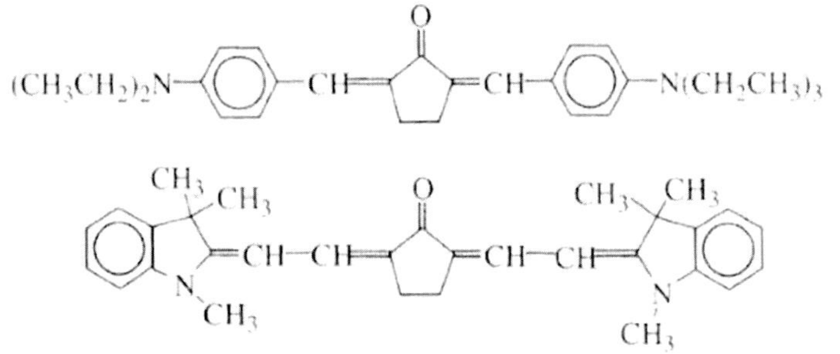

그림 3.34 HABI와 사용되는 증감제

이런 시스템은 직접 레이저 시스템에 사용되고 있으며, 근적외선 염료와 함께 혼합한 재료를 경화시킨다. 트리클로로메틸 s-트리아진은 광분해되어 염소원자를 생성하고 중합반응을 일으킨다. 분해는 분자 간, 분자 내 모두에서 일어난다(그림 3.35).

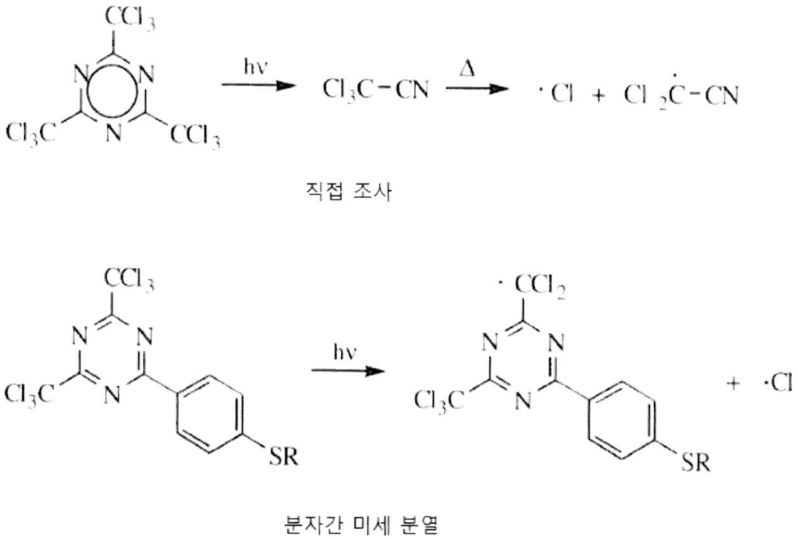

직접 조사

분자간 미세 분열

그림 3.35 트리클로로메틸트리아진의 분해

이러한 시스템에서는 염소원자가 수소원자를 추출하여 염화수소를 생성할 수 있다. 산의 형성은 부정적 효과(금속 코팅에 적용되면 부식을 일으킴)를 일으키거나 산 경화성 시스템의 중합을 개시하는 데 가치가 있을 수 있다. 사이아닌보레이트를 사용하는 특정 목적으로 디자인된 시스템도 있다 (그림 3.36).

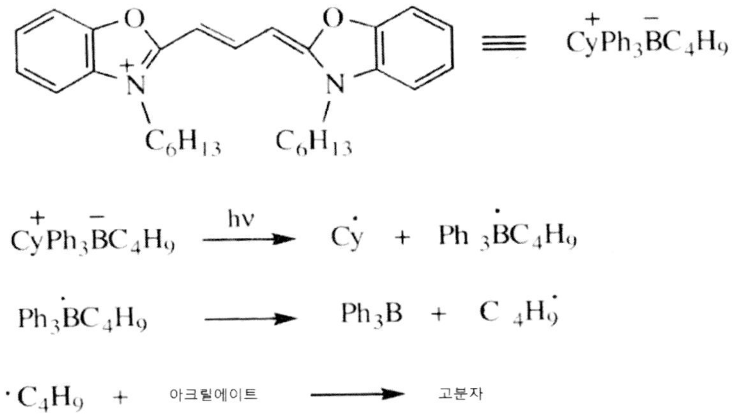

반응식:

$$CyPh_3\overset{-}{B}C_4H_9 \xrightarrow{h\nu} \overset{\cdot}{Cy} + Ph_3\overset{\cdot}{B}C_4H_9$$

$$Ph_3\overset{\cdot}{B}C_4H_9 \longrightarrow Ph_3B + \overset{\cdot}{C}_4H_9$$

$$\cdot C_4H_9 + 아크릴에이트 \longrightarrow 고분자$$

그림 3.36 사이아닌보레이트를 개시제로 사용하는 아크릴레이트의 광개시제 중합

반응은 붕산염 음이온으로부터 활성된 사이아닌 염료로의 전자 이동을 통해 일어나 붕소 중심 라디칼을 생성한다. 이 라디칼은 알킬 라디칼로 분해된다. 효율적인 전자 전이 과정을 위해 염은 친밀한 이온쌍으로써의 매질에 존재할 필요가 있다.

많은 수의 사이아닌 염료가 있으며 적절한 선택에 따라 원색을 흡수하는 염료를 찾을 수 있다. 캡슐은 자유 아크릴레이트 그룹을 포함하는 캡슐의 코팅과 함께 단일 사이아닌 염료를 포함하도록 제조되었다. 캡슐의 노출은 특정 입사선의 파장에 감응하는 사이아닌을 함유하는 캡슐 안의 사이아닌 보레이트 분해를 유도한다(그림 3.37).

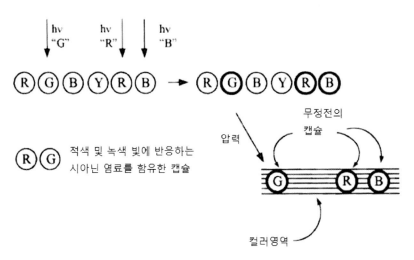

그림 3.37 컬러 이미징에서의 사이아닌보레이트의 사용

　아크릴기는 염료의 광분해가 일어나는 캡슐에 존재하며 가교결합되어 있다. 이러한 방식으로 발광 및 비발광 캡슐로 구분될 수 있다. 코팅을 가압하여 비조사(non-irradiated) 캡슐은 깨어지게 되고 발색제를 함유한 내용물이 매질로 방출되어 시약과 반응하여 적절한 색상을 생성한다.

　사이아닌 염료 붕산염의 개시공정의 메커니즘은 사이아닌 염료가 그들의 들뜬 상태(단일항 또는 삼중항)에서 붕산염 음이온으로부터 전자를 제거하기에 충분한 산화력을 가지면 다른 양이온 종의 범위로 대체될 수 있음을 시사한다. 따라서 메틸렌 블루와 같은 다양한 염료의 분산염이 사이아닌염과 유사한 방식으로 거동하는 것을 발견하였다. 특히 1,5-테트라아릴펜타디에닐 양이온(그림 3.38)과 같은 IR 흡수성 염료의 붕산염이 유사하게 반응한다는 것을 발견하였다. 그러한 개시제는 심하게 착색된 시스템 및 복합재의 경화에 적용될 수 있다.

그림 3.38 적외선 염료의 구조

투명한 목재 코팅의 경우, 이러한 화합물의 사용은 광개시제의 분해를 발생시키지 않아서 유리하며, 따라서 코팅은 좋은 내후성을 나타낸다. 일반적으로 양이온 개시제로 사용되는 철 아렌 화합물은 반대 이온이 분산염 음이온일 때 라디칼 중합 과정을 개시하며 이는 철 아렌 양이온의 활성 상태를 환원시키는 데 어려움이 있어 비효율적이다.

부틸트리페닐보레이트 음이온을 갖는 요오드늄염은 아크릴의 효과적인 개시제이며, 이러한 화합물은 음이온으로부터 활성화된 요오드늄 이온의 전자 이동에 의한 조사로 파괴된다. 이런 공정이 효율적이기 위해서는 염이 이온쌍에 존재해야 한다. 이는 배합의 극성이 증가하여 염의 해리 정도가 증가하기 때문에 사용의 제약이 있다. 반응 생성물이 확인된 메틸메타아크릴레이트를 사용한 연구에서는 붕산염 음이온으로부터 전자가 손실되어 중합을 시작하는 부틸 라디칼이 만들어진다. 요오드늄염의 삼중항 상태는 붕산염과 증감제의 혼합물에 의해 생성되며, 이러한 과정으로 염의 파장 반응이 증가될 수 있다. 티옥산톤이 증감제로 사용될 때 400nm와 그 이상의 활성 파장이 사용된다. 많은 방향족 케톤의 삼중항 상태가 쉽게 환원되고 붕산 음이온이 적절한 환원제로 잘 알려져 있다. 케톤에 적절한 작용기(암모늄이나 포스포늄)를 치환하면 붕산염을 제조하는 것이 가능하다. 즉, 부틸트리페닐보레이트염을 만들 수 있다. 페나크릴트리알킬 암모늄 붕산염은 광 조사 시 분해되어 아크릴레이트 및 메타아크릴레이트 중합에 우수한 개시제인 페나크릴 라디칼을 생성한다. 이 시스템은 매우 다기능적이며, 치환되지 않은 페나크릴기보다 우수한 광흡수 특성을 갖는 나프틸 및 다른 그룹이 사용될 수 있다. 또한 암모늄 종은 다양하며 트리알킬암모늄 및 이미다졸륨 그룹이 사용된다. 이들 염의 분해는 개시 라디칼뿐만 아니라 아민 생성, 음이온성 광개시제로 분류될 수 있다(식 3.2).

$$\text{ArCOCH}_2\overset{+}{\text{NR}}_3\text{Bu}\overset{-}{\text{BPh}}_3 \quad \xrightarrow{\ h\nu\ } \quad \text{ArCOCH}_2^{\cdot} + \text{R}_3\text{N} + \text{Bu} + \text{Ph}_3\text{B}$$ (식 3.2)

이러한 혼합물은 에폭시 수지의 음이온성 가교결합을 개시하는 데 사용되었다. 이러한 메커니즘이 더 고려된다면 "중성화합물과 적절한 테트라알킬암모늄 붕산염의 혼합물을 사용하면 동일한 목적을 달성할 수 있기 때문에 광활성 양이온이 필요합니까?"라고 물을 수도 있다. 2,4-디아이오도-6-부톡시-3-플루오론과 테트라알킬 암모늄 붕산염과 같은 중성 염료의 혼합물을 사용하면 아크릴레이트의 중합을 효과적으로 할 수 있다. 이 시스템의 장점은 염료의 환원이 표백으로 이어져 두꺼운 부분을 경화시키는 데 사용할 수 있다. 지금까지 기술된 붕산염 개시제를 함유하는 혼합물은 저장 시 발생하는 열적으로 개시된 전자 전달로 인해 우수한 저장 안정성을 나타내지 않을 수 있음을 언급할 가치가 있다. 보다 안정한 붕산염 음이온을 사용하면 개시 반응성을 낮추는 대신에 저장 안정성을 향상시킬 수 있다. 보다 안정한 붕산염 음이온을 사용하면 개시 능력을 수행하면서 보존 수명을 증가시킬 수 있다. 붕산염 음이온에 존재하는 치환체의 선택에 의해, 반응성, 저장 안정성 및 산에 대한 안정성 또한 달성 가능하다. 이러한 음이온 중 하나는 n-헥실트리스(m-플루오로페닐)보레이트 음이온이다.

효율적인 가시광선 구동 시스템을 개발하기 위한 방법 중 하나는 직접 레이저 이미징을 하는 것이다. 레이저빔을 사용하여 이미지화할 수 있는 기판을 생성하며, 이 레이저의 움직임에 따라 컴퓨터에 있는 텍스트가 재생된다(그림 3.39).

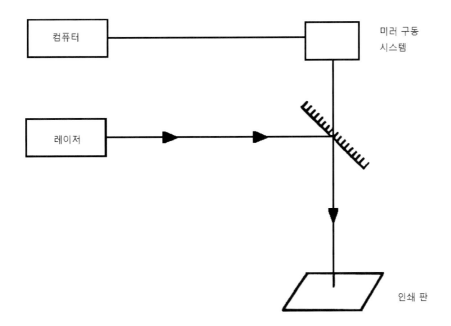

그림 3.39 인쇄 기판의 직접 레이저 이미징 과정

이러한 시스템의 가치를 높이려면, 높은 기록 속도가 필요하며, 이는 중합공정을 매우 효율적으로 해야 함을 의미한다. 이러한 효율은 향상된 시스템의 사용에 의해서만 달성될 수 있으며, 즉 자유 라디칼 연쇄 반응을 촉진시킨다. 메타아크릴레이트의 중합에 대한 일부 개시제는 디알킬티탄 유도체인 것으로 보인다. 그러나 이들 화합물은 적절한 저장 수명이 요구되는 배합에는 적합하지 않다. 결과적으로 적절한 안정성을 가진 화합물인 비스(η-사이클로펜타디에닐)비스[2,6-디플루오로-3-(1H-피릴-1-일)]페닐티탄이 발견되었다(그림 3.40).

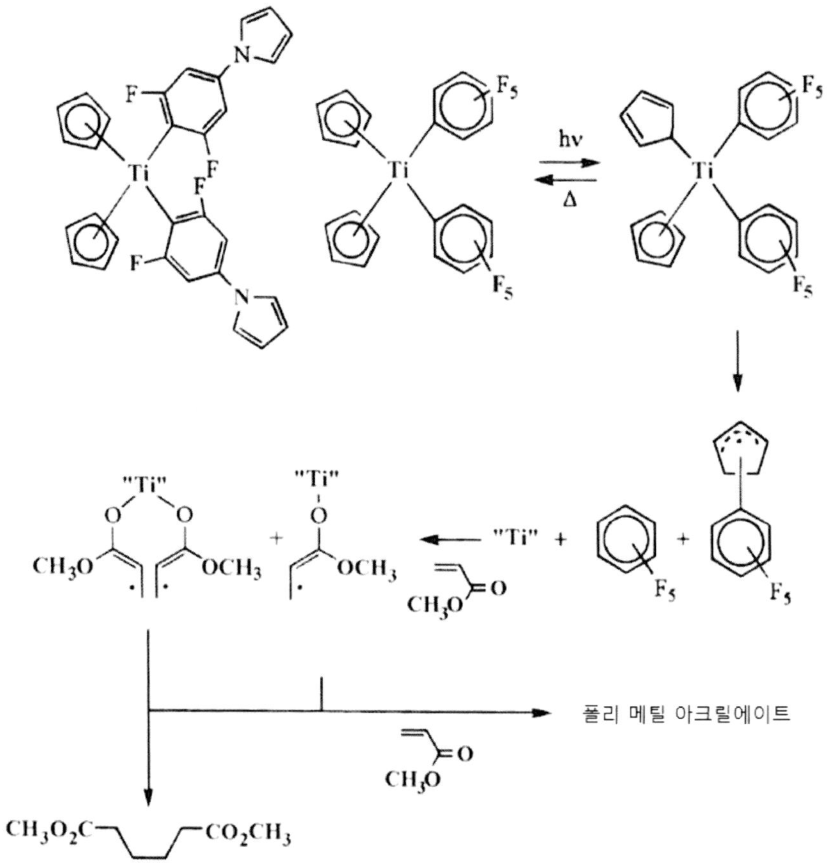

그림 3.40 티타노센에 의해 개시된 아크릴레이트의 중합

티타노센의 흡수 스펙트럼은 아르곤 이온 레이저(488 및 514nm)와 함께 사용하기에 가장 적합하다. 개시제는 가시광을 흡수하는 발색단을 분해하기 때문에 광표백 개시제로 분류된다. 현재 중합을 개시하는 정확한 메커니즘은 알려져 있지 않으며, 그림 3.40은 그나마 현재 시스템을 요약한 것이다. 최근 과산화물 결합의 동질화를 감광시킬 수 있는 그룹을 함유하는 광개시제에 이목이 집중되었다(그림 3.41).

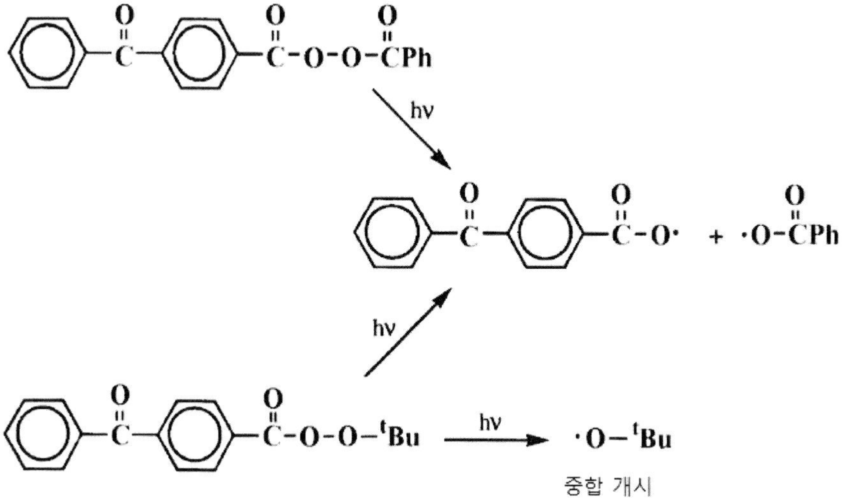

그림 3.41 산소 중심 라디칼을 발생시키는 광개시제

t-부톡시 라디칼의 생성은 메틸메타아크릴레이트 및 스티렌의 중합을 개시하는 것으로 알려졌다. 페레스터스는 또한 크산텐 염료로 만들어졌으며 이 화합물로 가시광선은 O-O 결합을 균일 분해하는 데 사용할 수 있다. 이러한 화합물을 함유한 배합의 저장 안정성은 짧을 수 있다. 배합에 3차 아민을 포함하여 광을 흡수할 경우 유용한 라디칼을 생성할 수 있다. 라디칼은 활성화된 아민과 산소의 반응에 의해 생성된다고 보며, 방향족 아민이 산소와 전하 이동제를 형성하고 이들의 조사가 라디칼 생성을 유도함을 알 수 있다.

5. 양이온 광개시제

양이온 개시제는 UV 또는 가시광 또는 광하에 원하는 중합 공정을 촉진하는 산의 방출로 이어진다. 잠재성 산 개시제라는 용어는 조사 시 설폰산을 생성하는 일부 화합물을 설명하기 위해 사용되었다. 실제로 모든 양이온성 광개시제는 잠재적 산 발생제이다.

초기 시스템 중 하나는 테트라플루오로보레이트, 헥사플루오로포스페이트, 헥사플루오로아세네이트 및 헥사플루오로안티모네이트와 같은 비친핵성 상대이온을 갖는 디아조늄염을 기본으로 한다. 이들 염은 조사 시 질소의 제거를 유도한다(식 3.3).

디아조늄염의 광분해

$$ArN{=}\overset{+}{N}\overset{-}{B}F_4 \xrightarrow{\;h\nu\;} ArF \;+\; N_2 \;+\; BF_3$$

(식 3.3)

아릴 그룹을 변화시킴으로써, 가시광선의 UV 및 가시 부분에서 램프의 방출라인과 겹치도록 개시제의 흡수 스펙트럼을 조정할 수 있음이 입증되었다. 이러한 유형의 개시제의 중요한 단점은 불완전한 열적 안정성 및 조사 시 질소 가스의 발생으로 경화된 필름의 핀홀이 생길 수 있다는 점이다. 디아조늄염에 의해 나타나는 단점을 해결하기 위해 디아릴요오드늄 및 트리아릴설포늄염이 도입되었다. 양성 화합물의 경우, 양전하가 디아조늄염의 경우와 같이 큰 비친핵성 음이온의 존재에 의해 균형을 이루는 것이 필요하다. 오니움염의 분해 메커니즘은 매우 복잡하며 트리페닐서포늄염의 분해 경로는 그림 3.42와 같다.

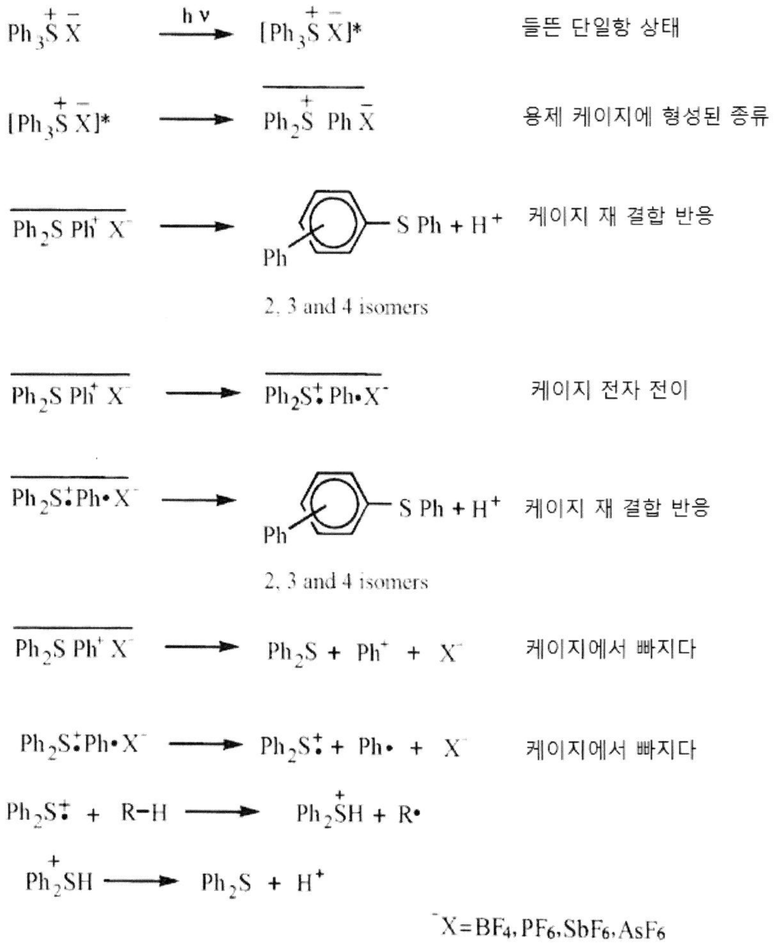

그림 3.42 트리아릴설포늄염의 광분해 메커니즘

$$Ph_3\overset{+}{S}\overset{-}{X} \xrightarrow{h\nu} [Ph_3\overset{+}{S}\overset{-}{X}]^* \qquad \text{들뜬 단일항 상태}$$

$$[Ph_3\overset{+}{S}\overset{-}{X}]^* \longrightarrow \overline{Ph_2\overset{+}{S} \ Ph\overset{-}{X}} \qquad \text{용제 케이지에 형성된 종류}$$

$\overline{Ph_2S\,Ph^+\,X^-} \longrightarrow$ (2, 3 and 4 isomers) $\text{--S Ph} + H^+$ 케이지 재 결합 반응

$\overline{Ph_2S\,Ph^+\,X^-} \longrightarrow \overline{Ph_2\overset{.}{S}{}^+\,Ph{\cdot}X^-}$ 케이지 전자 전이

$\overline{Ph_2\overset{.}{S}{}^+Ph{\cdot}X^-} \longrightarrow$ (2, 3 and 4 isomers) $\text{--S Ph} + H^+$ 케이지 재 결합 반응

$\overline{Ph_2S\,Ph^+\,X^-} \longrightarrow Ph_2S + Ph^+ + X^-$ 케이지에서 빠지다

$\overline{Ph_2\overset{.}{S}{}^+Ph{\cdot}X^-} \longrightarrow Ph_2\overset{.}{S}{}^+ + Ph{\cdot} + X^-$ 케이지에서 빠지다

$Ph_2\overset{.}{S}{}^+ + R-H \longrightarrow Ph_2\overset{+}{S}H + R{\cdot}$

$Ph_2\overset{+}{S}H \longrightarrow Ph_2S + H^+$

$^-X = BF_4, PF_6, SbF_6, AsF_6$

"케이지"와 "케이지로부터의 탈출" 과정이 확인되었음을 알 수 있다. 광분해는 용매 케이지 내에서 근접하여 반응성 종을 생성한다. 모든 균일 및 비균일반응에서와 마찬가지로 출발 물질을 재생하기 위한 조각들의 재조합, 조각들 간의 반응 및 케이지로부터 조각들의 탈출 경쟁 반응으로 인해 매우 자유롭다. 또 다른 중요한 점은 양성자 생성이 매우 달라 케이지와 케이지 사이에도 발생할 수 있다. 디페닐설포늄 라디칼 양이온으로부터 양이온 생성을 위한 케이지 공정이 그림 3.43에 나와 있다.

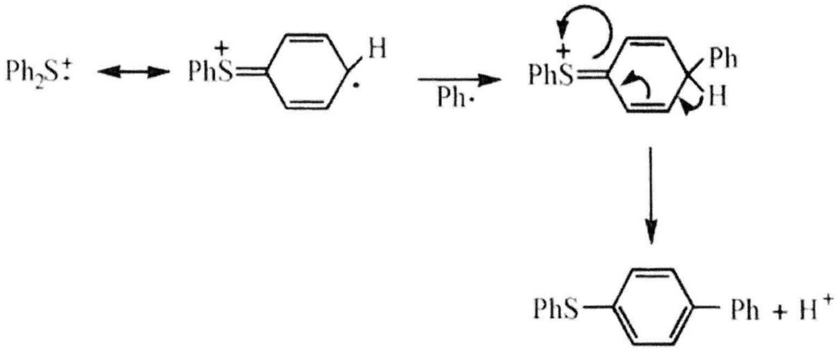

Ph₂S⁺ ⟷ PhS⁺=⟨⟩—H· ⟶(Ph·) PhS⁺=⟨⟩—Ph,H ⟶ PhS—⟨⟩—Ph + H⁺

$Ph_2S^{\cdot+} \longleftrightarrow PhS^+$ ... $\xrightarrow{Ph\cdot}$ ... $\longrightarrow PhS-\!\!\!\!\bigcirc\!\!\!\!-Ph + H^+$

그림 3.43 디페닐설포늄 라디칼 양이온과 페닐 라디칼의 반응에서 케이지를 통한 양성자 생성과정

양성자 생성을 위한 케이지 반응 과정은 디페닐설포늄 라디칼 양이온에 의한 수소 원자가 추출되면서 이루어진다. 그림 3.42에 나타난 메커니즘에 대해, 활성화된 단일항 및 삼중항 상태를 통해 일어나는 과정에 대해선 구별되지 않았다. 높은 에너지를 갖는 삼중항 증감제를 사용하는 연구, 즉 아세톤 및 아세토페논은 삼중항 설포늄염이 케이지(그림 3.44) 반응으로 만들어지며, 용매 케이지 내에서는 양성자가 생성되지 않았다.

$$Sens_{S_0} \xrightarrow{h\nu} Sens_{S_1} \xrightarrow{I.S.C.} Sens_{T_1}$$

$$Sens_{T_1} + Ar_3S^+X^- \longrightarrow Sens_{S_0} + [Ar_3S^+X^-]_{T_1}$$

$$[Ar_3S^+X^-]_{T_1} \longrightarrow \overline{{}^3Ar_2S^+Ar\cdot X^-}$$

$$\overline{{}^3Ar_2S^+Ar\cdot X^-} \longrightarrow Ar_2S^+ + Ar\cdot + X^-$$

$$Ar_2S^+ + R-H \longrightarrow Ar_2\overset{+}{S}H + R\cdot$$

$$Ar_2\overset{+}{S}H \longrightarrow Ar_2S + H^+$$

그림 3.44 트리아릴설포늄염의 삼중항 증감 분해

디아릴요오드늄염의 분해 메커니즘은 트리아릴설포늄염의 경우와 매우 유사하다. 케이지 안의 반응은 매질의 점도가 증가함에 따라 매우 중요하게 된다. 오니움염과 유사한 파장 영역을 흡수하기 때문에 내부 필터 효과를 유발하여 오니움염의 분해 효율을 감소시킨다. 양성자 생성을 위한 케이지 공정이 효율적으로 일어나려면 C-H 결합과 기질 내에서 상용성이 필수적이다. 양성자 생성만이 아닌 반대 이온일 경우, 만일 X=메탄설포네이트($CH_3SO_3^-$)이면 메탄설폰산이 생성된다. 복잡한 음이온인 헥사플루오로포스페이트 경우 헥사플루오로인산이 생성된다고 본다. 이 산은 실제로 불소화수소 분자에 결합된 인산 펜타플루오라이드의 분자로 구성된다. 유기 용매에서 산은 불안정하고 자유 플루오르화물과 포스포러스펜타플루오라이드로 해리된다. 따라서, 루이스 및 브론스데드 산의 두 가지 개시제로 분류된다. 매체에 물이 존재할 때에 펜타플로라이드의 가수분해가 일어나 더 많은 불소화 수소가 생성될 수 있다. 또 다른 중요한 사실은 오니움염의 반응성이 관찰된 반응성의 순서는 $SbF_6>AsF_6>PF_6>BF$이며, 반대 이온에 의하여 존재한다. 이 결과 음이온의 안정성과 해당 루이스 산의 개시 능력을 반영할 것이다. 즉, $SbF_5>AsF>PF_5>BF_3$이다. 또한 음이온이 전파하는 카보케이션과 이온쌍을 형성한다. 음이온이 카보케이션과 강하게 결합하는 경우, 카보케이션이 본질적으로 자유로운 상황과 비교하여 친핵성 공격은 억제될 것이다. 음이온 크기가 증가함에 따라, 결합 정도가 감소하고, 헥사플로오로안티모네이트 음이온에서 가장 큰 반응성이 관찰된다.

이 분야의 새로운 물질은 디페닐요오드늄테트라(펜타플루오로페닐)보레이트이며, 이는 고전적인 오니움염보다 실리콘 배합에서 보다 용해되기 쉬운 에폭시 실리콘의 경화에 특히 유용하다. 개시제는 일부 안료를 포함하는 표준 에폭시 배합을 경화시키는 데 사용되어 왔다.

에폭사이드가 광개시제로서 오니움 헥사플루오로포스페이트를 사용하여 중합될 때 개시제 종류는 이미 언급한 것 이외에도 설포늄 및 요오드늄 양이온 라디칼이 될 수 있다(그림 3.45). 요오드늄 양이온 라디칼의 운동에너지 측면에서 특히 에폭사이드기 및 비닐에테르에 대해 반응성이 있음을 나타낸다.

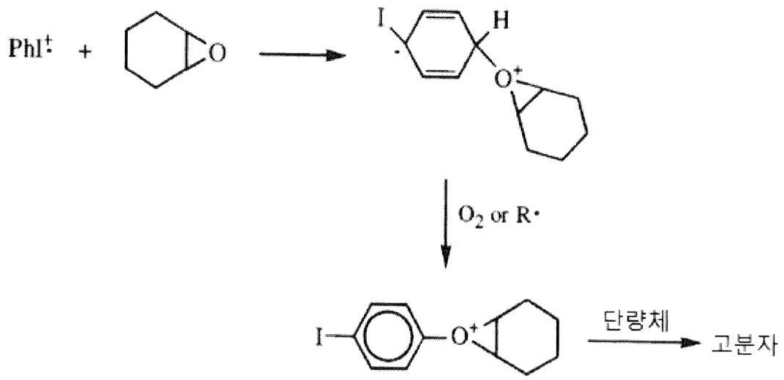

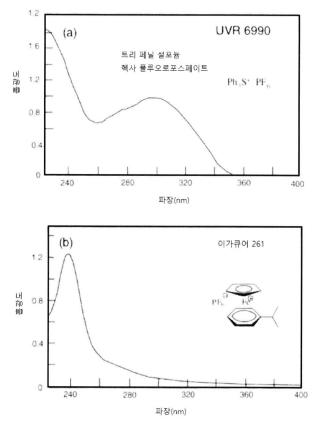

그림 3.45 페닐요오드늄 라디칼 양이온과 사이클로헥센에폭사이드의 반응

오니움염은 여러 가지 측면에서 우수한 광개시제이지만 일반적으로 사용 가능한 것은 350nm 이하의 흡수대를 갖는 개시제만 가능하다(그림 3.46).

그림 3.46 오니움 및 페로세늄염의 흡수 스펙트럼

일부 증감제는 에너지 이동으로 염을 활성화시키지만, 다른 것들은 전자 전달을 통해 분해를 유도한다. 두 메커니즘을 구별하는 것은 상당히 어려우며, 표 3.1은 디아릴요오드늄 및 트리아릴설포늄염의 분해를 포함하는 증감제 중 일부를 나타내었다.

표 3.1 디에폭사이드의 양이온 중합을 위한 광증감제/오니움염 조합

광증감제	Ar_2I^+	Ar_3S^+
Anthracene	Yes	Yes
Perylene	Yes	Yes
Phenothiazine	Yes	Yes
Michlers ketone	Yes	Yes
Xanthone	Yes	No
Thioxanthone	Yes	No
Benzophenone	Yes	No
Acetophenone	Yes	No

(a) 광중합 사진이미지
(b) 사용된 디에폭시드는 3,4-에폭시사이클로헥실메틸
    1-3,4-에폭시사이클로헥산
(c) Yes는 중합이 관찰되었음을 의미한다.
(d) 해커(Hacker)는 아세토페논이 설포늄염의 분해를 증감해주는 것을 보여준다.

분자 내 증감은 디아릴설포늄 그룹을 티옥산톤에 연결시킴으로써 달성하였다. 2,4-다이오도-6-부톡시-3-플루오론과 같은 염료는 요오드늄염의 분해를 증감시키는 것으로 알려졌다.

요오드늄염은 트리아릴설포늄염보다 쉽게 환원되므로 전자 전달 과정에 의해 보다 쉽게 분해된다(식 3.4). 이 과정에서 중합은 도너인 양이온 라디칼에 의해 유도된다고 가정한다.

$$D \xrightarrow{\text{hv}} D*$$

$$D* + Ar_2I^+X^- \longrightarrow D\overset{\bullet}{\overset{+}{}} + ArI + Ar^\bullet + X^- \qquad \text{(식 3.4)}$$

$$D\overset{\bullet}{\overset{+}{}} + \text{단량체} \longrightarrow \text{고분자}$$

$$D = \text{전자 공여체}$$

오니움염의 전자 이동 유도분해는 다른 시스템에서 일어난다. 많은 유형 Ⅰ 라디칼 개시제는 케틸 라디칼을 제공하기 위해 분해되고 유형 Ⅱ 개시제는 케틸 라디칼의 생산을 유도한다. 케틸 라디칼은 광 분해 연구에서 강력한 환원제로 알려져 있다. 그 이유는 산화할 때 매우 안정한 카보케이션을 생성하기 때문이다. 유형 Ⅰ 개시제로부터 생성된 케탈 라디칼 및 방향족 케톤(해리된 산과 염을 형성하기 때문에 아민이 쓰인다)은 오니움염의 분해를 유도하여 에폭사이드기의 중합을 개시하는 것으로 나타났다(그림 3.47).

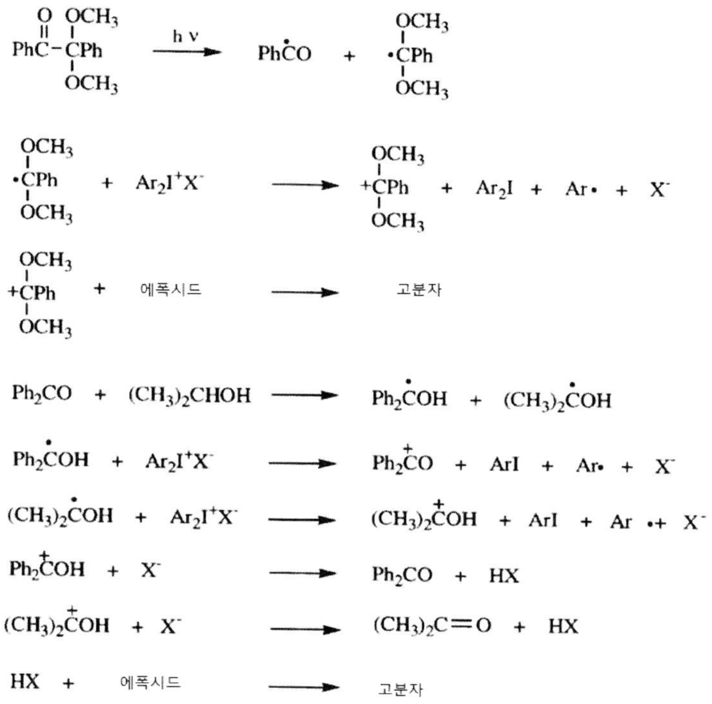

그림 3.47 광개시제 시스템에 의한 디아릴요오도늄염의 전자 전달 유도 분해

그림 3.47에 표시된 메커니즘은 전체적으로 입증되지 않았다. 전자는 가장 단순한 라디칼이며, 광은 요오드늄 및 설포늄염이 이온화가 가능한 매질에 함유되어 있으면 분해된다. 광에 의한 분해 메커니즘은 반응성이 느린 전자와 높은 산화력을 가진 라디칼을 모두 포함한 것으로 간주된다(그림 3.48).

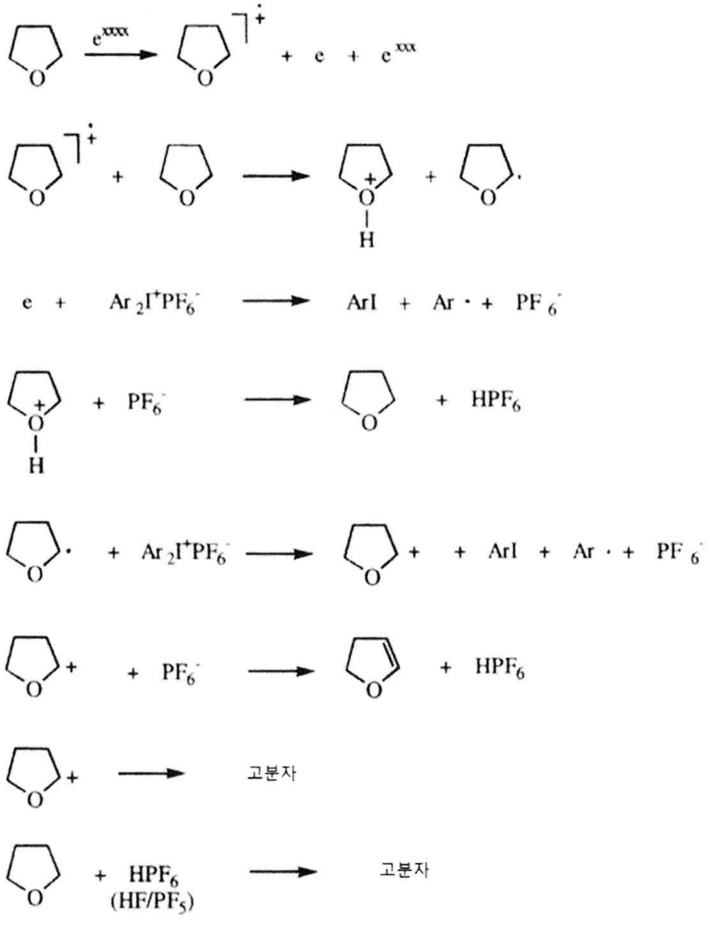

그림 3.48 전자빔에 의한 디아릴요오드늄염의 분해

반응물(PF_6^-)이 이러한 반응에서 중요한 역할을 하고 실제로 반응에서 소비된다는 것은 IR 분광기를 이용하여 확인하였다(그림 3.49).

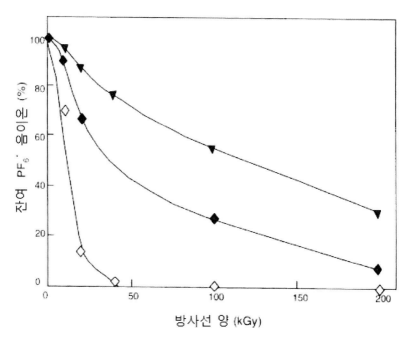

그림 3.49 광 조사량의 함수로써 다양한 개시제(0.05mole/kg), (◇) Ph_2IPF_6, (◆) Ph_3SPF_6, (▲) 철 혼합물에 대한 디에폭사이드 중의 잔류 PF_6^- 음이온의 비율

양이온성 개시제 및 반대 이온의 분해 정도는 에폭사이드의 경화 정도에 영향을 미친다(그림 3.50).

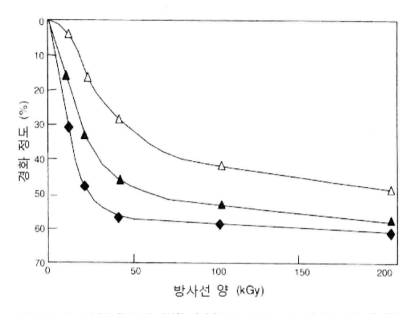

그림 3.50 광 조사량의 함수로써 다양한 개시제(0.05mole/kg), (◆) Ph₂IPF₆, (▲) Ph₃SPF₆,
(△) 철 혼합물에 대한 디에폭사이드의 경화 정도

이러한 발견은 헥사플루오로인산이 분해되어 불소화수소 및 포스포러스 펜타플루오라이드를 방출하는 현상과 일치한다. 오니움염의 분해는 산성종을 방출할 뿐만 아니라 라디칼 중합을 유도하는 아릴 라디칼을 형성한다. 이러한 현상이 일어날 수 있는 것은 에폭사이드 및 아크릴레이트 그룹을 함유한 혼합물을 사용하기 때문이다(그림 3.51). 질소 존재하에서 오니움염이 존재하면 조사(UV 혹은 전자빔) 시 두 그룹을 통한 경화가 일어난다. 산소가 존재하는 상태에서 UV 조사는 에폭사이드 그룹을 통해서만 경화가 된다.

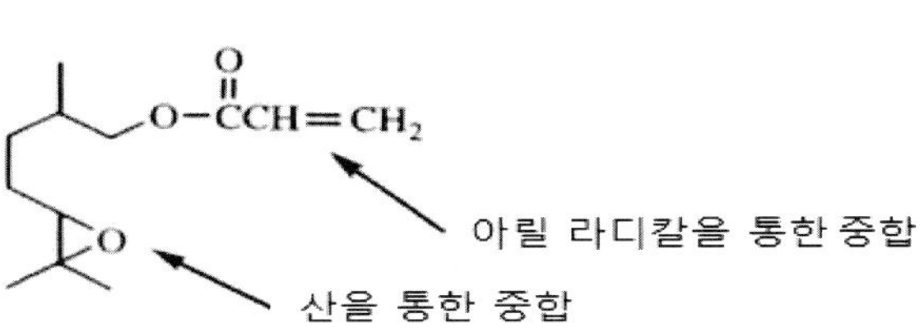

그림 3.51 아크릴레이트 및 에폭사이드 그룹을 함유하는 중합 화합물

이 결과는 양이온 경화와 라디칼 경화의 혼합을 기초로 한 이중 경화 시스템의 중요한 요소이다. 다양한 양이온성 개시제가 있으며, 펜타크릴설포늄과 4-하이드록시페닐설포늄염은 산성 조사를 방출하며 동시에 수득률을 향상시킨다(그림 3.52).

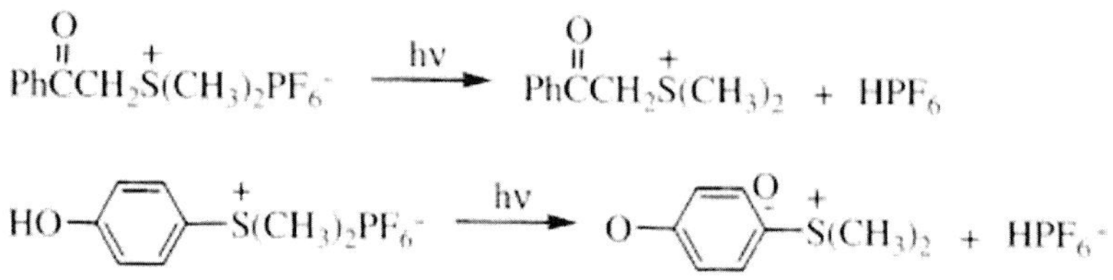

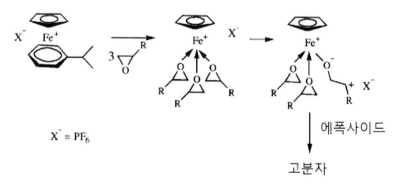

$$\underset{O}{\overset{\parallel}{PhCCH_2}}\overset{+}{S}(CH_3)_2PF_6^{-} \xrightarrow{hv} \underset{O}{\overset{\parallel}{PhCCH_2}}\overset{+}{S}(CH_3)_2 + HPF_6$$

$$HO-\langle\rangle-\overset{+}{S}(CH_3)_2PF_6^{-} \xrightarrow{hv} O-\langle\rangle-\overset{+}{S}(CH_3)_2 + HPF_6^{-}$$

그림 3.52 펜아크릴설포늄과 4-하이드록시페닐설포늄염의 광자 유도 분해

이 시스템을 사용하면 생성된 산을 제거할 수 있으며, 중합 개시제와 경쟁하게 된다. 이러한 산을 제거하는 과정은 후경화의 정도를 감소시킨다.

완전히 다른 양이온성 개시제 시스템으로 철 아렌 혼합물을 사용하는 것이다. 이 화합물은 에폭사이드의 중합을 개시하고, 그림 3.53에 나타난 메커니즘을 통해 발생한다.

에폭사이드

고분자

그림 3.53 철 아렌 복합체에 의해 개시된 에폭사이드 중합

이 메커니즘은 음이온의 역할을 고려하지 않는다. 개시제는 또한 전자빔

방사하에서 분해되며 그림 3.51과 그림 3.52에서 볼 수 있듯이 요오드늄염과 설포늄염이 보다 효율적으로 분해가 안 되며, 반대 이온이 분해된다. 아렌 혼합물의 흡수 스펙트럼은 잔류 방향족 구조에 의해 결정된다. 방향족 잔류물을 변화시킴으로써 흡수 스펙트럼을 가시광 영역으로 이동시킬 수 있다. 그럼에도 불구하고 이들 가시광 영역의 흡수 밴드의 흡광 계수는 상당히 작기 때문에, 가시광경화가 요구되는 경우에는 비교적 높은 개시제 농도가 사용되어야 한다. 일반적으로 사용되는 경화 시스템에서 철 아렌 혼합물의 한계점은 비교적 낮은 용해도이다. 상업적으로 중요한 몇몇 새로운 오니움염은 경화 배합에서 오니움염의 가용화를 돕는 그룹을 갖는다(그림 3.54).

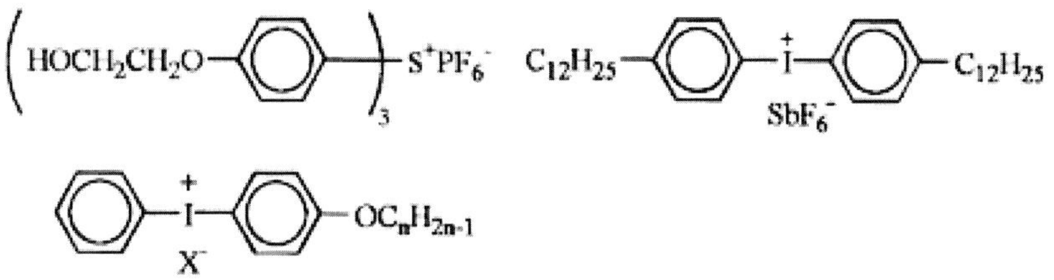

그림 3.54 오니움염 염화 용해 그룹

8개 이상의 탄소 원자를 함유하는 알콕시기를 갖는 오니움염은 본질적으로 독성이 없다(LD$_{50}$>5000mg/kg 쥐). 알콕시기가 존재하는 또 다른 이점은 염의 주된 UV 흡수 밴드가 약 10nm만큼 단파장으로 이동한다는 것이다. 이러한 작은 변화는 기존의 중압 수은 램프가 사용될 때 개시제의 효율을 증가시킨다.

비친핵성 음이온을 갖는 피릴리움과 싸이오피릴리움(그림 3.55)염은 양이온 중합을 개시하는 데 사용되었다. 열 안정성의 부족은 이러한 화합물의 개발을 지연시킨 요소 중 하나이다. 현재 전자 전달을 통해 분해되고 열적으로 안정한 알콕시피리디늄 화합물에 더 많은 관심이 집중된다.

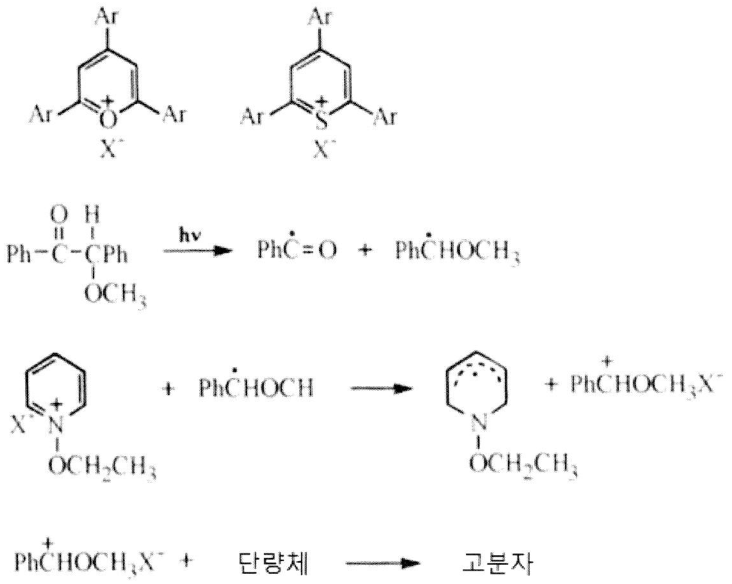

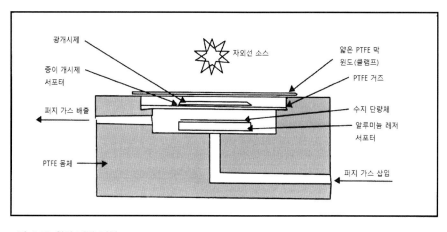

그림 3.55 양이온성 개시제로 사용되는 피릴리윰, 싸이오피릴리윰 및 N-알콕시피리디늄

오니윰염 및 철 아렌 혼합물은 고체 상태에서 조사 시 분해되는 것으로 밝혀졌다. 분해는 산의 생성 및 헥사플루오로포스페이트염이 사용되는 경우에 발생하며, 산은 적외선 분광기에 의해 불소화 수소로 나타난다. 이러한 과정은 원격 경화 시스템의 개발을 이끌었다(그림 3.56).

그림 3.56 원격 경화 장치

고상형 개시제는 조사되면 방출된 불소화 수소는 중합 가능한 물질을 경화시키는 데 사용된다. 이 시스템은 이중 경화에 이용된다. 따라서 유형 Ⅰ 개시제를 포함한 에폭사이드 및 아크릴레이트 혼합물을 조사하여 아크릴레이트의 경화를 유도한다. 그런 다음 코팅제를 성형하고 원격 경화 시스템을 사용하여 에폭사이드를 통해 경화를 완료할 수 있다. 조사 시 설폰산을 방출하는 다수의 개시제를 그림 3.57에 나타내었다.

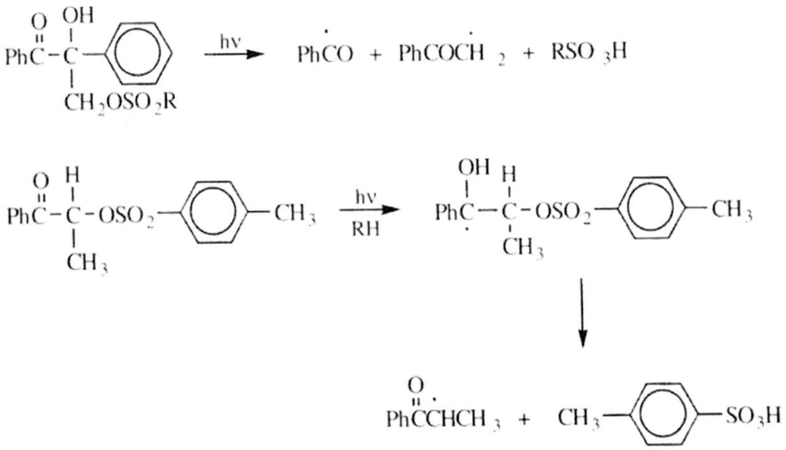

그림 3.57 광개시된 설폰산의 생성과정

다양한 산촉매 시스템(예, 멜라민을 기본으로 하는 시스템)이 연구되었으며, 대부분의 경우 100℃에서 가열하여 중합을 유발하고 특히 설폰산 생성 시스템이 사용 시 필요하다. 다른 산 발생은 할로겐화 수소를 발생시키는 산이다. 즉, 트리클로로아세토페논, 트리클로로메틸 s-트리아진 및 디할로벤조일메탄의 분해이다(그림 3.58).

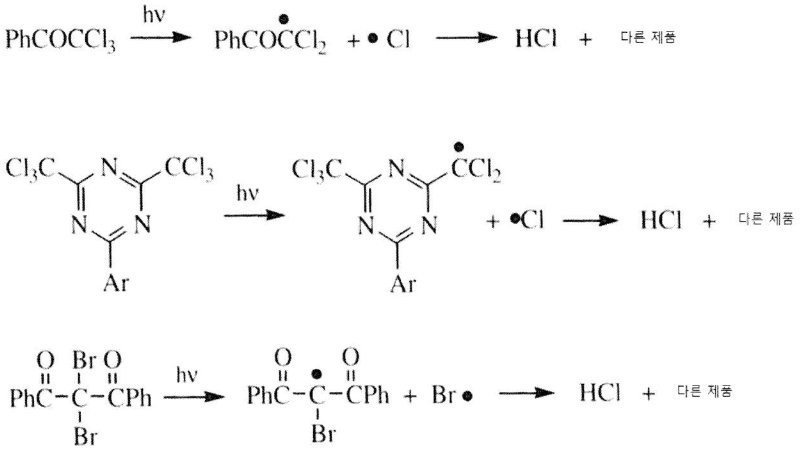

PhCOCCl$_3$ $\xrightarrow{h\nu}$ PhCOCCl$_2^\bullet$ + $^\bullet$Cl $\longrightarrow$ HCl + 다른 제품

그림 3.58 할로겐화 수소 생성 시스템

잘 알려져 않은 일부 산 생성 시스템에는 규산 및 붕산을 생성하는 시스템이 포함된다. 이들 화합물의 산도는 금속 아세토아세테이트와의 혼합화에 의해 증가되어야 한다(그림 3.59).

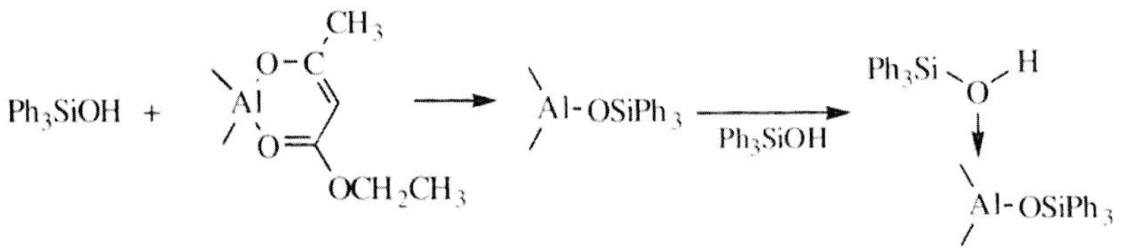

그림 3.59 규산과 알루미늄 복합체의 혼합

6. 음이온 광개시제

이 유형의 개시제는 거의 없으며 초기 음이온성 개시제는 α-케토카르복실산의 3차 아민염을 기반으로 사용하는 것이다(그림 3.60).

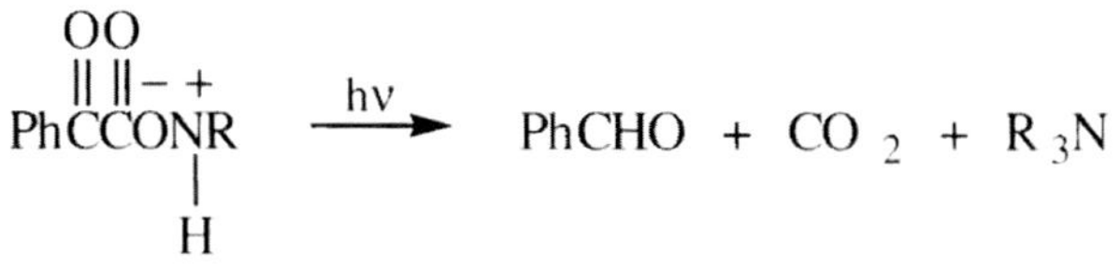

그림 3.60 α-케토카르복실산의 아민염의 광분해

최근에는 펩타이드 화합물에 기초한 시스템이 고안되었다. 카르바메이트는 아미노 그룹의 보호를 위해 펩타이드 화합물에서 사용되어 왔다. 적절하게 치환된 카르바메이트(우레탄)의 조사는 또한 아민을 방출하는 것으로 나타났다(그림 3.61).

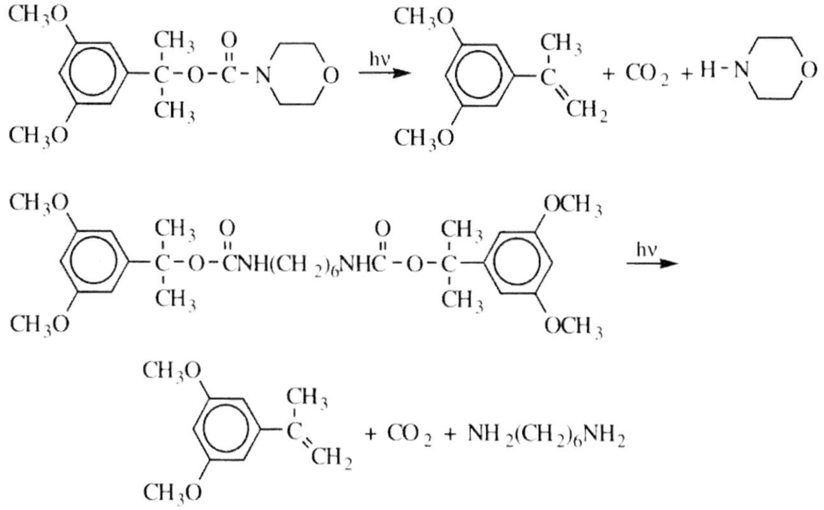

그림 3.61 카르바메이트(우레탄)에서 아민의 광자 생성과정

카르바메이트는 파장이 300nm 미만인 조사에 민감하다. o-니트로벤질기에 기초한 다른 카르바메이트는 약 300nm의 감광성을 나타낸다(그림 3.62).

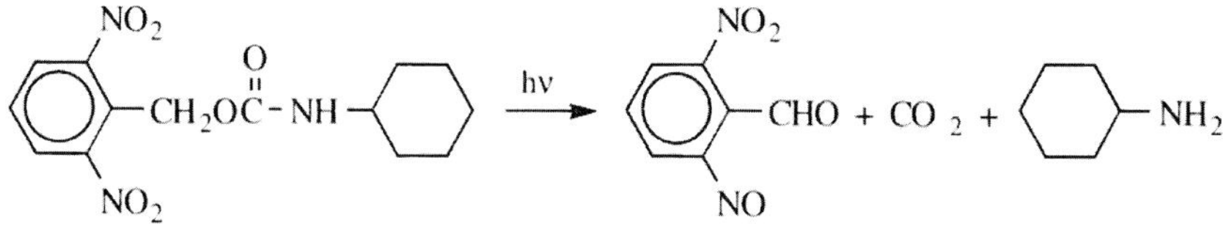

그림 3.62 o-니트로벤질기 카르바메이트의 광분해

앞서 논의한 바와 같이(3장 4) 페나크릴암모늄 n-부틸트리페닐보레이트염 및 관련 화합물은 조사 시 분해되어 아민을 방출하며 이 시스템은 에폭시 배합의 중합반응을 촉진하는 데 사용된다. 다른 페나크릴암모늄 화합물은 마이클(Michael)부가반응을 촉진할 수 있는 강염기를 생성하는 데 사용되어 왔다.

금속 아민염은 254nm 조사 시 암모니아를 방출하는 것으로 나타났다. 방출된 암모니아는 에폭시화 중합에 사용될 수 있다. 이러한 시스템은 UV 네거티브의 내성이 있는 형태로 기술되어 있다.

7. 수용성 개시제

다양한 중합 공정이 물의 존재하에 발생한다. 현탁액, 에멀전 및 계면중합 등이 있다. 비록 유기상이라 하더라도 물에 대한 용해도를 가져야 한다. 광개시제를 수용성으로 만들기 위한 친수성기를 부여하는 것이 필요하다. 예를 들어 폴리에틸렌옥사이드, 설폰산 또는 암모늄 그룹이 가능성이 있다. 이러한 그룹은 많은 방향족 케톤에 성공적으로 도입이 되었다. 즉, 벤조페논, 티옥산톤, 벤질 등이 있다(그림 3.63). 친수성기가 몇몇 유형 Ⅰ 광개시제에 도입되었지만 이들 화합물은 쉽게 얻을 수 없다(그림 3.64).

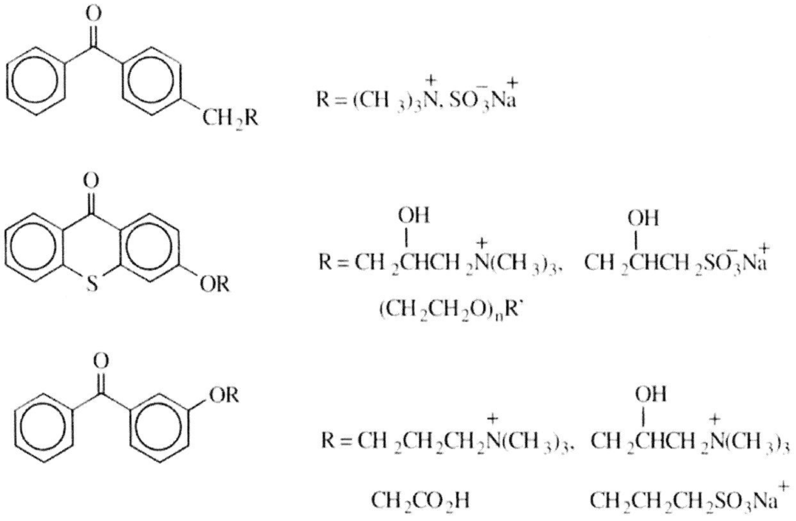

$R = (CH_3)_3\overset{+}{N},\ \overset{-}{S}O_3Na^+$

$R = CH_2CHCH_2\overset{+}{N}(CH_3)_3,\ \ CH_2CHCH_2SO_3Na^+$
with OH groups; $(CH_2CH_2O)_nR'$

$R = CH_2CH_2CH_2\overset{+}{N}(CH_3)_3,\ \ CH_2\overset{OH}{C}HCH_2\overset{+}{N}(CH_3)_3$
$CH_2CO_2H \qquad CH_2CH_2CH_2SO_3Na^+$

그림 3.63 수용성 그룹을 함유한 방향족 케톤

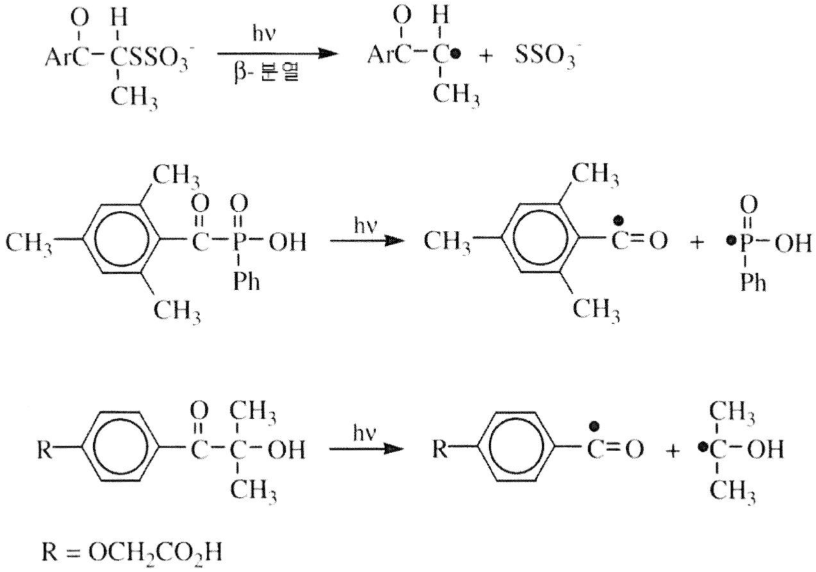

$R = OCH_2CO_2H$

그림 3.64 수용성 유형 ㅣ 광개시제의 선택

8. 고분자, 중합성 및 다기능 광개시제

고분자 광개시제는 현재 많은 인기를 얻고 있는 연구대상이다. 고분자 광개시제가 그들의 단량체 대응물보다 더 효과적이라 보고 있으며, (광합성에서 관찰된 것처럼)안테나 효과를 통해 사슬 종결 효과를 감소시키고, 흡광 증가현상에 의한 빛의 흡수를 높이며, 개시제 잔유물에서 나오는 경화된 코팅에서 냄새를 제거한다. 이러한 가능성을 평가하는 이유는 개시제가 식품 포장을 인쇄하는 데 필요하기 때문이다. 인쇄된 식품 포장은 특히 경화된 잉크에서 부유물의 농도를 감소시키는 것을 목표로 하는 법규가 증가하고 있다. 부유물의 농도는 50ppb 정도로 낮게 설정될 수 있다.

중합체 광개시제: (Ⅰ) 개시제가 중합체 사슬의 일부인 경우, (Ⅱ) 광개시제가 사슬에 곁사슬인 경우로 2가지 유형일 수 있다(그림 3.65).

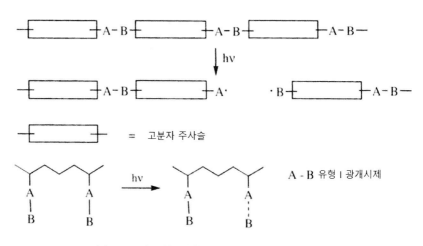

곁사슬 고분자, 유형 Ⅰ 광개시제

그림 3.65 고분자에 절단 광개시제를 도입하는 두 가지 방법

유형 Ⅰ 광개시제를 고려할 때, 중합체 사슬에 혼합되는 예는 매우 드물다. 다음은 벤조인의 두 가지 예를 나타내었다(그림 3.66).

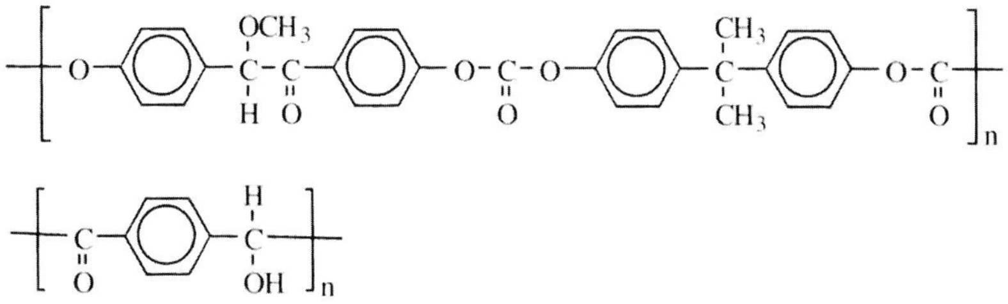

그림 3.66 고분자 벤조인

이 시스템은 아직 연구 중이다.

개시제가 곁사슬인 예는 보다 다양하고 이러한 개시제 중 하나가 상용화되었다(그림 3.67).

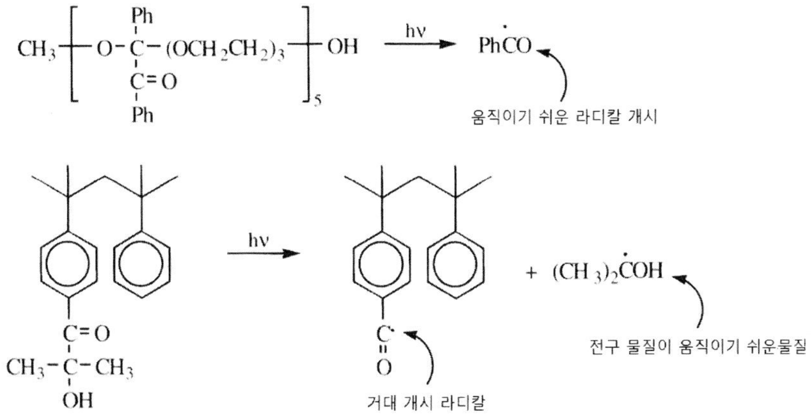

그림 3.67 개시제가 곁사슬 형태인 몇몇 중합체 유형 ㅣ 광개시제

이러한 개시제는 높은 반응성을 나타내지만 다루기가 어렵다. 다수의 중합체 케톤이 초기에 중합체성 플루레논인 것으로 알려졌다. 몇몇 중합체 벤조페논을 나타내었다(그림 3.68).

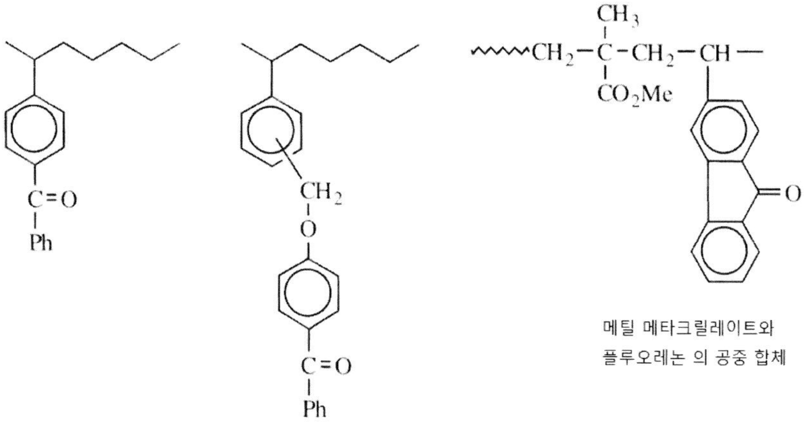

메틸 메타크릴레이트와
플루오레논 의 공중 합체

그림 3.68 일부 중합체 방향족 케톤

고분자 방향족 케톤을 갖는 저분자량 아민 증감제가 함께 사용되면 부유 현상의 문제점을 해결할 필요는 없다. 고분자 방향족 케톤과 아민 간의 상호작용은 효율적이지 못하며, 이는 고분자 사슬의 이동성이 부족하기 때문일 것이다. 방향족 카르보닐 및 아민이 동일한 고분자 주사슬상의 곁사슬로 합성되어 있다(그림 3.69). 그럼에도 불구하고 이 시스템은 낮은 반응성을 보였다. 방향족 카보닐 그룹 및 아민을 고분자 주사슬에 연결시켜 사슬 길이가 증가될 때 반응성이 개선되었다. 또 다른 시스템에서, 벤조페논기가 고분자 주사슬에 혼합되고 고분자 사슬기가 3차 아미노기로 말단에 캡핑되었다. 또한 표준 벤조페논-아민 혼합물보다 반응성이 좀 떨어짐을 알 수 있었다.

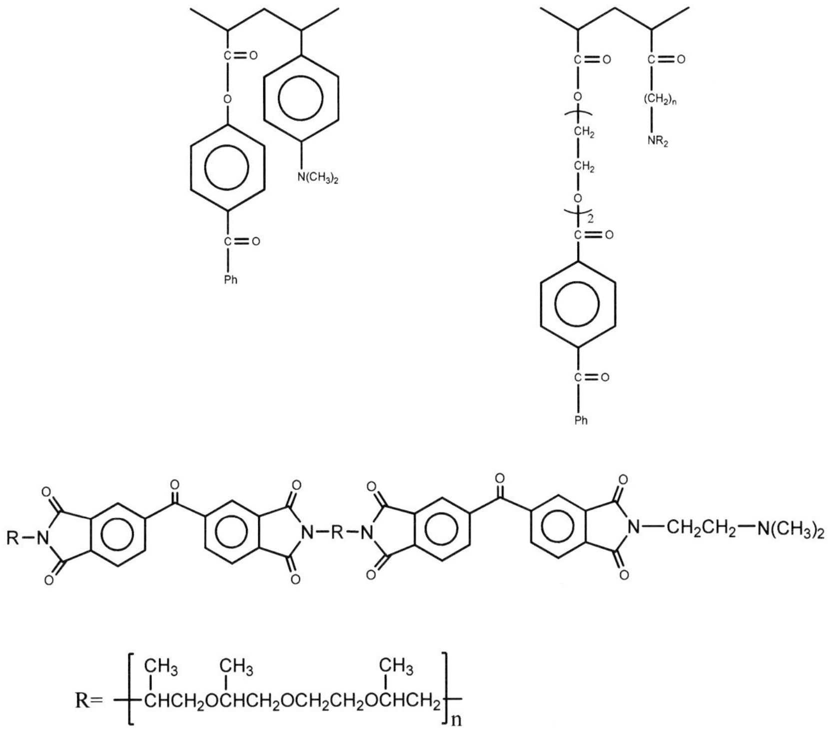

R= $\left[\begin{array}{c} CH_3 \\ | \\ CHCH_2OCHCH_2OCH_2CH_2OCHCH_2 \\ | | \\ CH_3 CH_3 \end{array}\right]_n$

그림 3.69 3차 아민으로 말단 캡핑된 고분자 벤조페논

고분자 양이온성 광개시제는 내성이 필요한 용도로 합성되었다(그림 3.70).

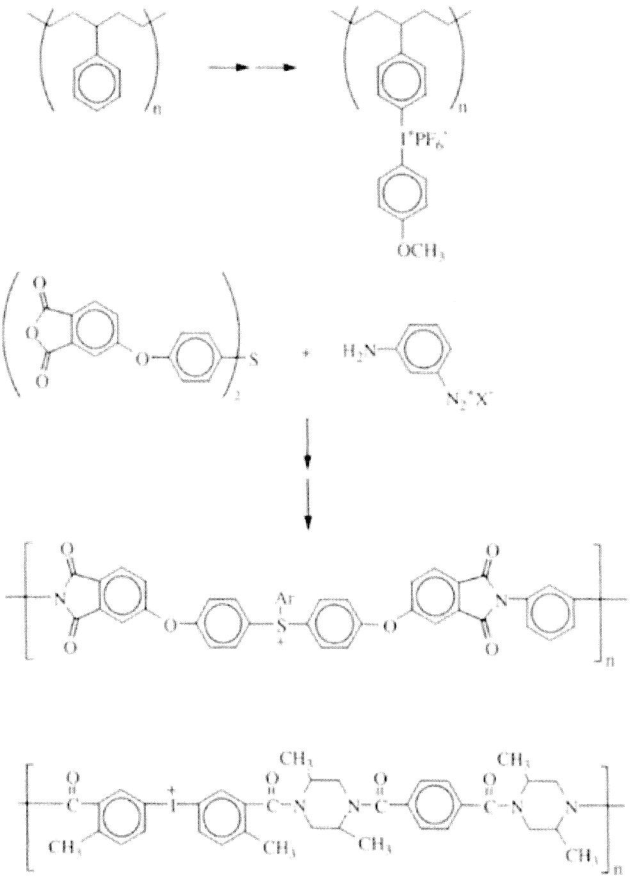

그림 3.70 일부 고분자 오니움염

　상기 결과로부터, 고분자 광개시제는 몇 가지 잠재적인 문제점을 가지고 있다. 배합에 고분자 광개시제를 첨가하는 것은 점도를 증가시킬 수 있어서 바람직하지 못하다. 중합 개시제의 반응성이 이들 단량체 상대물보다 낮은 경우, 비용 측면에서 악영향을 미치며 주의 깊게 사용해야 한다. 이러한 모든 문제에 대한 해결책 중 하나는 자가 경화로 보고 있다. 화합물은 동일한 분자에 내장된 개시제, 증감제 및 올리고머 주사슬을 갖는다(그림 3.71). 이들 화합물은 우수한 반응성을 나타내는 것으로 밝혀졌다.

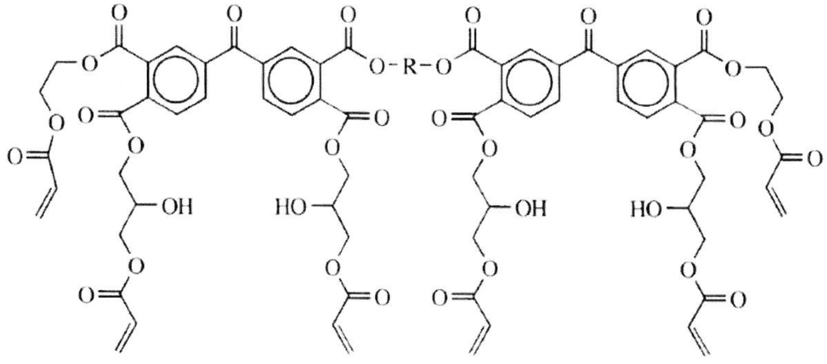

그림 3.71 자가 경화 가능한 벤조페논의 예

자가 경화 시스템을 제외하고, 고분자 광개시제 시스템은 반응성의 한계 개선뿐만 아니라 단량체 상대물보다 제조비용이 훨씬 더 많이 드는 것으로 나타났다. 다른 접근법으로 개시제 및 증감제는 폴리에틸렌과 폴리프로필렌 글리콜 잔기에 부착되어 이들 사슬은 개시제 및 증감제에 다수 중요한 특성을 부여한다. 몇 가지 예가 그림 3.72에 나와 있다.

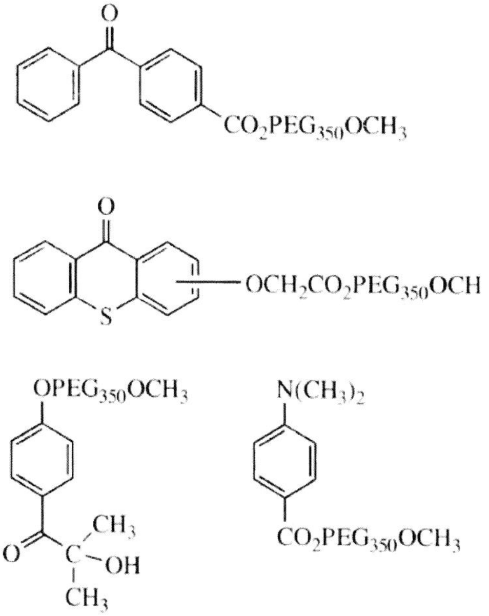

그림 3.72 중합체 꼬리를 갖는 일부 광개시제

이러한 사슬 효과는 분자량에 의해 어느 정도 결정된다. 폴리에틸렌 및 폴리프로필렌 사슬은 물에 대한 상용성을 부여하고 두 사슬은 반응성을 향상시키며, 수소 추출을 통해 가교결합 및 아크릴레이트 및 메타아크릴레이트의 중합 개시를 유도하는 C-H 결합을 포함함으로써 진행된다. 후자의 반응은 개시제 및 증감제의 고정화를 초래하며 사슬의 부착은 경화된 코팅에서 부유현상을 감소시키고 개시제 잔류물로 인한 냄새를 제거한다. 몇몇 경우, 티옥산톤에서 발견되는 것과 같이 이러한 중합체 꼬리의 첨가는 고체를 액체 개시제로 변형시킨다. 동일한 효과를 야기하는 2-에틸헥실 사슬의 예도 있다. 여기서 개시제의 반응성이 이러한 고분자 꼬리를 부가함으로써 감소되지 않으며, 결과적으로 이들 물질이 변형되지 않은 물질과 동일한 중량%로 사용될 수 있다. 따라서 N, N-디메틸아미노벤조산의 폴리에틸렌글리콜에스테르는 에틸에스테르와 동일한 수준으로 배합에 사용될 수 있고, 결과적으로 방향족 잔류물의 UV 선별 효과가 현저히 감소되며 경화된 피막의 부유현상이 낮아진다. 고분자 광개시제에 대한 대안으로 중합 가능한 광개시제, 즉 적절한 중합 가능한 그룹이 공유 결합된 개시제를 사용하는 것이다. 그래서 방향족 케톤인 다수의 아크릴화된 유형 Ⅰ 광개시제가 개발되었다(그림 3.73).

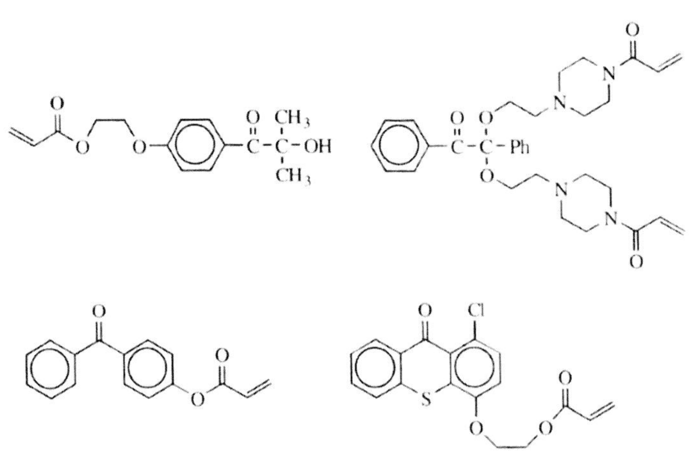

그림 3.73 일부 중합 가능한 광개시제

아크릴레이트가 개시제의 광물리성에 영향을 미치지 않는 방식으로 개시제에 도입된다면, 우수한 성능을 보일 것이다. 그러나 부유현상을 방지하는 것이 목적이라면, 개시제들은 이와 같이 반응을 하지 않을 것이다. 경화된 아크릴레이트 시스템에서 광개시제와 관련된 모든 아크릴레이트 이중 결합이 이용된 경우는 매우 드물다. 즉, 모든 개시제가 시스템 안에서 중합될 확률은 매우 낮고 이러한 것을 고려하면 모든 개시제가 움직이지 않을 가능성 역시 거의 없다. 논의에 포함되지 않는 요소는 표면 코팅의 가교결합 및 예비 고분자의 구조가 중합되지 않은 개시제의 영향을 미칠 정도이다. 이러한 측면은 의심의 여지 없이 작은 분자종의 부유 정도에 영향을 미칠 것이다. 일부 높은 반응성 α-아미노아세토페논은 3-머캅토프로필싸이오 그룹을 4위치에 도입함으로써 관능성을 가지게 되었다. 말단 머캅토기를 사용하여 마이클(Michael) 첨가 반응을 사용하여 다관능성 아크릴레이트에 개시제를 도입할 수 있다. 고분자량 개시제를 사용하는 주요 문제점은 개시제를 사용 시 점도를 증가시키고, 단량체 상대물보다 높은 수준으로 사용되어야 하며 중합 가능한 광개시제가 경화된 코팅에 완전히 고정되지 않는다는 점이다. 이러한 현상에 대안이 요구되었다. 여러 개의 광개시제 분자가 중심 핵에 결합된 화합물을 합성하였다(그림 3.74).

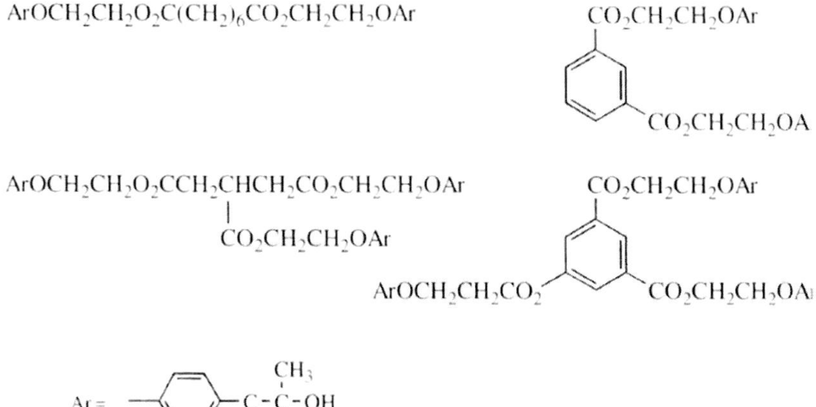

그림 3.74 일부 다관능성 광개시제

이런 화합물을 다관능 광개시제라 부른다. 하나의 개시제 잔기의 분해가 중합반응을 개시하는 데 실패하고 다른 잔량기들 중 하나가 중합반응을 개시한다면, 분해된 개시제는 고정될 것이라고 주장되었다. 이 접근법은 유형 I, 유형 II 개시제에서 모두 성공적으로 사용되었다. 화합물의 분자량이 비교적 낮기 때문에, 첨가 시 배합의 점도를 증가시키지 않으며, 경화된 코팅에 혼합될 가능성은 하나의 중합성 그룹을 갖는 개시제보다 훨씬 높다. 헥사메톡시메틸멜라민을 트랜스 에테르화 반응에 반응시켜 다관능 개시제를 얻는다. 반응 혼합물에 2-히드록시에틸아크릴레이트를 첨가하여 개시제를 추가로 중합 가능하게 만들었다.

전자빔 경화

제4장

1. 물질과 전자빔의 상호작용

앞 부분에서 고에너지 전자와 물질의 상호작용이 이온화를 초래한다는 것이 지적됐다. 이온화는 중간체와 빠른 전자의 비탄성 충돌로 발생하며, 이 공정에서 전자는 에너지를 잃는다. 전자 에너지를 침투 깊이와 연결하는 실증적 관계는 그런(gran)에 의해 얻어졌다.

$$R_G = 4.75 E_0^{1.75}$$

R_G = 그런 범위(μm)　　　E_0 = 전자에너지(keV)

이러한 관계는 다양한 물질들 모두 마찬가지다(예를 들어, 폴리스티렌과 알루미늄). 전자들의 에너지가 증가함에 따라, 침투 깊이도 마찬가지이며, 그림 4.1에서 볼 수 있듯이, 고에너지 전자의 경우 소멸된 에너지의 양은 작으며, 두꺼운 깊이에서도 일정하다.

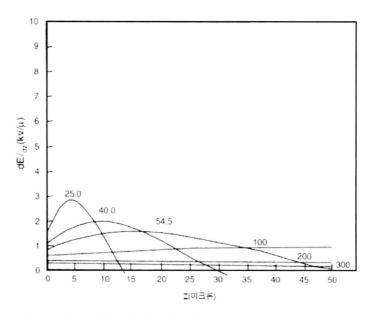

그림 4.1 전자 에너지 함수에 대한 침투 깊이

그림 4.2에서는 다양한 단계에서 가속화되는 전자에 대한 필름 두께의

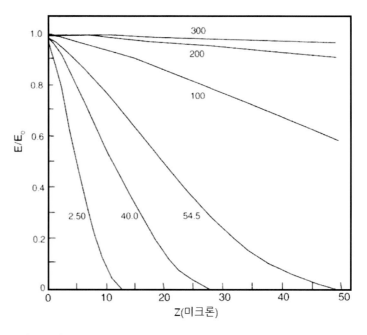

그림 4.2 필름 두께의 함수에 대한 입사빔 에너지의 단편적인 손실

144

함수로서 입사광 에너지의 부분 손실의 도식을 나타낸다. 대부분의 상업적 전자빔 가속기들은 150~300kV 정도에서 작동한다. 이 그림은 다소 오해 소지가 있을지도 모른다. 왜냐하면 전자는 윈도우를 통해 통과(즉, 전자총 으로부터 코팅 위 대기로)하거나, 코팅 위의 불활성 기체의 층을 횡단하면 서 에너지를 잃기 때문이다.

코팅 위의 질소 가스의 순도는 경화 효율에 극적인 영향을 줄 수 있다.

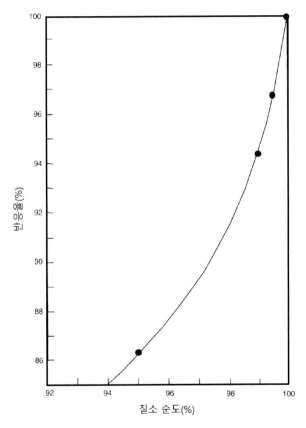

그림 4.3 경화효율에 대한 질소 가스의 순도의 효과

코팅의 경화를 통해 얻기 위해서는 윈도우, 불활성 기체 통과, 코팅 그 자체로의 에너지 손실을 고려하는 것이 필수적이다. 후자에 영향을 미치는

요인들로는 코팅의 두께와 조성이다. 입사전자의 단위 경로길이당 에너지 손실인 저지능(dE/ds)(stopping power)은 조성물의 밀도, 구성성분들의 상대적 농도 및 분자량과 관련된다. 안료는 유용한 종을 생성할 수 없는 입사전자 아래로 천천히 내려오기 때문에 안료가 혼합될 때는 이들 중 일부 인자는 중요하게 될 것이다. 그러나 느려진 전자는 유기종들과 보다 쉽게 상호작용할 수 있다. 상기 논의로부터 EB에 의한 중합반응 개시는 UV에 의해 야기된 것과는 매우 다르다는 것을 알 수 있을 것이다. 그림 4.4에서는 UV가 코팅 표면 근처에서 발생하는 대부분의 현상들을 초래한다는 것을 보여준다(UV 흡수가 the Beer Lambert 법칙에 의해 지배적이기 때문에). 반면, EB 라디칼 생성은 코팅 전체에 걸쳐 무작위로 발생한다.

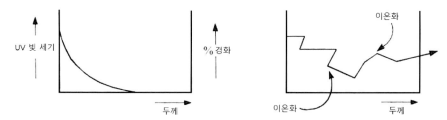

그림 4.4 코팅에서 EB 빛과 UV 빛 흡수 비교

두 가지 공정 사이에는 또 다른 중요한 차이가 있다. UV 경화에서 반응은 중합 가능한 그룹을 통해 반응을 일으킬 수 있는 광개시제로부터 발생한다. 추가 가교결합은 중합반응 동안 고분자 내로 도입된 벤조일기(광개시제로부터의)와 같은 그룹에 의해 야기되지만 이것은 마지막 단계에서 발생한다(즉, 높은 UV 조사량에서). EB의 경우, 이온화는 불특정화이다. 그러므로 라디칼은 올리고머와 모노머(희석제) 주사슬에서 발생한다. 결과적으로 중합 가능한 그룹에 의한 것 이외의 가교결합은 UV 경화 코팅보다 EB에서 훨씬 이전 단계에서 발생된다. 이러한 효과는 중요한 방식들로 경화된 필름의 특성들에 영향을 줄 수 있다. 그림 4.5에서는 우레탄 아크릴레이트와 모노머의 혼합물에서의 EB는 모노머의 농도가 증가됨에 따라 경도를 증

가시킨다. 반면에 UV 경화 코팅의 경우 그 반대이다.

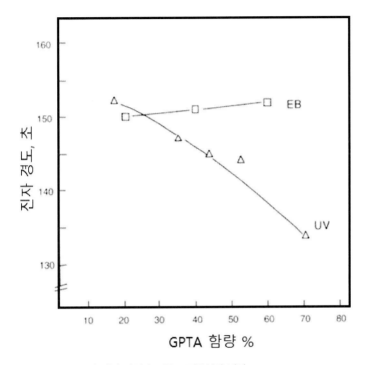

그림 4.5 EB, UV에 의해 경화된 필름 코팅특성의 차이
(올리고머에서 GPTA 모노머의 함량별 차이)

EB에 효과가 있기 위해서 코팅은 이온화가 가능한 그룹을 함유할 필요가 있다. 알칸은 양이온 라디칼을 생성하기 위해 이온화되며, 이들은 분해되어 수소원자와 탄소 중심의 라디칼을 제공하거나, 알칸 사슬의 분열을 일으킨다(그림 4.6).

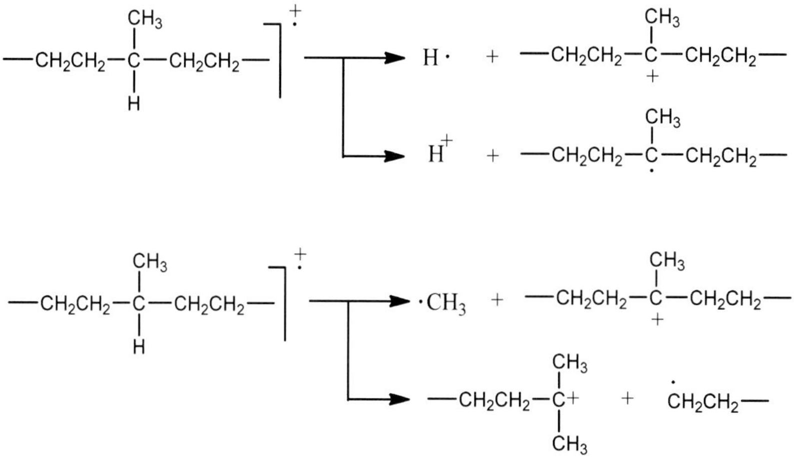

그림 4.6 라디칼 양이온의 분열

　　이온화를 도와주는 그룹에는 에테르 그룹을 포함하며, 이들은 α-알콕시알킬 라디칼을 발생시킬 수 있다. 그러므로 폴리에틸렌옥시와 폴리프로필렌옥시 그룹의 존재는 EB에 대한 배합물의 민감도를 종종 증가시킬 수 있다. 방향족 그룹들은 확실한 이온화 잠재성을 가지고 있다. 전자 풍부 방향족들은 EB에 대하여 견딜 수 있으며, 일부 경우에는 이점이 될 수 있다. 그러나 라디칼 음이온을 안정화시키는 방향족을 포함하는 그룹(보통 전자끌개)들은 해로운 효과를 가질 수 있다. 왜냐하면 이와 같은 그룹들은 낮은 에너지 전자를 제거하기 때문이다. 이러한 현상의 예들로 방향족 니트로 및 아조 화합물을 포함한다. 이런 이유로 아조 안료의 존재는 경화 속도를 느리게 할 것이다.

2. 자유 라디칼 경화 시스템 이용

　　표면 코팅의 생산을 위해 아크릴레이트는 그들의 가용성과 경화속도 때문에 일반적으로 사용된다. 밀접하게 관련된 메타아크릴레이트는 그것들의 느린 경화속도 때문에 자주 사용되지는 않는다. 아크릴레이트는 라디칼 이온을 생성하는 저에너지 전자를 제거해주는 아크릴레이트 그룹을 통해 중합된다. 그것은 그 이후에 개시 라디칼을 제공하기 위해 양성자화(우발적인 물의 존재를 통해)된다. 경화속도는 저에너지 전자 수율에 매우 의존적일 것이다. 따라서 쉽게 이온화되는 그룹의 존재는 매우 우발적으로 생성된다. 이온화 공정은 2개의 반대 전하를 띠는 종들을 생성한다는 점에 주목될 것이다.

$$M \rightarrow M^+ + e$$

이 두 종은 분리되어야 하며, 저에너지 전자는 개시라디칼을 제공하는 종들에 의해 효율적으로 제거되어야만 한다. 분명히 아크릴레이트 그룹의 농도가 높을수록 전자 제거는 보다 효율적일 것이다. 방향족 그룹들은 자주 쉽게 이온화되지만 재결합 과정은 종종 매우 효율적이다(식 4.1).

방향족 수소의 이온화

$$ArH \xrightarrow{e\ b} ArH\overset{\cdot}{+} \ + \ \ e \ \longrightarrow \ (ArH)^* \qquad \text{(식 4.1)}$$

(ArH)*=들뜬 상태–단일항 또는 삼중항

재결합 과정은 해리성 전자 포획을 겪는 화합물의 사용으로 덜 효율적으로 만들어질 수 있다.

해리성 전자 포획

$$ArHal \xrightarrow{e\ b} ArHal\overset{\cdot}{+} + \ \ e \ \longrightarrow \ (ArHal)^* \qquad \text{(식 4.2)}$$
$$\longrightarrow \ Ar^\cdot + Hal^- + \ e$$

(ArHal)*=들뜬 상태

EB 경화 가능한 배합물에서의 할로방향족의 존재는 긍정적 효과가 있는 것으로 보여진다. 안료의 함유량이 많은 아크릴레이트 배합물은 성공적으로 EB에 의해 경화될 수 있다. 안료는 코팅을 통한 전자의 통과에 영향을 미친다. 안료의 질량 덕분에 그것들은 빛과 함께 반응할 것이기 때문이다. 예를 들어 아조 염료, 프탈로시아닌과 같은 많은 다른 안료들은 저에너지 전자 제거에 의해 경화속도가 느려질지도 모른다. 많은 무기안료들은, 예를 들어 산화 티타늄의 일부 샘플에서 볼 수 있듯이 결함부위의 존재 때문에 저에너지 전자를 제거할 것이다.

3. 양이온성 경화 시스템 이용

양이온 경화 시스템은 루이스 또는 브론스테드 산과 같이 방출하는 빛에 의존한다. 이러한 이유로 양이온성 개시제들은 배합물에 첨가된다. 우리는 이러한 화합물들이 전자 또는 라디칼에 의해 환원적으로 분해되는 것을 볼 수 있다, 느린 전자들은 오니윰염(onium salts)과 페로세늄염(ferrocenium salts)과 같은 종들을 감소시킬 수 있다. 중간체의 이온화에 의해 생성된 라디칼은 양성자의 원천이다.

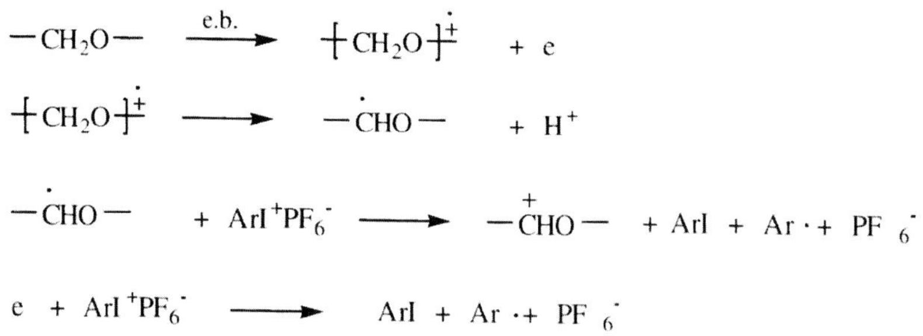

$$-CH_2O- \xrightarrow{\text{e.b.}} +CH_2O+^{\cdot} + e$$

$$+CH_2O+^{\cdot} \longrightarrow -\overset{\cdot}{C}HO- + H^+$$

$$-\overset{\cdot}{C}HO- + ArI^+PF_6^- \longrightarrow -\overset{+}{C}HO- + ArI + Ar\cdot + PF_6^-$$

$$e + ArI^+PF_6^- \longrightarrow ArI + Ar\cdot + PF_6^-$$

그림 4.7 EB 조건하, 양이온성 개시제로부터의 산 이탈

에폭사이드 그룹은 EB에 의해 이온화되지만 이 공정은 양이온성 경화를

일으키지 않는다.

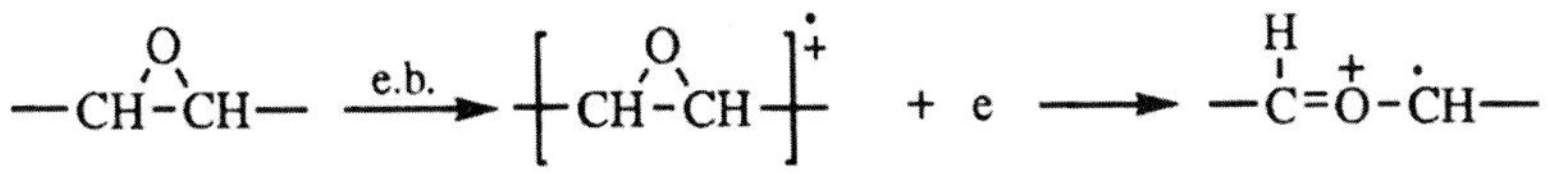

$$-CH\overset{O}{-}CH- \xrightarrow{e.b.} \left[CH\overset{O}{-}CH\right]^{\cdot +} + e \longrightarrow -\overset{H}{C}=\overset{+}{O}-\overset{\cdot}{C}H-$$

그림 4.8 EB에 의한 에폭사이드 분해

비닐에테르는 의심할 여지없이 이온화가 쉽지만, 양이온 경화를 개시할 수 있는 종들로 이어지지 않는다. 오니움염의 환원적 분해가 자유 라디칼을 제공한다는 점을 주목해야 할 것이다. 그리고 결과적으로 에폭사이드와 아크릴레이트의 혼합물의 EB 경화는 2개 모두 관능기 그룹을 통해 경화될 것이다. 이것은 적외선 분광법을 사용하여 그림 3.51에 도시된 에폭시 아크릴레이트로 확실히 입증되었다.

이론상으로는 안료가 함유된 양이온성 코팅 배합물이 EB에 의해 경화될지도 모르지만, 안료는 빛에 의해 방출된 산과 반응함으로써 방해할지도 모른다.

자유 라디칼 광경화 시스템

제5장

1. 산소 장해

산소 장해는 경화 속도를 감소시킬 뿐만 아니라 동력학적 사슬 길이(따라서 분자량)가 감소되고 코팅에 산소화된 종이 유입됨으로써 코팅 물성에 영향을 미친다.

코팅 배합물에서의 산소의 존재는 광개시제의 활성화 들뜬 상태의 퀜칭(quenching), 개시제에 의해 생성된 라디칼을 제거 그리고 성장하는 거대 라디칼의 제거가 초래된다.

유형 Ⅰ 광개시제는 보통 매우 짧은 삼중항 수명을 가지며, 따라서 산소 장해로부터 광범위하게 겪지는 않는다. 삼중항 개시제와 증감제 사이의 이 분자 반응을 포함하는 유형 Ⅱ 시스템에서는 해당되지 않는다. 산소는 또한 삼중항 케톤의 아민 증감제와 경쟁할 것이다. 코팅의 산소 농도가 $10^{-3} \sim 10^{-2}$M이 될 것이라는 점을 감안할 때, 중감제의 농도는 삼중항-증감제의 상호작용이 효과적이라는 것을 보장하기 위해서는 이 값의 적어도 10배가 되어야 한다. 그래서 5%w/w의 N-메틸 디에탄올 아민이 증감제로 있으면 0.5M보다 상당히 높은 산소와 같은 작용을 한다.

타입 Ⅰ 광개시제는 분해 시 두 개의 라디칼이 생성하며, 이것은 아실 포스핀 옥사이드(acylphosphine oxide)의 산소에 의해 제거된다. 이 종류 개시제의 성능은 산소의 존재에 의해 극적으로 영향을 받으며 두 라디칼 모두 산소에 의해 효과적으로 제거되는 것으로 나타난다(그림 5.1).

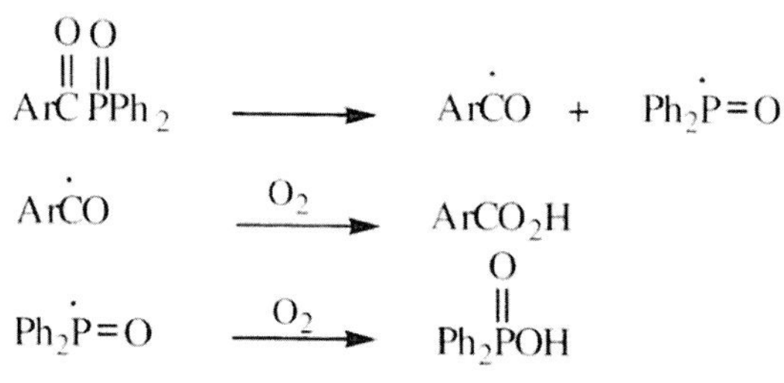

$$ArC\overset{O\ O}{\overset{\|\ \|}{}PPh_2} \longrightarrow Ar\dot{C}O \ + \ Ph_2\dot{P}=O$$

$$Ar\dot{C}O \xrightarrow{\ O_2\ } ArCO_2H$$

$$Ph_2\dot{P}=O \xrightarrow{\ O_2\ } Ph_2\overset{O}{\overset{\|}{P}}OH$$

그림 5.1 아실 포스핀 옥사이드를 분해하여 생성된 라디칼과 산소의 반응

산소장애가 타입 Ⅱ 개시제 시스템에 미치는 영향의 예로써, 벤조페논과 N-메틸 디에탄올 아민이 기술되어 있다(그림 5.2).

그림 5.2의 반응식 1은 삼중항 벤조페논의 형성을 나타내고 반응식 2는 일중항 산소의 생성을 유도하는 에너지 전달을 통해 삼중항 상태가 산소에 의해 어떻게 비활성화되는지를 보여준다. 이 높은 반응성을 갖고 있는 종은 반응성 있는 α-아미노 알킬 라디칼을 생성하기 위해 아민과 반응하고 이 반응은 산소 장해를 극복하는 데 있어 3차 아민의 효과에 기여한다.

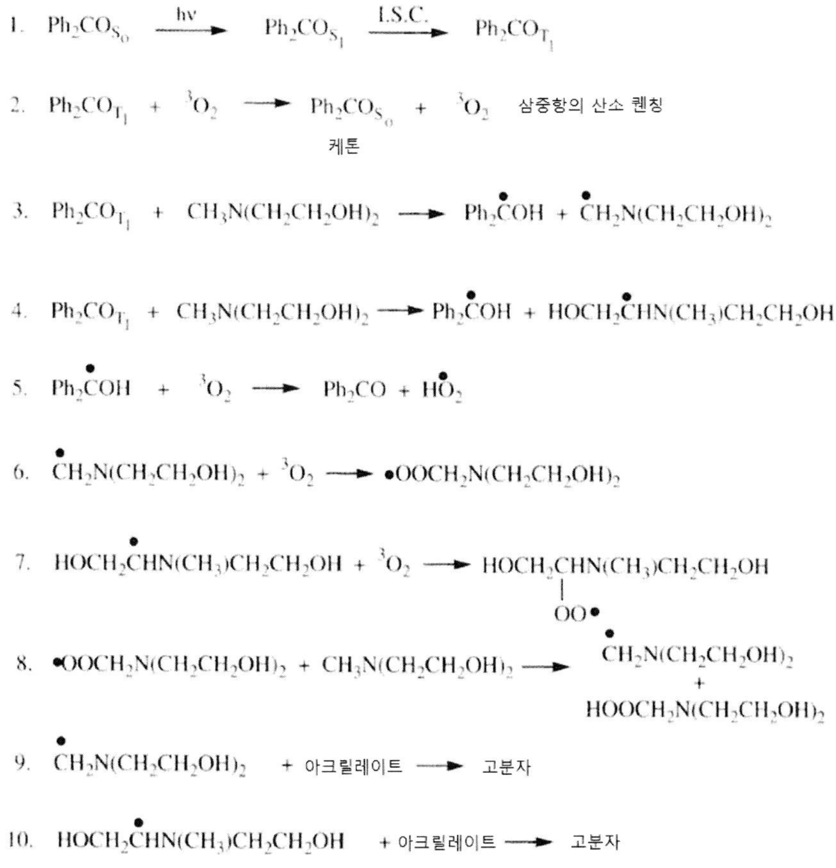

1. $Ph_2CO_{S_0}$ $\xrightarrow{h\nu}$ $Ph_2CO_{S_1}$ $\xrightarrow{I.S.C.}$ $Ph_2CO_{T_1}$

2. $Ph_2CO_{T_1}$ + $^3O_2$ $\longrightarrow$ $Ph_2CO_{S_0}$ + $^3O_2$ 삼중항의 산소 퀜칭
   케톤

3. $Ph_2CO_{T_1}$ + $CH_3N(CH_2CH_2OH)_2$ $\longrightarrow$ $Ph_2\overset{\bullet}{C}OH$ + $\overset{\bullet}{C}H_2N(CH_2CH_2OH)_2$

4. $Ph_2CO_{T_1}$ + $CH_3N(CH_2CH_2OH)_2$ $\longrightarrow$ $Ph_2\overset{\bullet}{C}OH$ + $HOCH_2\overset{\bullet}{C}HN(CH_3)CH_2CH_2OH$

5. $Ph_2\overset{\bullet}{C}OH$ + $^3O_2$ $\longrightarrow$ Ph_2CO + $H\overset{\bullet}{O}_2$

6. $\overset{\bullet}{C}H_2N(CH_2CH_2OH)_2$ + $^3O_2$ $\longrightarrow$ $\bullet OOCH_2N(CH_2CH_2OH)_2$

7. $HOCH_2\overset{\bullet}{C}HN(CH_3)CH_2CH_2OH$ + $^3O_2$ $\longrightarrow$ $HOCH_2CHN(CH_3)CH_2CH_2OH$
   $|$
   $OO\bullet$

8. $\bullet OOCH_2N(CH_2CH_2OH)_2$ + $CH_3N(CH_2CH_2OH)_2$ $\longrightarrow$ $\overset{\bullet}{C}H_2N(CH_2CH_2OH)_2$
   $+$
   $HOOCH_2N(CH_2CH_2OH)_2$

9. $\overset{\bullet}{C}H_2N(CH_2CH_2OH)_2$ + 아크릴레이트 $\longrightarrow$ 고분자

10. $HOCH_2\overset{\bullet}{C}HN(CH_3)CH_2CH_2OH$ + 아크릴레이트 $\longrightarrow$ 고분자

그림 5.2 산소 존재하에 아크릴레이트와 N-메틸 디에탄올 아민과 삼중항 벤조페논의 반응

그림 5.2의 반응식 3과 4는 삼중항 케톤이 삼차 아민과 어떻게 반응하는 지 보여준다. 원칙적으로 두 가지 유형의 아미노 알킬 라디칼의 2가지 유형 이 생성될 수 있으며 메틸기에 대한 공격이 우세하다는 것을 암시한다. 반 응 3 및 4는 모두 벤조페논 케틸 라디칼이 생성되고, 이는 반응식 5에 나 타낸 바와 같이 산소와 반응하여 히드로 퍼옥시 라디칼을 생성하며, 이는 다시 아민(그림 5.3)과 반응하여 차례로 다른 α-아미노 알킬 라디칼을 생 성할 수 있다. 반응 3 및 4에서 생성된 α-아미노 알킬 라디칼은 산소와 반 응하여 퍼옥시 라디칼(반응식 6 및 7)을 생성하고, 이어서 아민과 반응하여 α-아미노 알킬 라디칼을 생성한다.

$$^1O_2 \ + \ CH_3N(CH_2CH_2OH)_2 \longrightarrow HO_2 \ + \ \overset{\cdot}{C}H_2N(CH_2CH_2OH)_2$$

$$\overset{\cdot}{H}O_2 \ + \ CH_3N(CH_2CH_2OH)_2 \longrightarrow H_2O_2 \ + \ \overset{\cdot}{C}H_2N(CH_2CH_2OH)_2$$

그림 5.3 삼차 아민과 일중항 산소의 반응

보통 증감제로서 사용되는 방향족 아민은 N, N-디메틸 아미노 그룹을 함유한다. 예시로 에틸 4-N, N-디메틸 아미노 벤조에이트이다. 이 아민들로 히드로 퍼옥사이드의 형성은 N-메틸디에탄올아민에 의해 나타나는 것과 유사한 방식으로 발생한다(그림 5.4). N, N-디메틸아닐린이 사용되는 경우, 중간체 α-아미노 알킬 라디칼은 탈 메틸화를 일으킨다. 그림 5.3에 표시된 유형의 에스테르로 일어날지의 여부는 입증되지 않았다.

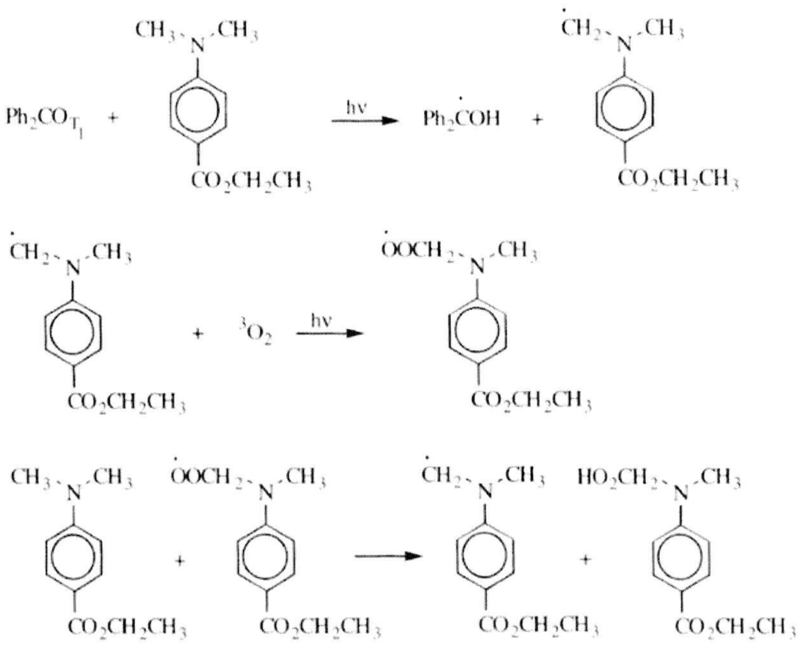

그림 5.4 산소 장해를 감소시키기 위한 방향족 아민의 사용

158

2가지 특징은 지방족 및 방향족 아민을 포함하는 공정에 공통적이다. 첫째, 아민은 연쇄 반응에서 소비되며 이는 필름 내의 산소 농도를 감소시키는 반응이다. 산소장해를 효과적으로 감소시키는 아민의 사용으로 산소파괴는 코팅 안으로의 산소유입보다 더 빠르게 일어나야만 한다. 따라서 높은 광도가 공정을 돕는다. 더욱이, 경화가 매우 느린 경우, 합리적인 경화가 이루어지기 전에 비하여 아민은 상당히 소비될 수 있다. 방향족 및 지방족 아민에 공통적인 두 번째 특징은 α-하이드록시 퍼옥시 아민이 생성된다는 점이다. 도막이 일광에 노출된다면 더욱 광반응을 일으킬 사이트를 제공하게 되고, 이러한 종들은 안료 함유 제품을 산출하는 반응이 더욱 발생된다. 증감제로서의 아민의 효과와 산소 장해를 감소시키는 그들의 능력은 α-C-H 결합의 반응성과 관계되어 있다. 그래서 경화된 필름이 기후에 노출되었을 때, 광황변이 진행될 가능성이 있다. 산소가 적은 중합반응으로는 이전에 논의된 비닐에테르 말레이트 에스터 시스템(vinyl ether-maleate ester system)이다. 산소 장해를 겪지 않는 라디칼 매개 광 유발 중합 공정은 티올엔 반응이다. 왜냐하면 이 경우에 히드로 퍼옥실 라디칼과 티올의 반응은 개시 라디칼을 생성하기 때문이다.

2. 아크릴레이트, 메타아크릴레이트 시스템에서 경화도에 영향을 미치는 요인

대부분의 경화 시스템은 액체에서 고체로의 광 유발 변형을 포함한다. 따라서 경화가 진행됨에 따라 혼합물의 점도가 젤이 생성될 때까지 증가할 것이고 유리화가 일어날 때까지 경화가 진행될 것이다. 단일 아크릴레이트의 경화는 선형 고분자를 초래하며, 종종 생성물로는 연질 고체 또는 액체이다. 이러한 물질의 경화 진행으로 인하여 점도가 상승하지만, 아크릴레이트 이중 결합의 높은 퍼센테이지 활용(종종 100%에 근접)을 허용하기 위해 시스템은 충분히 유동성을 유지한다. 중합이 벤조일 또는 치환된 벤조일 라디칼에 의해 개시되는 경우, 단일 아크릴레이트가 가교결합된 코팅을 생성시킬 수 있음을 의미하는 이차 가교 반응이 또한 발생할 수 있다(그림 5.5).

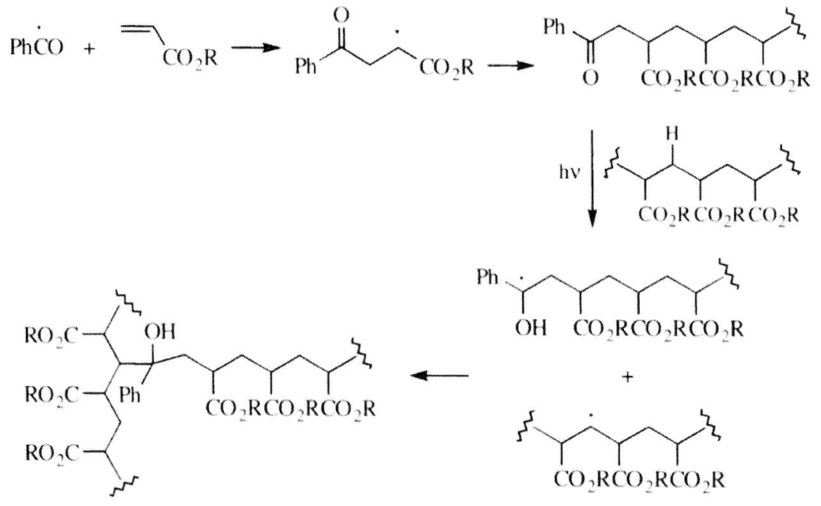

그림 5.5 단일 아크릴레이트 경화 동안 가교결합 형성

디아크릴레이트가 사용되는 경우 가교결합이 형성되고 따라서 겔화 및 유리화의 개시가 단일 아크릴레이트보다 훨씬 초기 단계에서 일어난다. 유리화의 초기 발생은 일부 이중 결합의 결빙(freezing out)을 초래하고 결과적으로, 경화된 코팅은 미반응 아크릴레이트 그룹을 함유한다. 미반응된 것들은 라디칼 전이로 인해 코팅조사시간을 길게 하여 소비된다.

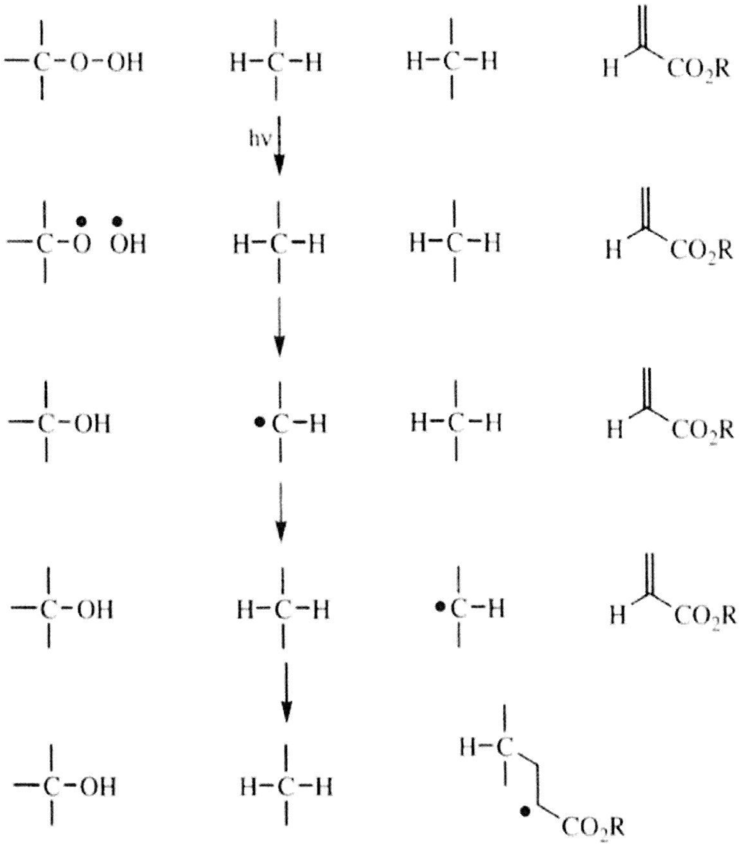

아크릴레이트 그룹과 추가 반응, CH 산소 결합

그림 5.6 디아크릴레이트 유리화된 코팅에서 아크릴레이트 그룹의 이용

디아크릴레이트의 경화에서 디아크릴레이트 내의 아크릴레이트기가 경화 공정에서 생성된 곁사슬 아크릴레이트기(A)보다 반응성이 높은지에 대한 질문이 제기된다(그림 5.7).

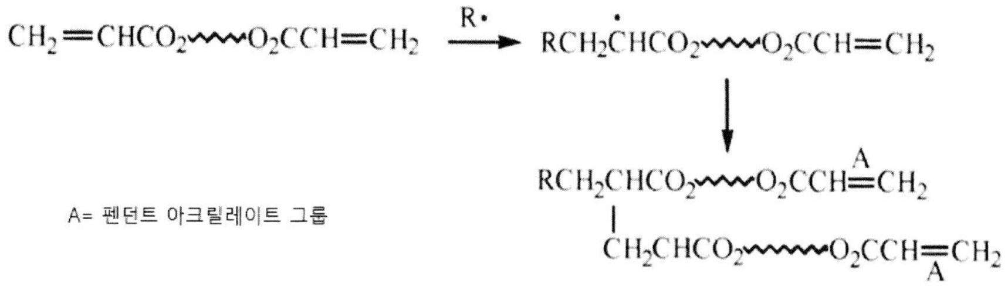

CH$_2$=CHCO$_2$〰〰O$_2$CCH=CH$_2$ $\xrightarrow{\text{R·}}$ RCH$_2$ĊHCO$_2$〰〰O$_2$CCH=CH$_2$

$$\downarrow$$

RCH$_2$CHCO$_2$〰〰O$_2$CCH=CH$_2$
|
CH$_2$ĊHCO$_2$〰〰O$_2$CCH=CH$_2$

A= 펜던트 아크릴레이트 그룹

그림 5.7 디아크릴레이트의 중합반응

    정밀한 연구들을 통해 곁사슬 그룹이 더 반응성이 있음을 보여주었다. 퍼콜레이션 이론(the percolation theory)을 사용한 모델링 연구에서 고분자의 성장은 매트릭스 전체를 통틀어 랜덤하게 성장하는 고분자보다는 개별 영역에서 발생한다는 것을 보여준다. 개별 중합반응 영역 확장은 미반응 물질의 영역 및 상분리로 이어질 수 있다. 분지화는 가교형성의 곁사슬의 고리구조 형성반응이다. 이로 인하여 경화된 코팅의 가교결합밀도는 감소된다. 이 문제는 딱딱한 내부연결 골격을 가지는 디아크릴레이트의 사용으로 극복할 수 있다.

    트리-, 그 이상의 관능기의 경화는 가교의 더 높은 밀도와 겔화나 유리화의 훨씬 더 빠른 개시를 초래한다. 이것은 아크릴레이트의 이중 결합의 사용 범위(40~50%)를 줄일 수 있다(그림 5.8).

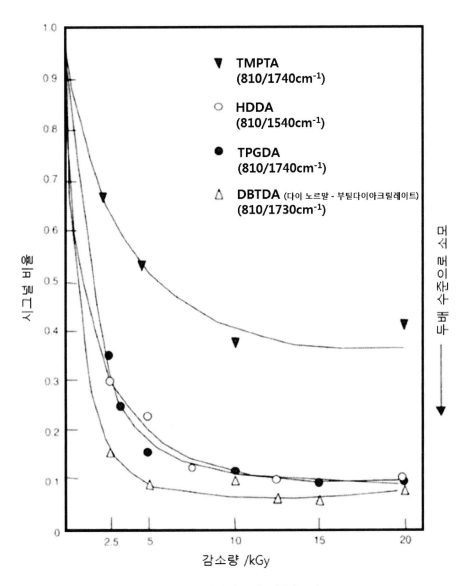

그림 5.8 단일 및 다관능 아크릴레이트 경화량에 따른 이중결합의 소비

겔화의 시작은 경화가 발생하는 온도를 증가시킴으로써 지연될 수 있다 (그림 5.9). 이러한 조건에서 반응열과 램프에 의해 발생하는 열은 값지다.

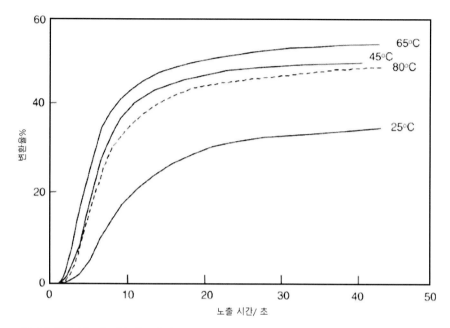

그림 5.9 경화 정도에 따른 온도 효과

경화된 필름의 유리 전이 온도(Tg)는 경화가 발생하는 온도이며 이는 코팅 또는 복합재의 기계적 성능을 극대화할 때 염두에 두어야 할 중요한 사실이다.

3. 아민 증감제의 선택

지방족 및 방향족 아민은 모두 산소 장해효과를 감소시키기 위한 증감제로 사용된다. 어떤 유형의 증감제를 사용할지 결정할 때 두 가지 요소를 고려해야 한다. 지방족 및 방향족 아민의 UV 흡수 특성은 매우 다르다(그림 5.10).

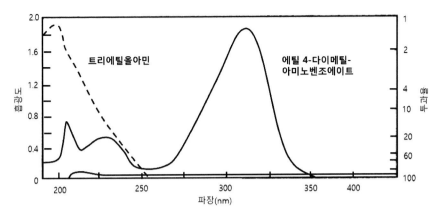

그림 5.10 트리에탄올아민과 에틸4-N, N-디메틸 아미노 벤조에이트 UV 흡수 스펙트럼

일반적인 벤조 페논 유도체가 사용된다면 방향족 아민은 방향족 케톤에 의해 유용하게 사용될 수 있는 빛의 일부를 가린다. 알칸올 아민(alkanolamine)의 사용은 이러한 문제를 나타내지 않으며 따라서 벤조 페논의 경우에는 방향족 아민보다 오히려 지방족이 더 좋은 선택이다. 최근의 연구 결과에 따르면, N, N-디메틸 아미노 벤조산의 폴리에틸렌 글리콜 및 폴리프로필렌 글리콜 에스테르가 덜 빛을 가리는 에틸 N, N-디메틸 아미노 벤조 에이트 대신에 사용될 수 있다고 밝혀졌다. 티옥산톤이 사용되는 경우, 330～400nm에서 강한 흡수는 방향족 아민이 경화 속도에 손실 없이 사용될 수 있음을 의미한다. 또 다른 중요한 인자는 물에 대한 아민의 용해도이다. 예를 들어 리소그래피 인쇄에서 코팅은 물과 접촉하게 된다. 특별히 개질되지 않는 방향족 아민은 소수성이며 반면에 트리에탄올 아민은 매우 수용성이며, 결과적으로 방향족 아민이 용도에 바람직하다. 일반적으로 사용되는 지방족 아민의 최소 친수성은 N, N-디메틸 에탄올 아민이다.

거의 모든 아민 증감제는 비교적 낮은 분자량을 가지며 따라서 경화된 코팅에서 이동할 수 있다. 이러한 경향을 감소시키기 위해, 중합 가능한 아민, 예를 들면, 2-디메틸 아미노 에틸 아크릴레이트가 시판 중이다. 다른 전략은 마이클 부가 반응을 통해 다관능성 아크릴레이트에 몇 가지 아민기를 도입하는 것이다(그림 5.11).

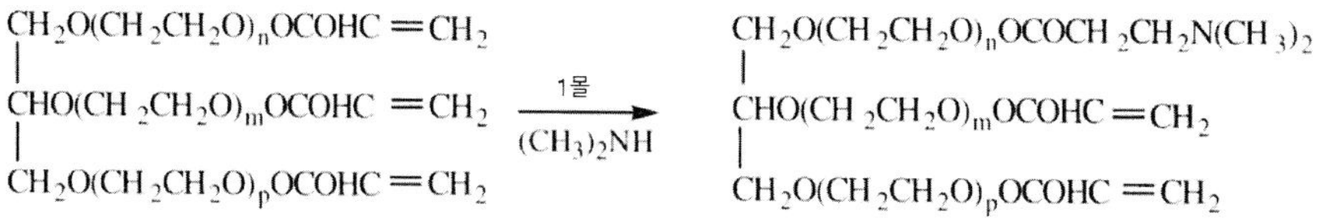

$$\begin{array}{l} CH_2O(CH_2CH_2O)_nOCOHC=CH_2 \\ | \\ CHO(CH_2CH_2O)_mOCOHC=CH_2 \\ | \\ CH_2O(CH_2CH_2O)_pOCOHC=CH_2 \end{array} \xrightarrow[\substack{(CH_3)_2NH}]{1몰} \begin{array}{l} CH_2O(CH_2CH_2O)_nOCOCH_2CH_2N(CH_3)_2 \\ | \\ CHO(CH_2CH_2O)_mOCOHC=CH_2 \\ | \\ CH_2O(CH_2CH_2O)_pOCOHC=CH_2 \end{array}$$

그림 5.11 3차 아민증감제를 포함하는 아크릴레이트

아민을 올리고머 또는 고분자에 결합시키는 것은 아미노기의 이동성을 감소시키므로 그 유효성을 감소시킨다. 이것은 그림 3.69에서 보여주는 중합에 의한 벤조페논 개시제의 경우에서 볼 수 있다.

또 다른 연구에서 중합의 방향족 케톤 개시제와 아민 증감제의 혼합물 사용이 단량체 대응물의 혼합물보다 훨씬 덜 효율적이다. 그러므로 이동성의 중요성이 강조된다.

그 밖의 매우 유용한 접근법으로는 가교결합을 촉진시키는 반응성 있는 C-H 결합을 함유하는 비교적 저분자량의 고분자를 연결하는 것이다.

4-N, N-디메틸 아미노 벤조산과 폴리에틸렌 글라이콜 모노메틸 에테르 (평균 분자량 350~550)의 에스테르화 반응은 높은 반응성의 액체 증감제를 형성하고 그것은 코팅에서 효과적으로 고정된다. 고정화는 부분적인 가교 반응 때문이며, 그것은 폴리에테르 사슬을 발생시킨다.

가장 유망한 접근법으로는 덴드리머 형태의 아민을 사용하는 것이다.

덴드리머의 생성이 증가함에 따라 분자량이 증가한다. 그러나 다른 덴드리머들과 함께인 경우에는 점도가 크게 증가하지 않는다. 2-시아노 에틸 아민이 증감제로서 작용한다는 것도 흥미롭다. 이들 성분은 1차 아민 및 아크릴로 니트릴로부터 쉽게 제조된다.

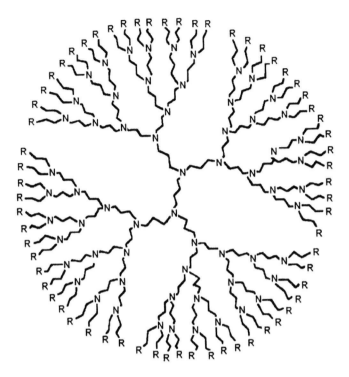

그림 5.12 덴드리틱 아민 증감제

4. 아크릴레이트 및 메타아크릴레이트에 대한 반응성 희석제의 선택

반응성 희석제는 최소 두 가지 용도로 사용된다. 가장 중요한 목적은 혼합물이 수용 가능한 작업 점도를 갖도록 올리고머의 점도를 감소시키는 것이다. 두 번째 유용한 점은 다관능 희석제를 사용함으로써 시스템의 전반적인 반응성을 증가시킬 수 있다는 것이다.

이는 고분자량 선형 사슬 말단에 아크릴레이트를 함유하는 올리고머에 특히 유용하다. 반응성 희석제는 다른 용도로도 사용될 수 있다. 긴 알킬 사슬(예, 이소데실 아크릴레이트)을 갖는 단일 아크릴레이트가 사용되는 경우, 긴 사슬은 가소제로서 작용하여 코팅의 유연성을 증가시킬 것이다.

보닐이나 사이클로 펜타디엔 유도체와 같은 2개의 고리를 갖는 치환체를 갖는 일관능 아크릴레이트는 단일 치환됨에도 불구하고 경도를 부여한다. 곁사슬에서의 무거운 염소 치환은 PVC와 같은 고분자에 대한 접착을 돕는다. 불소화된 아크릴레이트는 내스크래치성과 오염 및 낙서에 대한 내성을 부여하는 데 사용될 수 있다. 물에서의 용해도 또는 상용성(예, CO_2H, OH, 암모늄 이온)을 부여하는 그룹을 함유하는 희석제의 사용은 수성 코팅의 생산에 유용하다.

표 5.1 단일 (메타)아크릴레이트

이름	사용/특성
n-Butyl acylate	낮은 점도, 끓는점/낮은 반응성
Isodecyl acrylate	필름의 유연성 증가/낮은 반응성
Lauryl acrylate	필름의 유연성 증가/낮은 반응성
Stearyl acrylate	필름의 유연성 증가/낮은 반응성/내수성 증가
Isobornyl acrylate	가교결합 없이 경도증가/높은 반응성
Formyl acetal of trimethylolpropane monoacrylate	가교결합 없이 경도증가/높은 반응성
Furfuryl acrylate	
Tetrahydrofurfuryl acrylate-caprolactone modified	낮은 냄새, 자극성/높은 반응성/유연성 증가
Terahydrofurfuryl acrylate	
Trifluoroethyl aciylate	표면 활성그룹 도입/슬립 향상
Heptafluorodecyl acrylate	표면 활성 그룹 도입/습립 향상
Ethoxyethyl methacrylate	우수한 희석제, 낮은 수축
2-Phenoxyethyl acrylate	끈적이는 코팅 형성-접착제
Phenol ethoxylate monoacrylate	적은 냄새 및 자극물/높은 반응성/유연성 증가
Nonyl phenol ethoxylate monoacrylate	적은 냄새/중간 점도/유연성 증가/안료 습윤성 향상
Nonyl phenol propoxylate monoacrylate	적은 냄새/중간 점도/유연성 증가/안료 습윤성 향상
Phenyl glycidyl ether acrylate	우수한 접착/유연성 증가
2-Hydroxy ethyl acrylate	접착 향상/물과의 상용성/반응에서의 중간체
4-Hydroxybutyl acrylate	접착 향상/물과의 상용성/반응에서의 중간체

6-Hydroxyhexyl acrylate	기능화된 고분자 생성, 접착 촉진
2-Hydroxypropyl acrylate	접착 향상/물과의 상용성/반응에서의 중간체
2-Ethoxyethoxyethyl acrylate	반응성 있는 단일아크릴레이트
Polyethylene glycol monoacrylate	유연성 증가/반응성 있는 그룹 도입/ 물과의 상용성을 도와줌
Polypropylene glycol monoacrylate	유연성 증가/반응성 있는 그룹 도입
Methoxyhexan-6-diacrylate	빠른 경화, 낮은 점도, 낮은 수축
Tripropyleneglycol monomethyl ether monoacrylate	빠른 경화, 낮은 점도, 낮은 수축
Ethoxylated neopentyl glycol monomethyl ether monoacrylate	빠른 경화, 낮은 점도, 낮은 수축
Acrylic acid	산성그룹의 도입/반응에서의 중간체
2-Hydroxyethyl phthalate monomethacrylate	산 그룹 도입/물과의 상용성 있는 시스템
2-Hydroxyethyl maleate monomethacrylate	산 그룹 도입, 접착 향상, 비닐에테르와 함께 사용
Phosphate of 2-hydroxyethyl acrylate	접착 촉진
Phosphate of caprolactone modified 2-hydroxyethyl methacrylate	접착 촉진, 낮은 냄새, 피부자극성
Bis(2-hydroxyethyl methacrylate)phosphate	접착 촉진
Ammonium sulfatoethyl methacrylate	물과의 상용성 있는 시스템
Dimethylaminoethyl acrylate	중합 가능한 증감제, 접착 촉진, 에폭사이드와 이중경화 유용성
Terabutylaminoethyl methacrylate	접착 촉진제, 정전기 방지 배합물
2-Methacryloyloxyphenyl urethane	
Glycidyl acrylate	반응성 있는 에폭사이드 그룹 도입
Allyl methacrylate	메타아크릴레이트화된 실록산에 대한 가교결합 그룹 전구체 도입
2-Isocyanotoethyl methacrylate	열 반응에서 가교결합에 유용한 그룹 도입

많은 경우, 화합물들의 아크릴레이트 또는 메타아크릴레이트 당량은 이용
가능하다.

표 5.2 일부 다관능 (메타)아크릴레이트

이름	사용/특성
Ethylene glycol dimethacrylate	반응성 있음, 내마모성
1,3-Butylene glycol dimethacrylate	
Butane-1,4-diol diacrylate	높은 반응성, 높은 가교결합밀도
Hexane- 1,6-diol diacrylate	높은 반응성, 높은 가교결합밀도
Fatty acid diol diacrylate	유연성 도입
Triethylene glycol dimethacrylate	높은 반응성, 높은 가교결합밀도
Tetraethylene glycol diacrylate	물과의 상용성과 접착을 도움.
Dipropyleneglycol diacrylate	낮은 점도, 낮은 휘발성, 높은 경화속도, 높은 반응성, 우수한 용제
Tripropylene glycol diacrylate	
Neopentylglycol diacrylate	
Polyethylene glycol diacrylate	다양한 몰 분자량에서 이용가능, 연질 필름, 유연성을 도움
Polypropylene glycol diacrylate	다양한 몰 분자량에서 이용가능, 연질 필름, 유연성을 도움
Ethoxylated hexane-1,6-diol diacrylate	높은 반응성, 낮은 자극성
Ethoxylated neopentylglycol diacrylate	
Ethoxylated trimethylolpropane methoxy diacrylate	
Propoxylated trimethylolpropane methoxydiacrylate	
Hydroxypivalaldehyde/ trimethylolpropane diacrylate	딱딱한 필름, 높은 경화속도, 낮은 피부자극
Tricyclodecane dimethanol diacrylate	우수한 내열성 및 내화학성, 딱딱한 필름
Epoxyacrylate of hexane-1,6-diol diacrylate	높은 경화속도, 적절한 유연성
Diacrylate of ethylene oxide modified bisphenol A	낮은 냄새, 피부 자극성, 높은 경화속도
Diacrylate of capro lactone modified neopentylglycol hydroxypivalate ester	낮은 냄새, 피부자극, 높은 경화속도, 낮은 수축

보여지는 화합물의 아크릴레이트와 메타아크릴레이트의 당량은 보통 얻게 될 수 있다.

표 5.3 일부 트리 및 그 이상의 관능기 (메타)아크릴레이트

이름	사용/특성
Propoxylated trimethylolpropane tri acrylate	높은 반응성, 올리고머와의 우수한 혼화성
Propoxylated trimethylolpropane tri acrylate	
Glycerol triacrylate	
Propoxylated glycerol Triacrylate	
Pentaerythritol triacrylate	히드록실 그룹 때문에 높은 점도
Ethoxylated pentaerythritol triacrylate	낮은 피부 자극, 낮은 냄새, 낮은 휘발성
Pentaerythritol tetraacrylate	높은 반응성, 높은 가교결합밀도
Ethoxylated pentaerythritol tetraacrylate	낮은 피부자극, 낮은 냄새, 낮은 휘발성
Ditrimethylolpropane Teraacrylate	높은 반응성, 높은 가교결합밀도
Dipentaerythritol penta acrylate	높은 반응성, 높은 가교결합밀도
Dipentaerythritol hexa acrylate	높은 반응성, 높은 가교결합밀도
Hexaacrylate of caprolactone modified pentaerythritol	낮은 피부자극, 낮은 냄새, 낮은 휘발성, 높은 반응성

다양한 반응성 희석제의 범위가 표 5.1, 5.2 및 5.3의 관능기 정도에 따라 열거된다. 일반적으로 메타크릴레이트 당량이 이용된다.

희석제의 매우 중요한 측면은 독성이다. 대부분의 화합물은 비교적 저분자량이기 때문에 상대적으로 높은 증기압을 갖는다. 이것은 흡입에 의한 섭취를 용이하게 한다. 또한 그것들의 저분자량은 피부를 통해 이동을 돕는다. 아크릴레이트와 적은 함량의 메타아크릴레이트는 알레르기 반응을 유발할 수 있고 몇몇 개인은 민감해질 수 있다. 대부분의 희석제는 자극제로 분류되며 어떠한 상품의 생산에 이들의 사용을 금지할 정도의 자극성을 갖고 있는 것들도 있다.

따라서 우수한 희석제인 헥산-1,6-다이올 디아크릴레이트 HDDA는 잉크나 도료에 관해 영국에서 허용되지 않는다. 이 문제를 극복하기 위해 많은 희석제는 분자량을 더 높여 만들게 된다. 희석제 1몰당 아크릴레이트 그룹의 농도를 줄이기 의해 에폭시 그리고 프로폭시 등을 도입함으로써 분자량을 크게 한다.

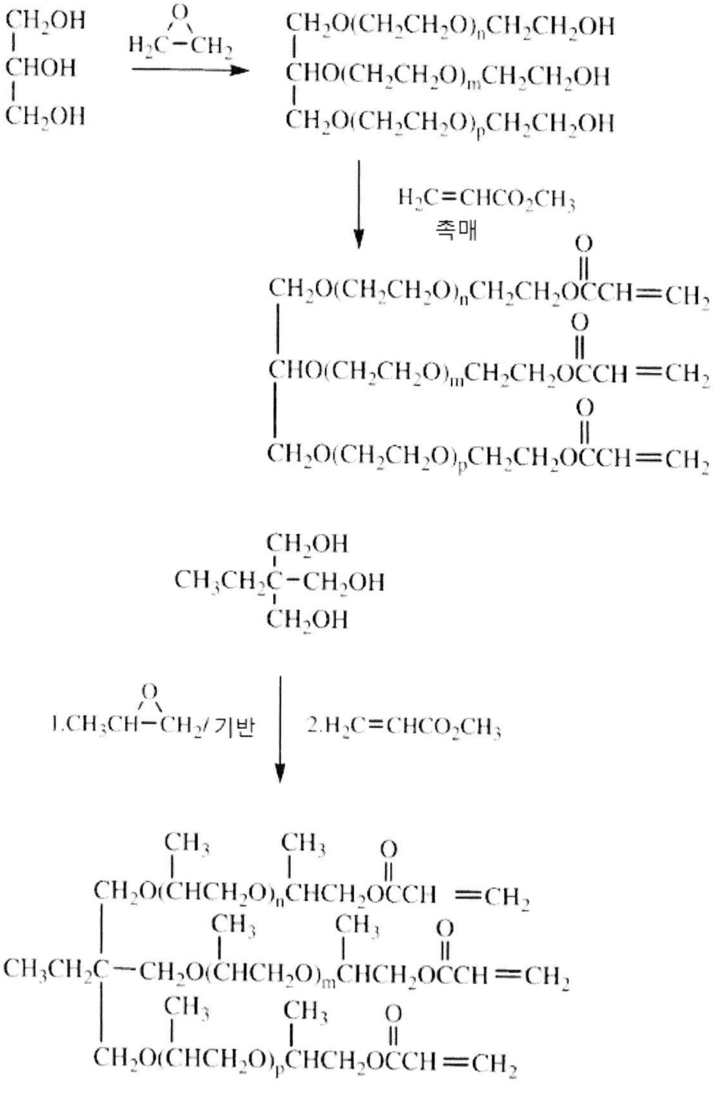

$$CH_2OH$$
$$|$$
$$CHOH$$
$$|$$
$$CH_2OH$$

$\xrightarrow{H_2C-CH_2 \, (O)}$

$$CH_2O(CH_2CH_2O)_nCH_2CH_2OH$$
$$|$$
$$CHO(CH_2CH_2O)_mCH_2CH_2OH$$
$$|$$
$$CH_2O(CH_2CH_2O)_pCH_2CH_2OH$$

$H_2C=CHCO_2CH_3$
촉매

$$CH_2O(CH_2CH_2O)_nCH_2CH_2OCCH=CH_2 \, (O)$$
$$|$$
$$CHO(CH_2CH_2O)_mCH_2CH_2OCCH=CH_2 \, (O)$$
$$|$$
$$CH_2O(CH_2CH_2O)_pCH_2CH_2OCCH=CH_2 \, (O)$$

$$CH_2OH$$
$$|$$
$$CH_3CH_2C-CH_2OH$$
$$|$$
$$CH_2OH$$

1. $CH_3CH-CH_2 \, (O)$ / 기반   2. $H_2C=CHCO_2CH_3$

$$CH_2O(CHCH_2O)_nCHCH_2OCCH=CH_2 \quad (CH_3, CH_3, O)$$
$$|$$
$$CH_3CH_2C-CH_2O(CHCH_2O)_mCHCH_2OCCH=CH_2 \quad (CH_3, CH_3, O)$$
$$|$$
$$CH_2O(CHCH_2O)_pCHCH_2OCCH=CH_2 \quad (CH_3, CH_3, O)$$

그림 5.13 에폭시레이트화 및 프로폭시레이트화된 반응성 희석제

이들 그룹은 라디칼의 공격을 받기 쉬워 반응성 C-H 결합을 도입한다. 그것은 가교를 일으키고 산소장해에 대한 민감성을 줄인다. 폴리에틸렌 옥시 그룹은 물과의 상용성을 도입하여 수성 배합물을 유용하게 만든다. 또 다른 매우 유용한 희석제는 N-비닐 피롤리돈이며, 이는 높은 반응성, 우수

한 가용화 능력을 나타내기 때문이다. 플라스틱 기재에 적용할 배합에 사용될 때 배합물이 침투되면서 표면을 부드럽게 한다. 결과적으로 경화된 필름은 우수한 접착력을 나타낸다. 불행히도 그것은 일부 바람직하지 않은 독성학적 성질을 가질 수 있으며 결과적으로 배합자들은 그것을 사용하는 것을 더 꺼려 한다. 대체 화합물은 N-비닐 카프로락탐이며, 이것은 인기를 얻고 있다. 일부 응용에 있어 락탐 고리의 가수분해 불안정성이 우려의 대상이 되고 있다. 주목을 끌고 있는 물질은 N-비닐 포름아미드이며, 이 물질은 말레이트 에스테르 및 말레이미드와 교차 공중합체를 형성한다.

5. 올리고머 선택

넓은 범위로 보면 올리고머는 필름의 최종 특성을 제어한다. 이러한 이유로 올리고머 또는 올리고머들을 사용, 선택할 때, 필름의 기능을 고려하는 것이 중요하다.

올리고머를 크게 분류해보면,

1. 불포화 폴리에스터
2. 에폭시 아크릴레이트
3. 우레탄 아크릴레이트
4. 폴리에스터 아크릴레이트
5. 폴리에테르 아크릴레이트
6. 아크릴 아크릴레이트/불포화 수지
7. 실리콘 아크릴레이트
8. 폴리부타디엔 아크릴레이트
9. 멜라민 아크릴레이트
10. 초분지형(덴드리틱, dendritic) 아크릴레이트

언급된 많은 종류의 화합물을 통해 그들이 순수하게 지방족일 수도 있고 또는 지방족 및 방향족 잔류물로 이루어질 수도 있음을 알 수 있다. 방향족 함량의 정도와 치환된 패턴의 성질은 경화된 필름의 성질에 강하게 영향을 미친다.

불포화 폴리에스터는 말레산, 푸마르산, 프탈산을 기본으로 한다. 말레산과 푸마르산을 기반으로 하는 화합물 제조를 통한 일반적 공급원료로는 말레무수산(maleic anhydride)이 있다(그림 5.14).

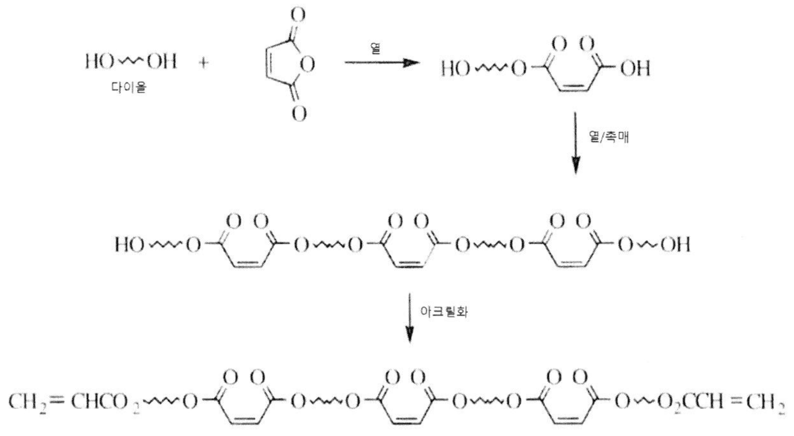

그림 5.14 아크릴레이트화된 불포화 폴리에스터의 제조

이들 폴리에스터의 특성은 함유된 디올의 성질에 의해 영향을 받는다. 따라서 원칙적으로 순수한 긴 직선 사슬 또는 분지사슬 지방족 디올이 사용될 수 있거나, 또는 다르게는 고리형 구조를 포함하는 디올이 사용될 수 있다. 예를 들어 사이클로 헥산-1,4-디메탄올(1,4-디히드록시 메틸 사이클로헥산)이 있다. 방향족 구조가 포함된 디올이 또한 사용될 수 있다. 때때로, 바람직한 최종 특성을 얻기 위해서는 이들 디올의 혼합물이 사용된다.

또한, 디올과 불포화산(말레산 또는 푸마르산) 및 프탈산의 혼합물 중합에 방향족 잔류물을 도입하여 순수한 방향족 및 불포화된 폴리에스터의 중간 물성을 갖는 코팅을 가능하게 할 수 있다. 불포화 에스터가 존재하는 경우, 물에 대한 상용성은 마이클 부가 반응을 통해 적합한 아민과 반응함으로써 도입될 수 있다.

에폭시 아크릴레이트라는 용어는 아크릴산에 의한 에폭사이드 그룹의 개환에 의해 제조된 물질을 의미한다. 이는 통상 촉매에 의해 수행된다. 예를 들어 3차 아민, 4차 암모늄염 또는 크롬촉매를 포함한다. 일부 저비용 에폭시 아크릴레이트는 자연적으로 발생한 불포화산 및 에스테르를 에폭시화시킨 다음에 아크릴산이 에폭사이드(옥시렌) 고리를 개환시킴으로써 제조된다(그림 5.15).

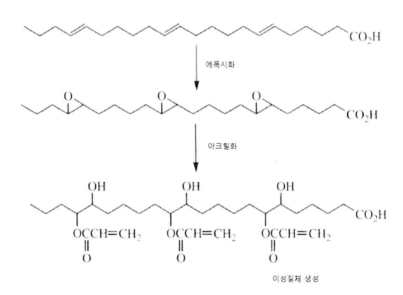

그림 5.15 불포화산으로부터 에폭시 아크릴레이트의 제조

이 분류에 속하는 아크릴화, 에폭시화된 오일은 잉크의 리소그래피 인쇄 특성 및 안료의 습윤성(wetting)을 개선시키는 데 사용될 수 있다. 일반적으로 이러한 화합물은 경화가 느리며, 다른 올리고머와 함께 자주 사용된다.

방향족 에폭시 아크릴레이트는 종종 비스페놀 A 또는 비스페놀 F로부터 유도된 글리시딜 에테르로부터 제조된다(그림 5.16).

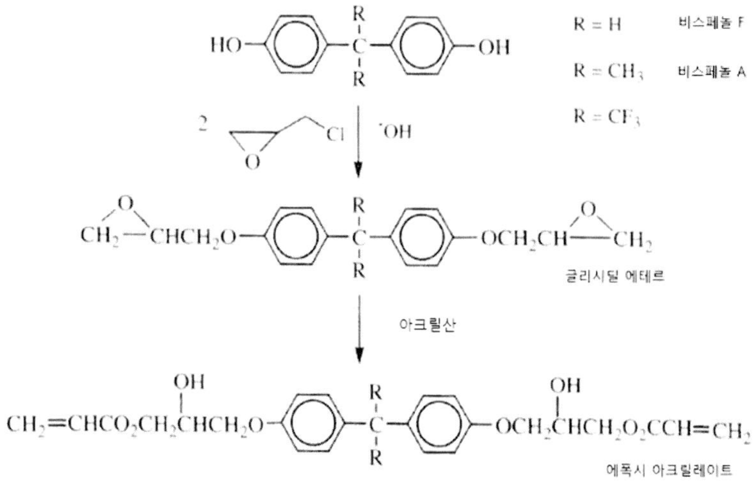

그림 5.16 방향족성 에폭시 아크릴레이트의 제조

에폭시 아크릴레이트의 구조는 정교하게 쉽게 만들어진다. 예를 들어, 비스페놀 A 글리시딜 에테르는 방향족 그룹과 덧붙여 폴리에테르 결합을 포함하는 선형의 고분자를 얻기 위해 에폭사이드(예, 프로필렌 옥사이드)가 반응될 것이다. 그것의 말단에는 아크릴레이트 도입을 용이하게 하는 히드록실 그룹을 갖고 있다(그림 5.16). 물과의 상용성은 방향족 에폭시와 포름알데히드 및 아민[만니치 반응(Mannich reaction)]을 반응시킴으로써 부여될 수 있다. 사용되는 또 다른 페놀계 물질로는 노볼락 수지를 포함한다. 그들의 자유 페놀기 덕분에 글리시딜화된 다음 아크릴화된다.

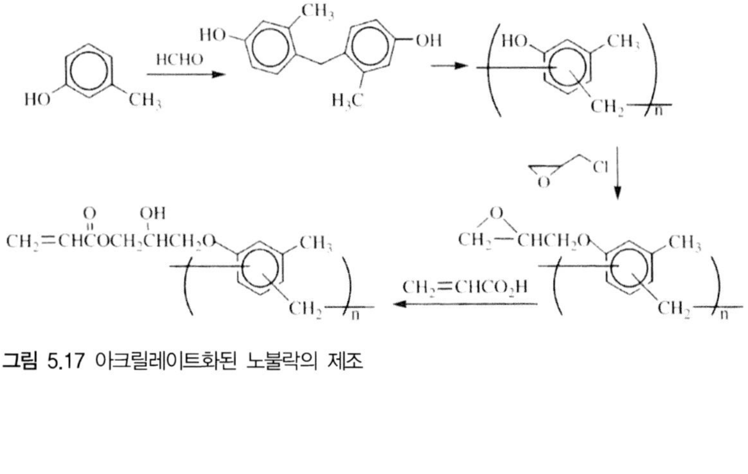

그림 5.17 아크릴레이트화된 노볼락의 제조

아크릴화된 노볼락은 햇빛에 황변 현상이 있으며 경화 후 매우 경질이다. 이 올리고머는 인쇄 회로 기판의 제조에 광범위하게 사용된다. 아크릴산에 의한 에폭사이드 그룹의 개환은 2차 히드록실 그룹을 생성한다. 에폭시 아크릴레이트는 분자 간 수소결합 때문에 고도의 점성을 갖는다. 이는 히드록실 그룹 때문이다. 이러한 히드록시기가 아크릴화되거나(아킬레이션 포함) 또는 실릴화된다면, 수지의 점도는 반응성 희석제를 사용하지 않고 사용될 수 있는 수준으로 감소될 수 있다. 에폭시 아크릴레이트는 우수한 반응성을 나타내며, 이는 가교를 촉진하는 알코올 그룹 C-H 결합에 기인한다(그림 5.18).

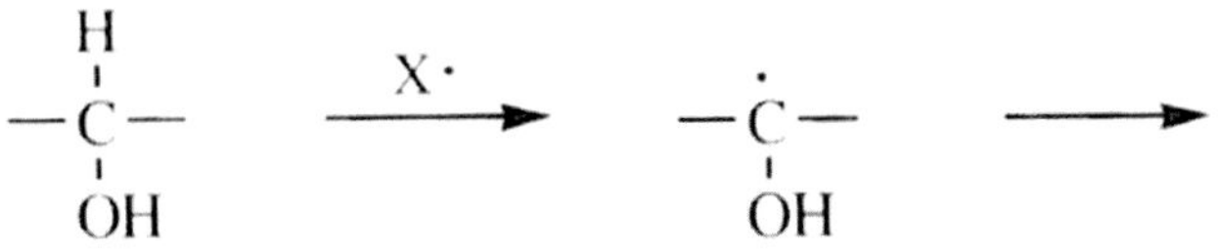

가교결합을 생성하는 라디칼 - 라디칼 결합의 이량체화

그림 5.18 에폭시 아크릴레이트에서 발생하는 제안된 가교결합

아크릴화된 우레탄은 지방족 또는 방향족일 수 있다. 우레탄 결합은 일반적으로 주석 촉매의 조건하에 알코올과 이소시아네이트의 반응을 통해 생성된다. 일반적으로 사용되는 이소시아네이트의 일부가 그림 5.19에 나와 있다(그림 5.19).

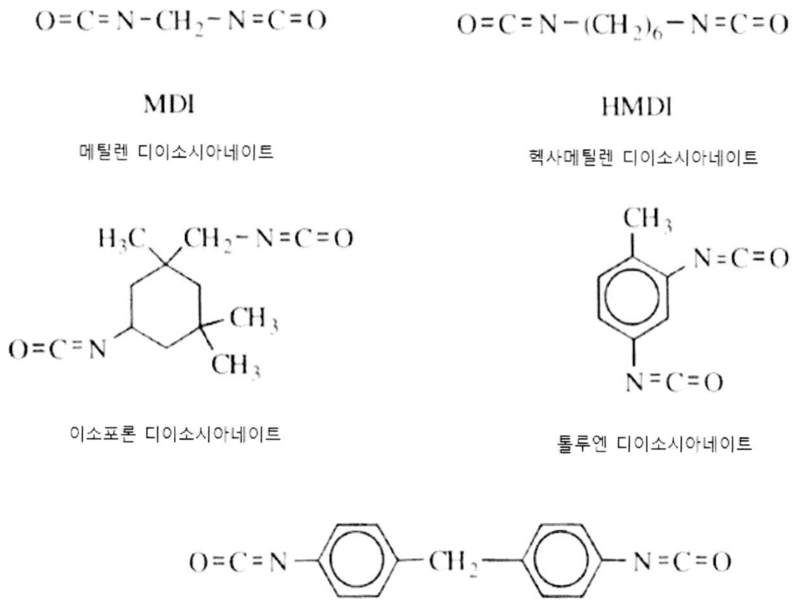

$$O=C=N-CH_2-N=C=O \qquad O=C=N-(CH_2)_6-N=C=O$$

MDI

메틸렌 디이소시아네이트

HMDI

헥사메틸렌 디이소시아네이트

이소포론 디이소시아네이트

톨루엔 디이소시아네이트

$$O=C=N-\underset{}{\bigcirc}-CH_2-\underset{}{\bigcirc}-N=C=O$$

그림 5.19 폴리우레탄 제조에 사용되는 일부 디이소시아네이트

디이소시아네이트는 아크릴화에 적합한 히드록실 그룹이 말단에 붙어 있는 선형 고분자를 생성하기 위해 보통 디올과 축합된다. 디올 대신에 트리올 및 테트라올을 사용함으로써, 가교결합된 물질을 얻을 수 있다. 아크릴레이트를 도입하는 다른 방법으로는 디올, 디이소시아네이트 및 2-히드록시 에틸 또는 2-히드록시 프로필 아크릴레이트의 혼합물을 축합하는 것이다(그림 5.20).

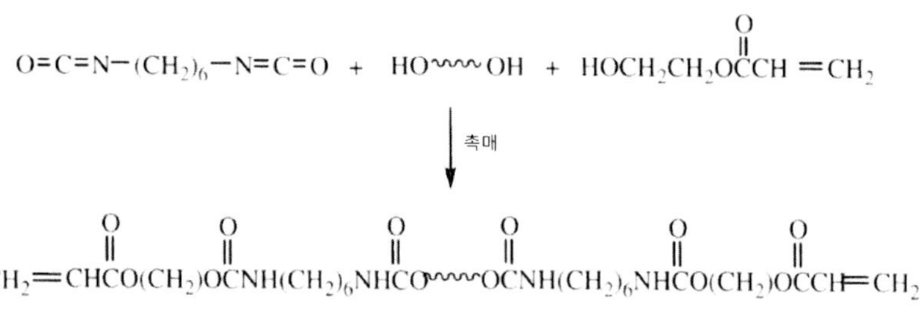

$$O=C=N-(CH_2)_6-N=C=O \ + \ HO\sim\!\!\sim\!\!OH \ + \ HOCH_2CH_2O\overset{O}{\overset{\|}{C}}CH=CH_2$$

↓ 촉매

$$CH_2=CHCO(CH_2)OCNH(CH_2)_6NHCO\sim\!\!\sim\!\!OCNH(CH_2)_6NHCO(CH_2)OCCH=CH_2$$

그림 5.20 지방족 우레탄 디아크릴레이트의 형성 예

지방족 폴리우레탄은 단단하고 유연한 필름을 제공하는 반면, 방향족 폴

리우레탄은 강하고 단단한 필름을 제공한다. 종종 폴리우레탄의 특성들로는 특정 목적에 맞게 조정될 수 있다. 따라서, 방향족 폴리우레탄에 폴리에스터 단위체를 도입함으로써 경화된 필름에 유연성이 부여된다. 수성 배합물에 사용하기에 적합한 폴리우레탄은 수용성기를 함유하는 폴리올과 이소시아네이트를 반응시킴으로써 제조된다. 예를 들어 카르복실산, 술폰산, 4차 암모늄기가 있다. 이 목적으로 자주 사용되는 디올은 2-디(히드록시 메틸)-프로피온산이 있다.

폴리에스터 아크릴레이트화된 수지는 이염기산(예를 들어, 아디픽산)을 디올과 함께 에스테르화시켜 얻어지며, 아크릴산과 에스테르화 반응에 의하여 말단에 에스터기를 가지고 있는 고분자를 얻을 수 있다.

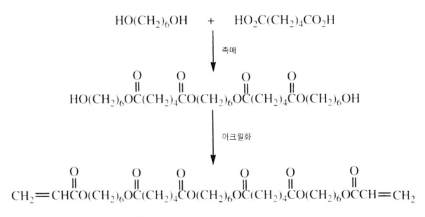

그림 5.21 아크릴레이트화된 폴리에스터의 제조

방향족 폴리에스터 아크릴레이트는 지방족성 이염기산 대신하여 방향족성 이염기산(예를 들어, 프탈산)을 사용함으로써 제조된다. 지방족 폴리에스터를 제조하는 또 다른 방법은 시작물질로 카프로락톤과 같은 락톤계를 사용하는 것이다.

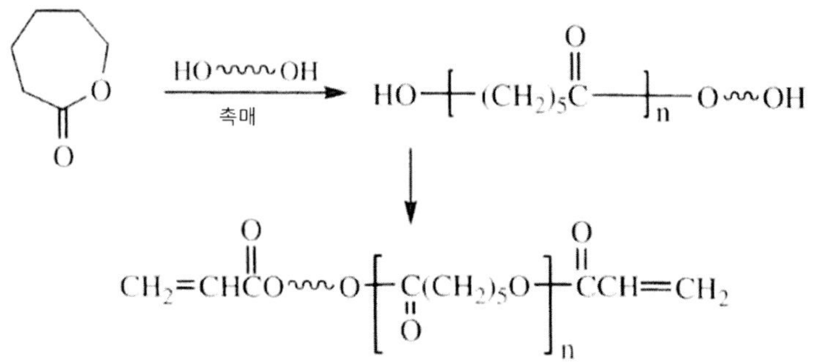

그림 5.22 카프로락톤 글리콜 디아크릴레이트의 제조

폴리에테르 아크릴레이트는 일반적으로 폴리에틸렌 글리콜(PEG) 및 폴리프로필렌 글리콜(PPG)을 기본으로 한다. 이 디올은 메틸 아크릴레이트와의 에스테르 교환 반응을 통해 아크릴화된다. 이들 물질의 중합반응은 연질 필름을 제공한다. UV 경화 배합에 PEG 디아크릴레이트 첨가는 일반적으로 필름의 경도를 감소시키고 수산기를 함유하는 표면에 대한 접착을 돕는다.

아크릴레이트 및 비닐 올리고머는 적절한 단량체를 중합 또는 공중합시킴으로써 제조된다. 작용기는 곁사슬로 산, 무수물, 히드록실 또는 글리시딜기를 포함하고 있는 비닐 단량체와 공중합함으로써 도입될 수 있다. 이들 올리고머는 일반적으로 아크릴레이트 희석제에 용해된다. 이러한 조합의 중합반응은 아크릴레이트 또는 비닐 올리고머를 갖고 있는 희석제를 기초로 네트워크상에서 그래프트 되거나, 또는 그것들이 자유 이중결합을 갖고 있다면 시스템상에서 중합되면서 아크릴화된 가교결합을 초래한다.

실리콘 아크릴레이트는 슬립제(slip agent) 및 광섬유 코팅에 사용된다. 디클로로 실란 또는 디클로로 실란의 혼합물이 히드록시 알킬 아크릴레이트의 존재하에 가수분해되는 경우, 실리콘 아크릴레이트가 제조될 수 있다(그림 5.23).

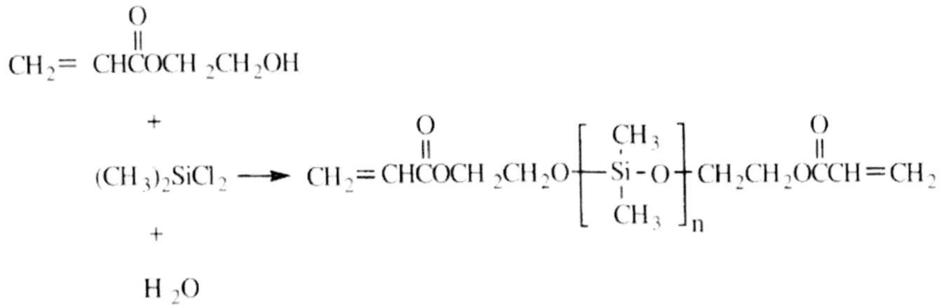

$$CH_2=CHCOCH_2CH_2OH$$

$$+$$

$$(CH_3)_2SiCl_2 \rightarrow CH_2=CHCOCH_2CH_2O\left[\begin{matrix}CH_3\\Si-O\\CH_3\end{matrix}\right]_n CH_2CH_2OCCH=CH_2$$

$$+$$

$$H_2O$$

그림 5.23 실리콘 아크릴레이트의 제조

곁사슬 아크릴레이트 그룹은 수소규소화 반응(the hydrosilylation reaction)에 의해 제조된다(그림 5.24).

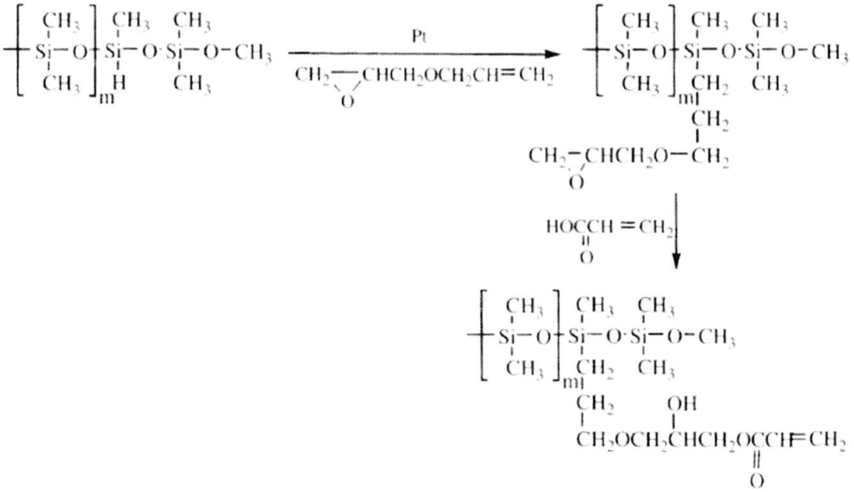

그림 5.24 곁사슬 아크릴레이트 그룹을 함유하는 폴리실록산

멜라민 아크릴레이트는 여러 가지 면에서 매우 다기능성 재료이다. 그만큼 이들 물질의 합성은 멜라민 골격상에 1개에서 6개의 아크릴레이트 그룹을 도입할 수 있듯이 매우 적용 가능성이 크다.

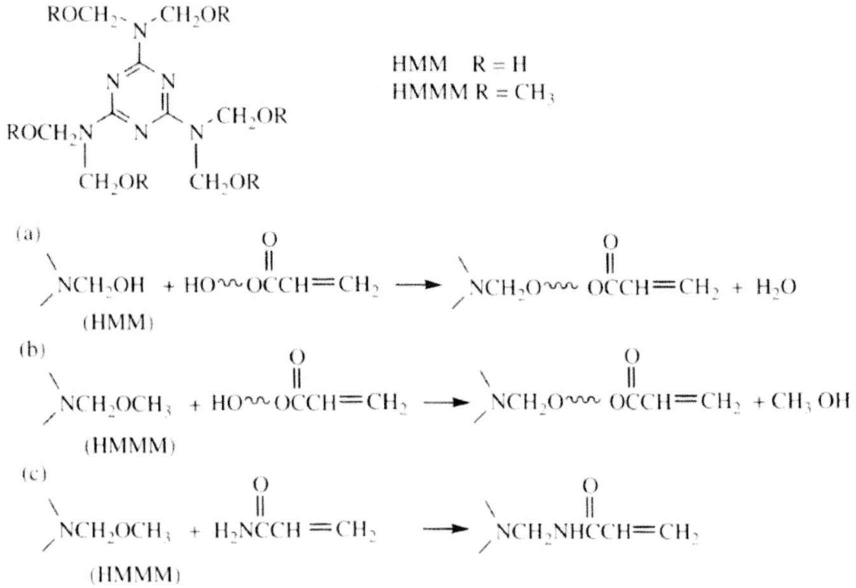

$$\text{HMM} \quad R = H$$
$$\text{HMMM} \quad R = CH_3$$

(a)

$$\diagdown NCH_2OH + HO\diagup\mkern-10mu\sim\mkern-10mu OCCH{=}CH_2 \longrightarrow \diagdown NCH_2O\sim\mkern-10mu OCCH{=}CH_2 + H_2O$$
(HMM)

(b)

$$\diagdown NCH_2OCH_3 + HO\sim OCCH{=}CH_2 \longrightarrow \diagdown NCH_2O\sim OCCH{=}CH_2 + CH_3OH$$
(HMMM)

(c)

$$\diagdown NCH_2OCH_3 + H_2NCCH{=}CH_2 \longrightarrow \diagdown NCH_2NHCCH{=}CH_2$$
(HMMM)

그림 5.25 멜라민 아크릴레이트의 반응

트랜스 에테르화 반응에 의한 합성은 잘 기술되어 있고, 경화 특성과 생성된 코팅의 특성도 연구되어 왔다. 화합물은 첨가된 반응성 희석제의 유형 및 양에 의해 조절되는 특성을 갖는 단단하고 강한 코팅을 얻기 위해(UV 및 EB 모두) 신속하게 경화된다. 히드록실 그룹을 함유하는 개시제가 히드록시 아크릴레이트 이외에 헥사키스 메톡시 메틸 멜라민과 반응하는 경우, 개시제를 함유하고, 경화 시, 전이 가능한 개시제 잔기를 함유하지 않는 필름을 제공하는 수지가 얻어진다. 멜라민의 또 다른 중요한 특징은 일부 메톡시 메틸기 그룹이 아크릴화된 올리고머가 남아 있다면 아크릴레이트기를 중합시킴으로써 생성된 필름은 열에 의해 더욱 가교결합될 수 있다.

아크릴화된 덴드리머는 현재 관심을 끌고 있으며 방향족 코어를 갖는 부류는 상세히 기술되어 있다. 메타아크릴레이트화 덴드리머는 그림 5.26에서 보여진다.

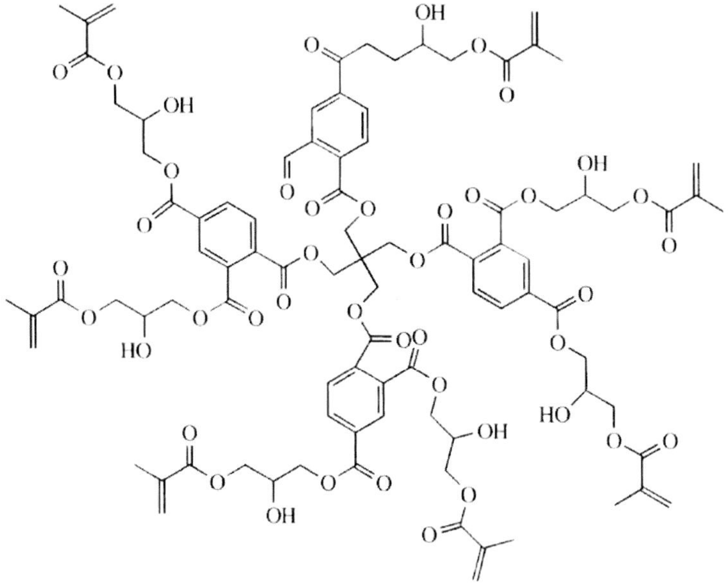

그림 5.26 메틸아크릴레이트화 덴드리머

이 물질의 점도는 분자량에 따라 낮아지며, 이것들은 2차 히드록시 그룹이 아실화될 때 더욱 감소된다. 아실화제가 메틸아크릴레이트 그룹에 도입된다면, 최대 18개의 메타아크릴레이트 그룹이 분자로 도입되는 것을 볼 수 있다. 말할 필요 없이, 이 물질의 경화는 매우 빠른 속도로 이루어지며 미반응된 수많은 메타아크릴레이트를 포함하고 있는 딱딱한 코팅을 만든다. 필름은 높은 가교결합을 갖고, 높은 Tg값을 갖는다. 지방족 희석제의 첨가는 경화에 이용되는 이중결합의 수를 증가시키지만 필름의 인장강도를 감소시킨다. 상전이는 경화 중에 발생할지도 모른다. 펜타에리스톨과 벤젠-1,2,4 트리카복실산을 기본 빌딩블록으로 사용하여 다양한 물질들은 보다 더 높은 세대(generation)의 형태로 제조되고 물질의 소수성/친수성을 조절하기 위해 다른 아실화된 그룹을 사용한다.

다른 UV 경화성 덴드리머/초분지(hyperbranched) 중합성 시스템이 기술되어 있으며, 이 시스템에서 알릴 에테르-말레이트 폴리덴드리틱(dendritic) 에스테르을 포함한다. 완전히 지방족인 또 다른 시스템은 2,2-비스 히드록시 메틸 프로피온산을 기본으로 하며, 스테아릴 및 폴리카프로락톤과 같은 다양한 아실화제 사용으로 또 한번 물질들의 특성들이 변하게 된다. 일반적 지방족 에스테르는 생분해될 수 있는 이점이 있다. 상업화된 물질로는 초분지형 고분자가 있다. 즉, 그것들은 덴드리머와 동일한 방식으로 제조된 물질이지만 다분산도가 1을 넘는다. 많은 다른 덴드리틱(dendritic) 시스템이 알려져 있으며 이후에 광경화성 물질로 이용되기까지 오래 걸리지 않을 것이다. 의심할 여지없이 분자량과 관련된 낮은 점도, 높은 반응성, 다른 광경화성 재료와의 혼화성과 같은 훌륭한 특성들과 경화된 도막의 특성들은 발전을 촉진시킬 것이다.

6. 바람직한 말단 특성에 어울리는 물질선택

광경화 필름에 요구되는 특성들은 다음과 같다.

1. 용제, 산, 알칼리, 습기에 의한 화학적 내성
2. 일광에서의 광택, 무광, 변색 등의 광학 특성
3. 경도, 유연성, 접착력, 마모, 저항, 강도, 내구성과 같은 기계적 특성

이러한 특성 중 많은 부분에 영향을 미치는 요인은 경화 정도와 가교결합 정도이다. 가교결합 밀도가 증가함에 따라, 필름의 경도가 증가할 것이다. 그러나 가교결합 밀도를 증가시키기 위한 다관능성 아크릴레이트의 사용은 경화 동안 초기 단계에서 겔화가 일어나고, 결과적으로 딱딱한 경화필름은 경화되지 않은 아크릴레이트 그룹의 높은 비율(최대 40%)을 함유할지도 모른다. 이러한 시스템을 사용하여 경화의 정도는 경화가 발생하는 온도를 상승시키면서 증가될 수 있다. 40℃에서 헥산 디올 디아크릴레이트의 경화는 아크릴레이트 그룹의 70%가 전환으로 이어진 반면, 100℃에서의

경화는 96%가 변환된다.

가교결합 밀도는 또한 산 또는 염기에 대한 코팅 그룹의 내성 및 수분 침투에 영향을 미칠 것이다. 높은 교차결합밀도에서는 코팅에 침투하려고 하는 화학종의 능력이 감소되며, 이와 유사하게 코팅에 포함된 작은 분자종(예, 광개시제 잔류물)들 또한 이동도가 감소될 것이다. 그러한 이동의 억제 또는 지연은 또한 필름이 광택을 유지하는 것을 도울 것이다.

포화된 지방족 및 불포화 폴리에스테르 및 천연 오일을 기반으로 하는 에폭시 아크릴레이트는 부드럽고 유연성 있는 약한 강도를 갖는 물질을 생성하는 경향이 있다. 방향족 그룹의 도입은 필름의 경도를 증가시킬 수 있다. 방향족 에폭시 아크릴레이트는 기재와의 우수한 접착력과 높은 인장강도를 갖는 딱딱하고 유연하지 않은 필름을 제공한다. 노볼락 에폭시 아크릴레이트를 기반으로 하는 필름은 특히 강하지만, 햇빛에 노출되면 빠르게 변색된다. 아크릴 아크릴레이트는 비교적 우수한 내화학성, 높은 유연성, 낮은 인장 강도를 갖는 연질 필름을 제공한다. 폴리우레탄 아크릴레이트는 광범위한 특성을 포함하는 필름을 제공한다. 지방족 우레탄은 매우 유연한 필름을 제공하지만 방향족우레탄은 강한 경질 필름을 제공한다. 아크릴화된 방향족 우레탄에 폴리에스테르 사슬을 도입함으로써 경화 시 지방족 및 방향족 폴리우레탄 중간특성을 갖는 물질이 생성된다. 일반적으로 방향족 그룹을 함유한 고분자로부터 제조된 필름은 순수한 지방족 화합물보다 광황변(예, 우레탄)(그림 5.27)하는 경향이 있다. 지방족 폴리우레탄은 기술된 모든 수지 중에 광황변(photoyellowing)을 가장 적게 발생시키고 실외 용도에 사용된다.

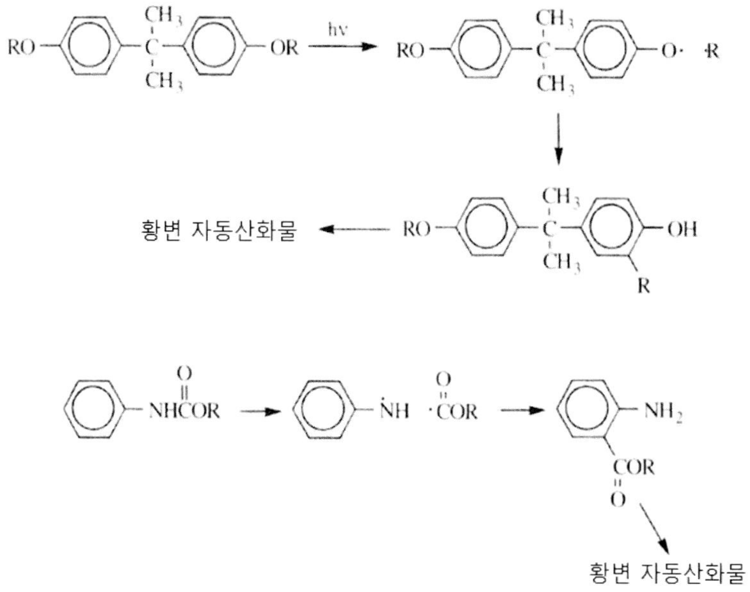

그림 5.27 비스페놀 A를 기반으로 하는 폴리우레탄 물질의 광황변에 이르는 과정

표면 코팅에 가장 중요한 특성은 기재와의 코팅접착이다. 양호한 습윤성을 얻으려면, 코팅된 표면 에너지와 배합물의 표면 에너지와 일치해야 할 필요성이 있다. 우수한 습윤성은 균등하게 퍼진 필름을 형성하는 데 용이하다. 그러나 아크릴레이트의 경화는 배합에서의 아크릴레이트 함유량이 증가함에 따라 수축의 정도가 증가한다. 경화하기 전에 분자 사이의 거리는 쌍극자-쌍극자 상호작용과 분산력에 의하여 결정된다. 중합반응이 발생할 때, 탄소-탄소 결합들은 연속적으로 형성되며, 분자들은 더 가깝게 붙고, 수축이 발생한다. 예로, 메틸 메타아크릴레이트의 경우 23%의 수축이 발생한다. 수축은 경화공정을 더 느리게 한다. 그러므로 디아크릴레이트 경우 겔화는 이중 결합의 매우 낮은 전환을 발생시키고, 결과적으로 중합반응의 대부분은 겔 단계를 발생시킨다. 화학반응에 의해 생성된 자유부피를 수축으로 전환하기 위해서는 전체 겔이 협동적으로 움직여야 하며, 이는 단량체 분자의 확산운동보다 훨씬 느리다. 이러한 효과 때문에 아크릴레이트 그룹은 수축이 시작되기 전 기간 동안 기대했던 것보다 더 큰 이동성을 가질 것이다.

결과적으로, 광도를 증가시킴으로써 더 높은 경화 정도를 얻을 수 있다. 그러므로 필름의 더 높은 최대성능을 얻으려면 가능한 많은 아크릴레이트 그룹을 이용하기 위해서 고온, 고광도에서 경화하는 것이 좋다.

경화 시, 수축이 일어나고 특히 수축이 빠르다면 필름과 기재 사이의 접착의 정도가 좋지 않다. 열적 가열 후 냉각과정은 필름과 기판과의 열역학적 평형을 이룰 수 있게 해주기 때문에 상황을 개선하는 데 있어 도움이 될 수 있다. 일부 아크릴레이트 경화 시, 발생하는 수축률은 표 5.4에 나와 있다. 수축과 구조 사이에서의 관계에 관해 다음과 같은 일반화가 이루어질 수 있다.

- 메타아크릴레이트는 동종 아크릴레이트보다 낮은 수축 정도를 제공한다.
- 다관능성 아크릴레이트는 단일 아크릴레이트보다 높은 수축을 제공한다.
- 에톡실화 및 프로폭실화된 아크릴레이트는 모체(parent) 아크릴레이트보다 낮은 수축을 제공한다.
- 메톡시 아크릴레이트는 모체(parent) 아크릴레이트보다 낮은 수축을 제공한다.

표 5.4 경화된 아크릴레이트에서 관찰되는 수축률(%)

단 량 체 수축%	
Trimethylolpropane triacrylate(TMPTA)	26
Ethoxylated trimethylolpropane triacrylate(TMP(EO)TA)	17~24
Propoxylated trimethylolpropane triacrylate[TMP(PO)TA]	12~15
Ethoxylated trimethylolpropane methoxy diacrylate[TMP(EO)MEDA]	19
1,6-Hexanediol diacrylate(HDDA)	14
1,6-Hexanediol methoxymonoacrylate(HDOMEMA)	8
Tetraethyleneglycol diacrylate(TEGDA)	14
Tetraethyleneglycol dimethacrylate(TEGMA)	9
Isobornyl acrylate(IBA)	8

보통 에폭시 아크릴레이트는 우수한 접착력을 나타내는 필름을 제공하며, 이것은 아마 기재의 표면 극성그룹에 결합하는 필름에 존재하는 히드록실 그룹 때문이다. 마찬가지로 극성 N-H의 결합은 접착을 돕는다. 예를 들어 폴리우레탄, 폴리프로필렌, 폴리비닐 클로라이드 등의 폴리올레핀과 같은 일부 기재들은 코팅하기가 매우 어렵다. 이 물질들의 표면은 결합을 돕는 데 필요한 극성 그룹이 없다. 통상적으로 이 기재들에 코팅을 용이하게 하는 데 사용되는 방법은 불에 의한 기재 표면숙성, 코로나 방전의 적용, 또는 단파장 UV 빛에 대한 노출 등이 포함된다. 이 과정은 표면 층에 극성 그룹을 도입한다. 강철과 같은 금속 기재에 대한 접착은 문제를 야기할 수 있다. 이 문제를 완화하기 위해서는 접착증진제가 배합에 혼합된다. 접착을 촉진(예로 포스페이트(phosphate), 실록산[$Si(OMe)_3$])하는 것을 목적으로 하는 그룹을 함유하는 일부 아크릴레이트가 이용 가능하다. 경화된 필름의 또 다른 중요한 특성은 Tg(유리전이온도)이다. 즉, 고분자의 몇 개의 분자 운동이 나타나는 온도이다. 따라서 고분자는 $10 \sim 80\,^\circ\!C$의 범위 온도에서 단단하게 유지된다면 Tg는 $80\,^\circ\!C$ 이상임이 틀림없다. 광경화 필름의 최대 Tg는 경화가 발생했던 온도보다 더 높을 수는 없다. 분명히 올리고머의 분자골격의 화학적 성질은 얻을 수 있는 최대 Tg로 결정될 것이다. 이 온도 이상으로 경화가 달성되지 않는다면 이러한 것들은 절대로 성취될 수 없으며, 이로 인해 시스템에서의 모든 아크릴레이트 그룹 중합은 가능하지 않다.

빠른 경화, 낮은 점도, 낮은 수축, 우수한 용매화 특성을 나타내는 일부 새로운 단일 아크릴레이트로는 1,6-헥산디올 메톡시 모노아크릴레이트(HDOMEMA), 트리프로필렌 글라콜 메톡시 모노아크릴레이트(TPGMEMA), 에톡시화된 네오펜틸 메톡시 단일아크릴레이트[NPG(EO)MEMA] 등이 있다. 아크릴레이트와 함께 사용되는 매우 유용한 단관능성 중합가능 종으로는 N-비닐피롤리돈(NVP)이 있다. 이 화합물은 광범위한 작업 범위에서 광범위한 올리고머와 혼화가 가능하다. 또한 폴리올레핀, 폴리에스터, PVC와 같은 고분자들은 표면에 경화된 필름의 접착을 돕는다. N-비닐카프로락탐도 비슷한 성질을 갖는다.

7. 안료가 함유된 UV 경화

7.1 물리적 특성

안료가 함유된 UV의 경화는 업계에서 큰 도전이 되었다. UV 경화 가능한 배합에서 안료의 혼합은 부득이하게 안료가 산란과 흡수에 의해 광개시제가 이용 가능한 빛의 양을 감소시키기 때문에 문제를 발생시킨다. 일부 안료의 경우(예 아조 염료) 그것들은 들뜬 상태의 퀜처들(quenchers)로서 작용할 가능성이 있다. 그로 인해 개시의 효율성을 감소시킨다. 안료의 존재는 그것들이 자유 라디칼을 갖고 있기 때문에 배합 유효 기간을 감소시킬 가능성이 있다(예로 카본 블랙). 때때로 안료에 존재하는 그룹(니트로 그룹)은 라디칼 제거제로 작용하여 중합반응 효율을 감소시킬지도 모른다.

안료가 함유된 UV 경화 가능 배합의 경화를 성취하기 위해서는 UV 빛을 효율적으로 흡수할 수 있는 광개시제가 필수적이다. 분명히 UV 흡수 특성은 매우 중요하며, 안료에 흡수되지 않는 빛을 최대한 활용할 수 있도록 안료와 호환되어야 할 필요가 있다. 파장에서 흡수되는 여러 성분을 포함하는 혼합물의 특정 파장에서 개시제에 의한 빛 흡수의 효율성은 Beer-Lambert 법칙 적용을 통해 결정될 수 있다고 예상된다.

$$I_A = I_O \left(1 - 10^{-d(\varepsilon_1 c_1 + \varepsilon_2 c_2 \ldots \varepsilon_n c_n)}\right)$$

여기서 I_a는 흡수된 빛의 강도이다.

$\quad$ I_o는 입사광의 강도이다.

$\quad$ d는 광학적 통로길이다.

$\quad$ ε는 파장에서의 화합물 n의 몰 흡광계수이다.

$\quad$ C_n는 화합물의 농도이다.

이 방정식의 엄격한 적용은 대부분의 안료 함유 시스템의 경화는 매우 어렵다는 결론을 도출할 수 있다. 그러나 안료는 빛의 산란특성을 가지며, 이로 인해 빛이 예상보다 더 많이 필름으로 전달될 가능성이 있다. 이는 그림 5.28에 개략적으로 보여준다.

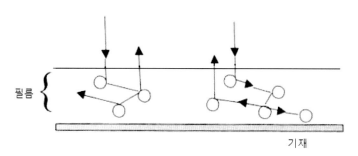

그림 5.28 안료 함유 필름의 빛 침투의 도식적 그림

안료의 빛 산란 특성은 확실히 중요하다. 산란의 정도는 다음의 것들로 영향을 받는다.

1. 안료와 수지(즉, 안료를 뺀 배합) 사이의 굴절률의 차이
2. 안료의 입자 크기
3. 안료의 농도
4. 입사광의 파장(굴절률은 파장에 의존한다)

안료 함유 필름의 밑부분에 도달하는 빛의 양을 정량화하는 것은 매우 어렵다. 안료 함유 필름을 사용할 때 염두에 둬야 할 필요가 있는 중요한 특징은 다음과 같다.

1. 산란은 공기와 코팅 계면에서의 반사율을 증가시킨다. 이로 인해 코팅 밑부분에 도달하는 빛의 비율이 감소된다.
2. 산란은 빛의 경로를 증가시키기 때문에 코팅 기저에서 개시제 분자를

이용할 수 있는 빛의 양은 적어진다(Beer-Lambert 법칙의 응용). 이러한 효과는 개시제에 의한 더 많은 빛 흡수를 초래한다.

3. 산란의 정도는 파장에 의존하며, 이러한 이유로 빛의 감소량은 파장에 의존한다.

안료를 함유한 대부분의 배합들은 개시제의 혼합제를 포함한다. 몇몇의 개시제들은 표면경화를 돕기 위해 포함된다. 예로 벤조페논 나머지는 안료에 의해서만 흡수되거나 부분적으로 흡수되는 다양한 스펙트럼에서 빛을 이용할 수 있기 위해서 선택된다. 변색이 일어나는 광개시제는 필름두께가 상당히 높은 경우, 안료 함유 시스템을 경화시키는 데 있어 중요하다. 안료 습윤시키기 위한 수지와 희석제의 능력은 안정된 분산액을 수득하는 경우에 가장 중요하다. 그러나 아무도 습윤에 있어 지배적인 규칙을 설명하지 못하지만, 폴리에테르와 천연오일(예를 들어, 아크릴화된 콩기름) 등은 매력적인 후보다.

7.2 광개시제 선택

두꺼운 필름(예를 들어, 목재 코팅에 사용하는 경우)에서의 경화는 특별한 문제를 나타낸다. 필름이 미경화를 겪지 않아야 한다면, 비교적 낮은 농도의 개시제는 필름에서 광개시제 분자를 활성화시키기 위해 빛을 필름에 침투시키는 데 사용되어야 한다. 개시제의 농도가 낮아지면 경화속도는 또한 감소된다. 이것은 표면경화에 현저한 영향을 미친다. 낮은 개시속도에서 산소 장해는 매우 중요하다. 이러한 문제를 극복하기 위해서는 광개시제 혼합물을 사용하는 것이 일반적이다. 광개시제(예를 들어, 벤조페논, 2,2-디메톡시-2-페닐아세톤페논)가 300nm 이상에서 약한 흡수를 보이고 300nm 이하에서 강한 흡수를 보인다면 300nm 이하의 빛은 필름에 깊게 침투되지 않으며, 표면 바로 아래에서 흡수된다. 300nm 이상의 빛을 흡수하는 적절한 농도의 광개시제는 필름의 전체를 통들어 경화가 시작될 것이다(그림 5.29 참조).

　표면경화가 충분히 빠르면, 필름은 밀봉상태가 되게 해야 되며, 이로 인해 산소 진입속도가 감소된다. 그리고 더 긴 시간으로 발생하는 관통형 경화가 촉진된다. 광개시제의 혼합이 우수한 결과를 얻으려면 신중하게 개시제의 농도와 올바른 광원을 선택해야 할 필요성이 있다. 두 가지 유형의 개시제들이 제대로 작동하려면, 광원에서 300nm 이하, 300nm 이상의 비교적 강한 빛을 생성하는 것이 중요하다. 관통형 경화에 관여하는 광개시제에 의한 빛 흡수는 흡수와 안료의 산란성질에 강하게 영향을 끼친다. 광원은 안료에 의한 빛 흡수가 최소화되거나 개시제가 흡수할 수 있는 파장들에서 높은 세기의 빛을 방출한다. 일반적으로 이러한 요구사항은 도프(doped)된 중간 압력 수은램프의 사용 또는 적절한 가스 혼합물이 들어 있는 무전극 램프 사용에 의해 충족된다. 흥미로운 대안으로는 앞뒤(tandem)로 2개의 램프를 사용하는 것이다. 370~470nm 범위에서 방출되는 형광램프는 표면경화에 영향을 끼치는 두 번째 단계에 사용되는 고압수은램프와 함께 균일한 경화를 시키기 위해 사용될 수 있다.

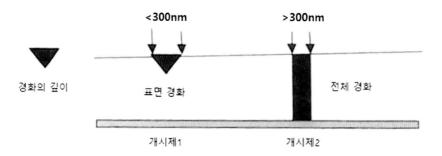

그림 5.29 다른 광흡수 특성들을 가지는 광개시제들의 혼합물을 사용한 두꺼운 안료 함유 필름의 경화

　자유 라디칼 중합반응공정에 기초한 UV 경화시스템에서 제조자는 광개시제를 잘 선택해야 한다. 300nm 이상에서 상대적으로 약하게 흡수되는 많은 개시제(유형 Ⅰ)들이 있다. 이것들은 표면경화에 영향을 끼치는 데 사용된다. 유형 Ⅱ 시스템에서 벤조페논은 가장 인기가 있다. 많은 경우에서

아민 증감제의 첨가는 벤조페논이 타입 Ⅰ 광개시제와 함께 사용될 때 불필요하다는 것이 밝혀졌다. 이 다소 놀라운 결과는 히드로 퍼옥사이드의 분해에 의해 민감화된(삼중항 상태를 통해) 벤조페논의 영향이다. 이로 인해 히드록실, 알콕실 라디칼이 생성된다. 예를 들어 -CHO-, -CH(CH$_3$)O-와 같은 에테르 그룹이 포함되어 있는 배합에 사용되는 많은 반응성 희석제를 고려하면, 개시 라디칼들은 산소에 인접해 있는 C-H 결합에 대한 삼중항 벤조페논의 공격에 의하여 생성된다. 티옥산톤(예를 들어, 이소프로필 티옥산톤)들은 백색으로 안료 함유 필름을 경화시키는 데 유용하다는 것이 잘 입증되어 있다. 시중에 나온 화합물로는 1-클로로-4-프로폭시티옥산톤이 있으며, 이것은 최대 흡수가 387,314, 그리고 254nm에서 나타난다. 티옥산톤은 아민 증감제와 함께 사용되어야 하며, 그들이 이후에 일광에 노출될 때, 아민이 경화된 필름의 황변을 촉진시키기 때문에 문제가 제기된다. 티옥산톤이 경화를 통해 사용될 때, 발생하는 문제로는 백색 라커들은 경화된 필름은 황색 외관을 부여하는 티옥산톤을 포함한다는 것이다. 300nm 이상에서 흡수를 나타내는 유형 Ⅰ 광개시제인 α-아미노아세토페논의 이용 가능성은 광경화 코팅의 발전에 중요한 역할을 하였다. 2-메틸-2-모르폴리노-1-(4-메틸싸이오페닐)-1-프로파논과 2-벤질-2-디메틸아미노-1-(4-모르포리노페닐)-1-부타논은 특히 이 점에서 유용하지만 후자의 화합물의 사용은 일광에서의 노출에서 경화된 백색 필름의 황변을 초래한다는 점을 알고 있어야 한다. 4-메틸싸이오페닐 치환체를 갖는 아세토 페논을 사용한 경화 필름들은 4-메틸싸이오벤질알데히드의 생성 때문에 특이한 불쾌한 냄새를 갖는다. 아실포스핀 옥사이드는 α-아미노아세토페논보다 비록 더 비싸지만 안료 함유 필름의 경화에 사용된다. 이들 그리고 관련 비스아실포스핀 산화물들은 300에서 400nm의 흡수피크를 나타내며, 특히 경화를 통해 얻는 데 유용하다. 이러한 화합물의 다른 중요한 특징으로 그들은 변색이 일어난다. 즉, α- 절단 후, 300에서 400nm 사이 흡수 밴드를 발생시키는 발색단이 파괴된다. 이러한 효과는 경화에 있어 도움을 준다. 더 중요한 특징으로는 백색 라커에서 이 화합물의 사용은 이후 햇빛에 노출될 때 경화된 필름의 황변을 초래하지 않는다.

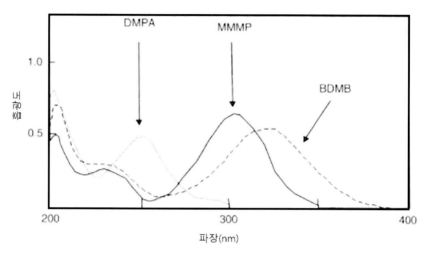

그림 5.30 2,2-디메톡사-2-페닐아세토페논
(DMPA), 2-메틸-2-모르폴리노-1-(4-메틸[싸이오페닐])-1-프로페논(MMP),
2-벤질-2-디메틸아미노-1-(4-모르폴리노페닐)-1-부타논(BDMB)의 흡수 스펙트럼

논의된 개시제의 선택은 아크릴레이트 및 메타아크릴레이트의 경화에 관련
된 것이다. 그러나 목재 코팅에서의 매우 인기 있는 경화시스템은 스티렌에
용해된 불포화된 폴리에스터를 포함한다. 방향족 케톤을 기반으로 한 유형 II
개시제 시스템은 이 시스템에서 사용될 수 없다. 아실포스핀 및 비스아실포
스핀 옥사이드는 매우 짧은 삼중항 수명시간을 가지기 때문에 결과적으로 그
들은 스티렌과 불포화된 폴리에스터를 기반으로 한 배합에 우수한 효과를 부
여하기 위해 사용된다. 안료 함유 양이온 시스템의 경화에 대한 연구가 줄어들
었다. 이러한 상태에 기여하는 두 가지 요소로는 양이온성 광개시제를 이용할
수 있는 작은 범위(300에 400nm 사이에서는 허용 가능한 흡수수준을 거의 나
타내지 않음)와 많은 안료들이 나타내는 경화 억제효과가 있다. 현재 안료 함
유 시스템에서의 경화속도는 자유 라디칼 시스템의 경화속도와 맞지 않는다.

7.3 안료 특성

안료는 경화된 필름에 원하는 색상을 부여하기 위해서 배합에 도입된다.

일부 경우에는 바람직한 색을 얻기 위해서 한 가지 이상의 안료가 사용되어야만 한다. 배합에서 필요한 안료의 양은 색의 강도에 의해 결정된다. 색의 강도가 증가함에 따라 더 적은 안료가 필요하다. 가장 인기 있는 백색 안료는 루틸(rutile) 형태의 이산화티타늄이다. 이 결정체 변형은 아나타제(anatase) 형태보다 훨씬 더 광안정하다. 이들 및 다른 백색 안료들의 흡수 스펙트럼은 그림 5.31에서 보여준다.

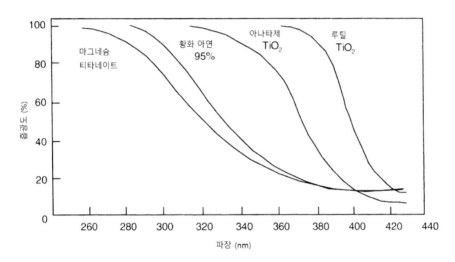

그림 5.31 다양한 백색 안료의 흡수 스펙트럼

그림 5.31에서 주어진 루틸의 흡수 스펙트럼은 안료와 함께 사용될 때, 상당한 양의 빛을 흡수할 수 있는 이용 가능한 광개시제가 거의 없음을 보여준다. 아실포스핀 및 비스아실포스핀 옥사이드는 가장 성공적인 물질이다. 최대 경화속도를 얻기 위해서는 개시제에 의해 빛 흡수를 최대화하기 위해 도프된 램프를 사용할 필요가 있다. 루틸의 제조사들은 녹색 빛의 산란을 최대화하기 위해서 입자 크기를 조절한다. 자외선의 산란은 여전히 발생한다.

안료들은 가시광선에서 흡수될 뿐만 아니라 자외선에서도 흡수된다. 그들의 스펙트럼은 보통 스펙스럼 윈도우에 나타낸다. 스펙트럼 윈도우는 빛 흡수가 최소인 파장 영역이다. 황색, 적색 안료를 포함한 배합들은 300~400nm의 범위에서 비교적 낮은 흡수로 α-아미노아세토페논, 아실 포스핀 옥사이드, 비스 아실 포스핀 옥사이드, 티옥산톤(아크릴레이트와 메타아크릴레이트는 중합 가능한 종들일 때)을 사용하여 경화된다는 것을 보여준다.

청색 안료들은 300∼400nm에서 황색, 적색 안료들보다 훨씬 더 강하게 흡수한다. 결과적으로 이 시스템으로 경화시키기가 더 어렵다. 대개 광개시제들의 혼합물이 사용된다. 일부 결과를 그림 5.32에서 보여준다.

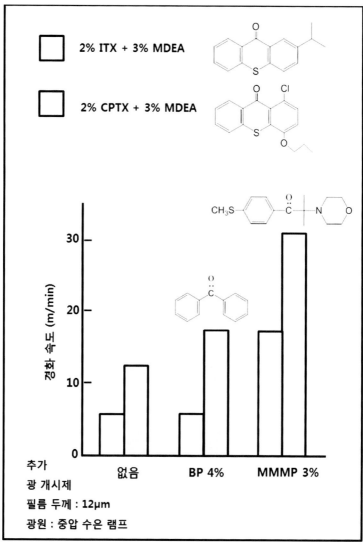

그림 5.32 N-메틸디에탄올아민의 존재하에 티옥산톤에 의한 청색 스크린 잉크의 경화와 다른 광개시제 시스템의 경화

양이온 경화 시스템

제6장

1. 에폭사이드기의 개환 시스템

에폭사이드의 양이온 경화는 아크릴레이트 및 메타아크릴레이트의 자유 라디칼 경화와 비교하여 두 가지 이점을 가진다. 두 가지 중요한 이점은 경화가 산소장애를 겪지 않으며 경화 시 수축 현상이 최소로 일어난다는 것이다. 후자는 경화 시 히드록시가 생성된다. 경화된 코팅은 금속과 같은 기재에 우수한 접착을 나타낸다. 다른 추가적인 특성으로는 일반적으로 단량체와 올리고머가 아크릴레이트보다 피부 자극성이 적다는 것이다.

이러한 장점에 비해 에폭사이드의 양이온 경화의 발전은 느리게 진행되었다. 그 이유는 상업적으로 사용되는 개시제를 구하는 것이 어려웠으며, 이로 인한 개발 작업을 피하게 되었다. 광경화에 적합한 에폭사이드의 범위는 점점 증가하고 있고 또 다른 중요한 사실은 양이온 광개시제는 적은 양을 사용한다(주로 설포늄염과 아이오늄염을 사용한다). 그러나 일반적인 단점은 단량체의 용해도가 낮고 300nm 이상 광흡수성을 가지고 있지 않다. 이러한 낮은 광흡수 및 대다수 안료가 염기성 표면을 갖는다는 것을 고려한다면, 양이온으로 경화된 안료 함유 시스템은 거의 없다는 것을 의미한다. 요오드늄 및 설포늄염을 기제로 한 개시제에 대한 다양한 대안 연구가 진행되었으며, 그 예시로 철 아렌 혼합물이 있지만, 이들은 시장에 거의 영향을 미치지 못했다. 비닐에테르를 포함한 양이온 시스템은 산소장애를 겪지 않지만 수분의 영향을 받는다. 많은 양의 물이 경화 배합에서 견딜 수 있지만 높은 습도는 경화속도 및 다른 요인에 대한 문제점을 야기한다. 습도가 높을 때, 개시종, 예를 들어 불소화 수소 및 포스포러스 펜타플루오라이드는 코팅부터 대기로 이동(migrate)하여 경화를 지연시킨다. 배합에서 존재하는 물은 연쇄적 이동을 촉진한다. 설포늄염 기반인 개시제는 자주 사용된다. 그러나 이들 화합물의 광분해로 인한 분열은 아릴설파이드의 생성을 초래한다. 이러한 화합물 코팅은 냄새가 나며, 이 문제는 설파이드 그룹이 고분자 광개시제를 사용함으로써 해결이 가능하다.

1.1 에폭시 반응성 희석제

몇 가지 상용성화된 희석제는 표 6.1에 나타나 있다. 희석제는 2 이상의 관능성을 가지고 있으며, 이는 가교결합된 필름의 형성을 선호한다. 전체적으로, 지환족 에폭사이드는 글리시딜 유도체보다 반응성이 높고, 이는 보다 많은 지환족 에폭사이드 개환 반응에 기인한다. 지방족 에폭사이드는 점도가 낮고 올리고머와 쉽게 섞일 수 있다. 자연적으로 발생하는 수많은 오일, 피마자, 콩 등이 불포화지방산 에스테르이다.

1.2 에폭시 올리고머

방향족 에폭시 올리고머의 예로는 에폭시 노볼락이며, 노볼락 수지와 에피클로로히드린을 반응시켜 제조된다(그림 6.1).

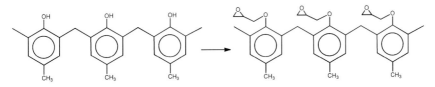

그림 6.1 에폭시 노볼락 구조

에폭시 폴리(부타디엔)도 유용하다.

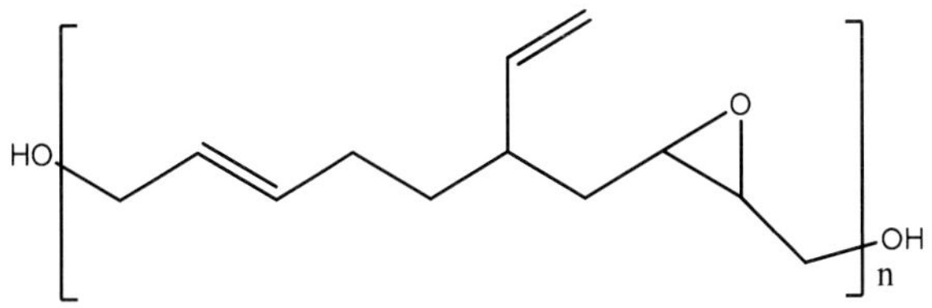

그림 6.2 에폭시화된 폴리(부타디엔)

에폭시화 폴리(부타디엔)는 보통 에폭시 희석제에 쉽게 용해되지 않지만 일부 비닐에테르와 쉽게 혼합될 수 있다. 이러한 수지의 사용은 신속하게 경화되게 한다.

일부 지환족 테트라-에폭사이드는 이염기산 등과 변성 반응이 진행되며, 남아 있는 에폭사이드 그룹을 통해 경화될 수 있는 올리고머를 만들 수 있다. 에폭시화 폴리(이소프렌)와 폴리(에틸렌/부틸렌)의 공중합체는 말단에 1차 히드록실기를 가지고 있다. 이 화합물은 최대 9개의 에폭사이드 그룹을 함유하며 빠른 경화가 가능하다.

에폭시 실록산의 제조는 많은 연구가 진행되어 왔다(그림 6.3).

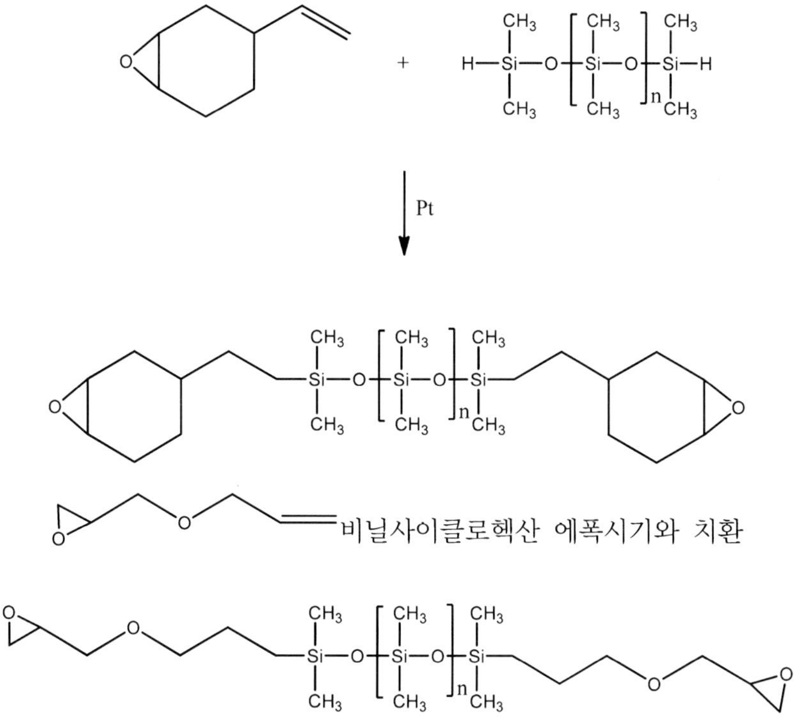

그림 6.3 에폭시 실록산 합성과정

1.3 에폭시 가교 시스템

다관능성 에폭사이드를 얻는 것은 비교적 쉽지만, 올리고머의 종류는 다소 제한적이다. 그러나 높은 가교결합된 시스템은 폴리올, 폴리페놀류의 첨가에 의해 얻을 수 있다. 반응의 메커니즘(그림 6.4)은 양이온 경화가 리빙 폴리머를 포함하고 경화 후 코팅에 산이 남을 수 있다.

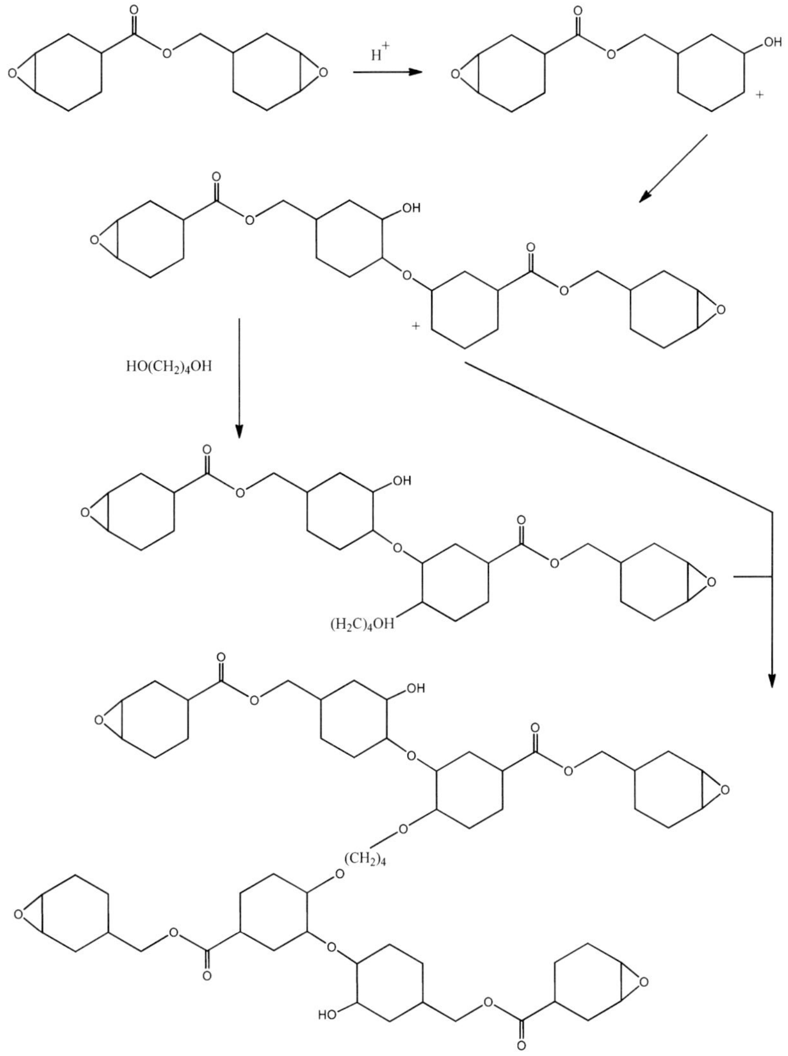

그림 6.4 디올을 통한 에폭시 시스템에서의 가교

표 6.1 에폭시 희석제의 종류

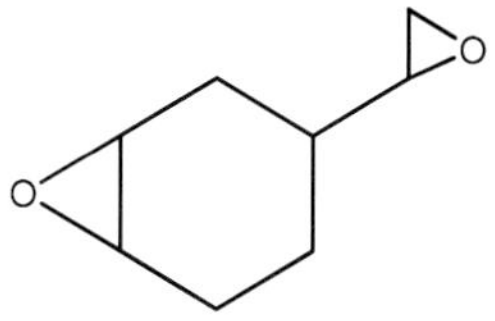

리모넨 디에폭사이드-휘발성 물질

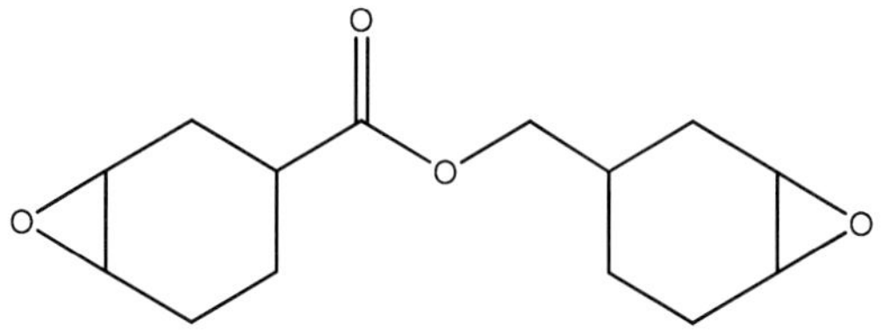

3,4-에폭시 시클로 헥실 메틸-3,4-에폭시 시클로 헥산 카르복실레이트
대부분 에폭시 배합의 표준

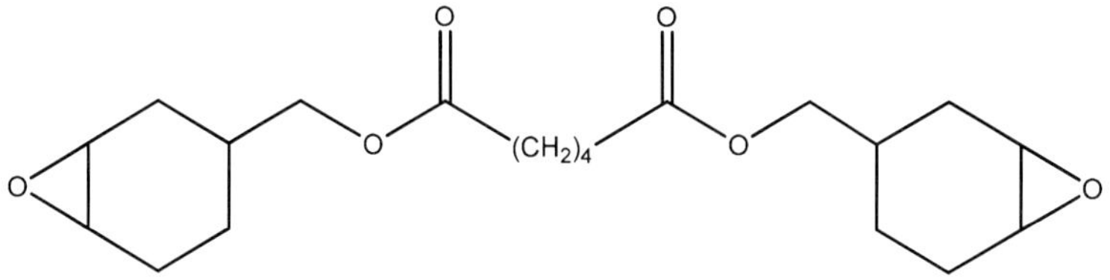

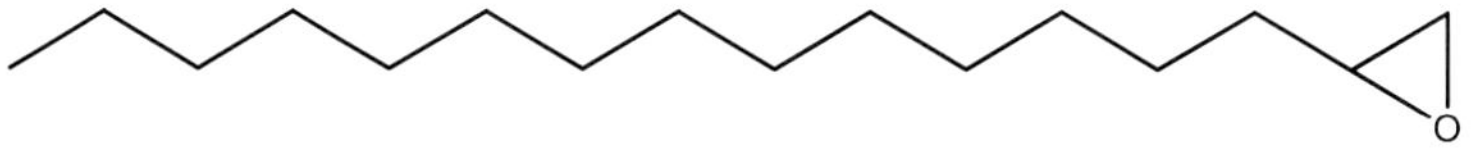

1,2-에폭시 헥사 데칸
에폭시화 대두, 피마지 및 팜유(에폭시 불포화산 잔기를 함유하는 트리 글리 세라이드)

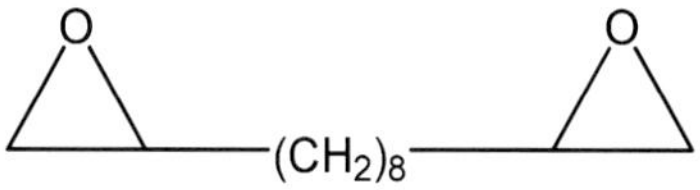

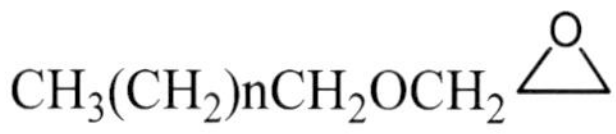

글리시딜 에테르 n=6,8

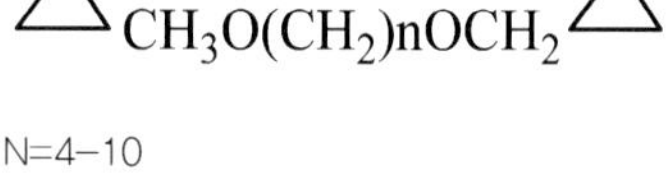

N=4-10

2. 옥세탄(트리메틸렌옥사이드)

제조 과정, 경화 특성, 에폭사이드기와 관련하여 에폭시 수지와 함께 합성

하는 방법은 특허로 많이 발표되었다. 옥세탄 고리는 옥시란 고리(106.7KJ/mol, 114.1KJ/mol)보다 변형률이 적으며, 좀 더 염기성이다(pKa는 −2.02, -3.7). 옥세탄의 대부분인 2-에틸-2-히드록시메틸옥세탄은 1,1,1-트리메틸올프로판 으로부터 유도되며 이러한 과정은 그림 6.5에 나타나 있다.

그림 6.5 2-에틸-2-히드록시메틸옥세탄의 합성과정

옥세탄에서 네오펜틸 1차 히드록실기의 존재는 다양한 단일 및 다관능성 옥세탄을 제조할 수 있게 한다.

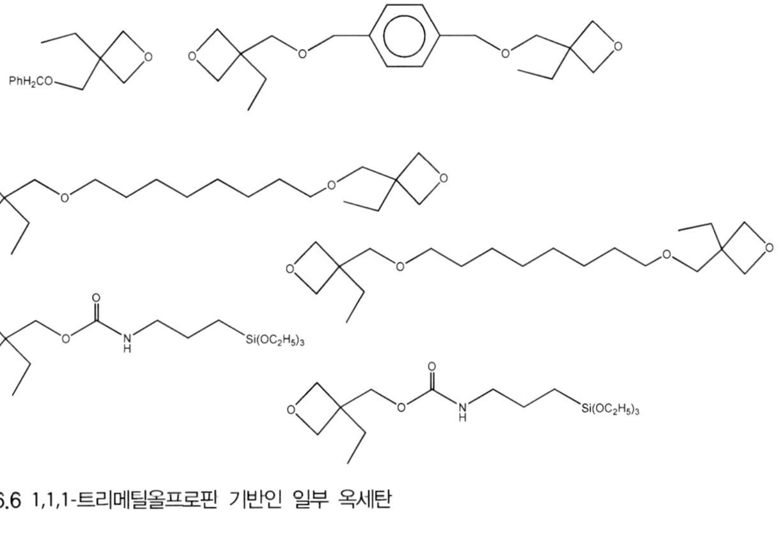

그림 6.6 1,1,1-트리메틸올프로핀 기반인 일부 옥세탄

에폭사이드 그룹을 함유하는 옥세탄도 제조되었고 이관능성으로 구성된 것은 가교 구조를 형성할 수 있다.

옥세탄은 산촉매하에서 개환반응이 일어나고(그림 6.7) 산은 아이오도늄 과 설포늄염으로부터 생성된다. 1차 히드록실 그룹의 에스테르화는 옥세탄의 반응성을 감소시킨다. 수지에 폴리올을 첨가함으로써 가교결합을 할 수 있게 되었다.

3. 비닐에테르 시스템

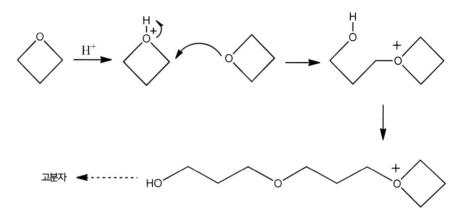

그림 6.7 옥세탄의 산촉매하에서 개환반응

비닐에테르는 C-C 주사슬에 곁사슬로 에테르 그룹을 갖는 고분자를 얻기 위해 산촉매화된 중합반응을 거친다. 반응은 중간체로 카보네이션을 포함하고 성장 사슬은 친핵체(물 또는 아민)와 반응으로 인해 종결될 수 있다 (그림 2.17).

물과의 반응은 불안정한 헤미아세탈을 생성하고 자유 아세트알데히드를 분해 후 1차 히드록실기로 성장하여 반응을 종결시킨다. 사슬 전이 과정을 통해 성장하는 고분자 사슬과 비닐에테르 또는 물과의 반응은 다른 개시종, 즉 CH_3CH^+OR, H^+를 각각 생성한다. 사슬 전이는 중합 공정을 꼭 늦추는 것은 아니며, 생성된 반응성 저분자량($CH3CH+OR$)이 성장하는 고분자 사슬보다 이동하기 쉽기 때문에 겔화가 일어날 때 유용하게 쓰일 수 있다.

아민과 같은 그룹은 매우 효과적인 사슬 종결제이다.

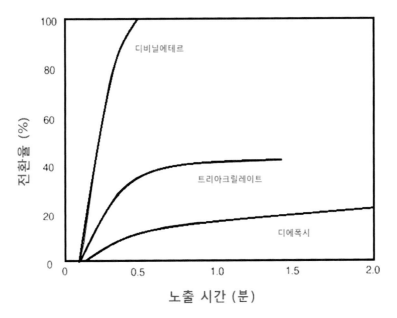

(식 6.1)

광경화 시스템에서 이러한 물질이 존해하면 리빙 폴리머를 생성하지 않는다. 비닐에테르의 산촉매 경화에 의해 리빙 폴리머를 제조하려면 고순도의 시약과 반응 조건을 주의 깊게 조절해야 한다. 비닐에테르 중합 공정의 특징은 에테르의 높은 반응성이다.

디비닐에테르(트리에틸렌글리콜디비닐에테르), 트리아크릴레이트(트리메틸올 프로판 트리아크릴레이트) 및 에폭사이드(3,4-에폭시 사이클로 헥실메틸-3'4'-에폭시사이클로헥산 카르복실레이트)의 중합 속도를 측정하기 위해 광DSC(그림 6.8)를 사용한다.

그림 6.8 광DSC로 측정한 디비닐에테르 및 디에폭사이드의 중합속도

그림 6.8에서 디비닐에테르는 반응성이 높고 에폭사이드 시스템과 달리 광범위한 경화가 관측되는 경우 열 범프(bump)가 필요 없다. 비닐에테르부터 얻어진 고분자의 낮은 T_g는 높은 전환율을 얻을 수 있는 중요한 요소이다. 에폭사이드와 마찬가지로, 비닐에테르의 중합에 일반적으로 사용되는 광개시제는 요오드늄과 설포늄염이다. 반응은 산소장애를 겪지 않지만 친핵성에 의해 크게 영향을 받는다.

3.1 비닐에테르 중합

디올의 디비닐에테르는 디올과 에틴(아세틸렌)의 반응으로 제조된다(식 6.2).

$$HO\sim\sim\sim OH \ + \ 2\ HC\equiv CH \ \xrightarrow[180^\circ C]{5\%\ KOH} \ CH_2=CHO\sim\sim\sim O\ CH=CH_2 \qquad \text{(식 6.2)}$$

이 방식을 통해 제조된 일반적인 디비닐에테르는 표 6.2에 나와 있다.

표 6.2 디올과 에틴(아세틸렌)의 반응으로 제조된 디비닐에테르

Dodecyl vinyl ether

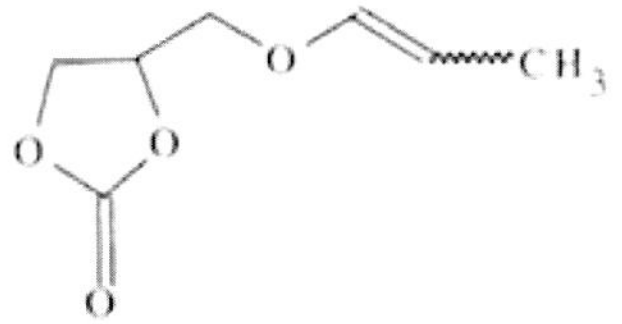

Propenyl ether of
propylene carbonate

4-Hydroxybutyl vinyl
Ether (HBuVE)

Butane-1,4-diol
divinyl ether (BuVE)

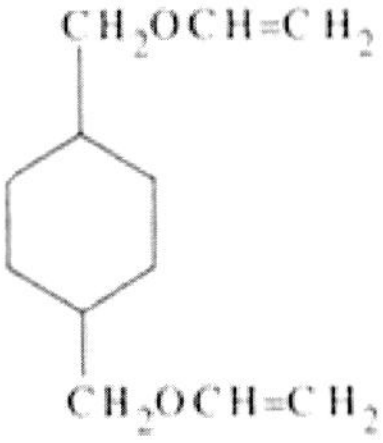

1,4-Cyclohexane dimethanol
divinyl ether (ChxDVE)

Triethylene glycol
divinyl ether (TEGDVE)

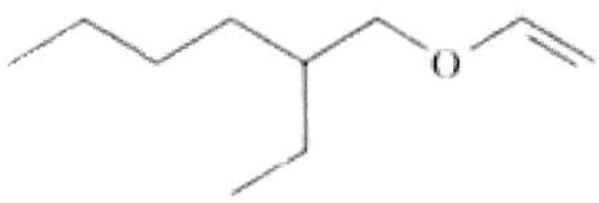

2-Ethylhexyl vinyl
ether

Hexane-1,6-diol
divinyl ether

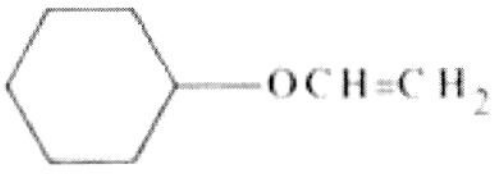

Cyclohexyl vinyl
ether (ChxVE)

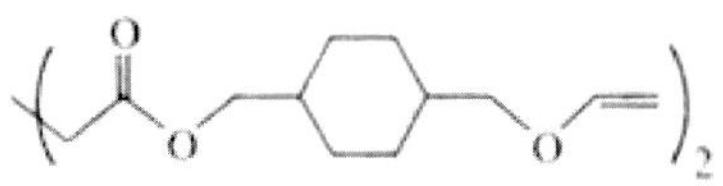

Vectomer 4010 (V 4010)

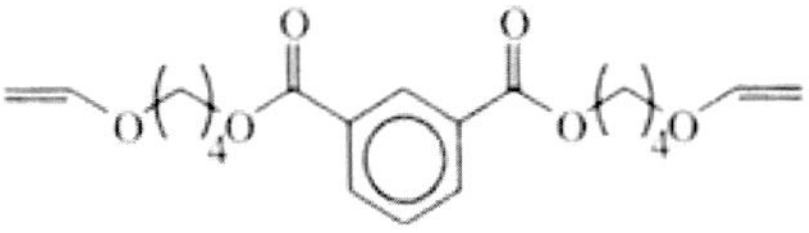

Vectomer 4020 (V 4020)

전환 전 디올과 에틴의 반응이 중지되면 히드록시 비닐에테르의 제조가 용이해진다.

자유 히드록실기는 올리고머의 제조를 가능하게 한다. 에틴을 직접적으로 사용하지 않거나 중간체로 사용하지 않는 비닐에테르의 중합 과정은 다음과 같다.

아세탈의 균열

$$CH_3CHO + ROH \xrightarrow{H^+} CH_3CH(OR)_2 \xrightarrow{250-400^\circ C} CH_2=CHOR \qquad (식\ 6.3)$$

2–클로로비닐에테르의 사용

$$ClCH_2CH_2OCH_2CH_2Cl \xrightarrow{HO^-} ClCH_2CH_2OCH=CH_2 \xrightarrow{ROH} ROCH_2CH_2OCH=CH_2 \quad (식\ 6.4)$$

트랜스비닐레이트 촉매작용

$$CH_2=CHOCH_2CH_3 \xrightarrow[Hg^{2+}]{ROH} CH_2=CHOR + HOCH_2CH_3 \qquad (식\ 6.5)$$

이러한 과정은 광범위하게 화합물을 제조할 수 있게 하였다.

3.2 반응성 희석제와 비닐에테르 고분자

비닐에테르 에테르는 활성화된 다관능성 카르복시산과 히드록시 비닐에테르의 반응에 의해 제조될 수 있다(식 6.6).

$$HO\sim\!\!\sim OCH=CH_2 + XOC\sim\!\!\sim COX \longrightarrow$$

$$CH_2=CHO\sim\!\!\sim \underset{\underset{O}{\|}}{OC}\sim\!\!\sim \underset{\underset{O}{\|}}{CO}\sim\!\!\sim OCH=CH_2 \qquad (식\ 6.6)$$

따라서 이산염화물(X-Cl)이 사용될 수 있다. 이런 반응은 산을 방출시키며, 비닐에테르의 가수분해 또는 중합을 방지하기 위해 산을 중화시키는 것이 필요하다. 아민을 사용하여 산을 중화시킬 경우, 아민은 사슬 종결반응에 의해 중합의 감소를 일으키기 때문에 최종 생성물로부터 제거해야 한다. 트렌스에스테르화 반응도 많이 사용된다(식 6.7).

$$CH_3\overset{\overset{\displaystyle O}{\|}}{C}O\text{\small\raise1pt\hbox{\char`\~}}OCH=CH_2 \quad \xrightarrow[\text{Ti(OR')}_4]{\text{RCO}_2\text{H}} \quad RC\overset{\overset{\displaystyle O}{\|}}{O}\text{\small\raise1pt\hbox{\char`\~}}OCH=CH_2 \qquad \text{(식 6.7)}$$

숙신산(succinic acid) 같은 단순 이염기산과 말단이 히드록시로 된 비닐에테르는 액상에서 고상까지 다양한 물성을 나타낼 수 있다.

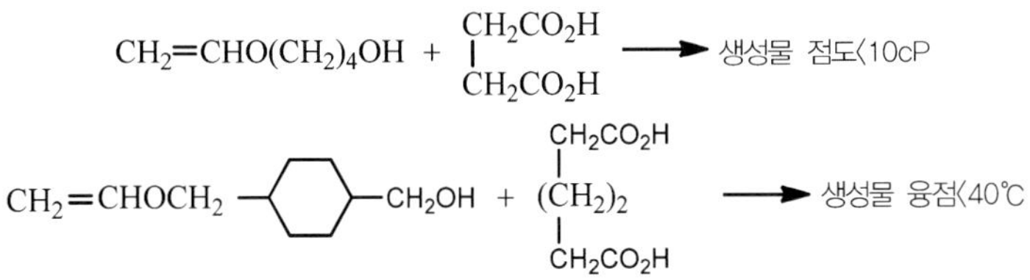

$$CH_2=CHO(CH_2)_4OH \;+\; \begin{matrix} CH_2CO_2H \\ | \\ CH_2CO_2H \end{matrix} \;\longrightarrow\; \text{생성물 점도<10cP}$$

$$CH_2=CHOCH_2-\hexagon-CH_2OH \;+\; \begin{matrix} CH_2CO_2H \\ | \\ (CH_2)_2 \\ | \\ CH_2CO_2H \end{matrix} \;\longrightarrow\; \text{생성물 융점<40℃}$$

그림 6.9 비닐에테르가 말단기인 에스테르

비닐에테르가 말단기인 방향족 에스테르는 트렌스에스테르화 반응으로 제조될 수 있다(그림 6.10).

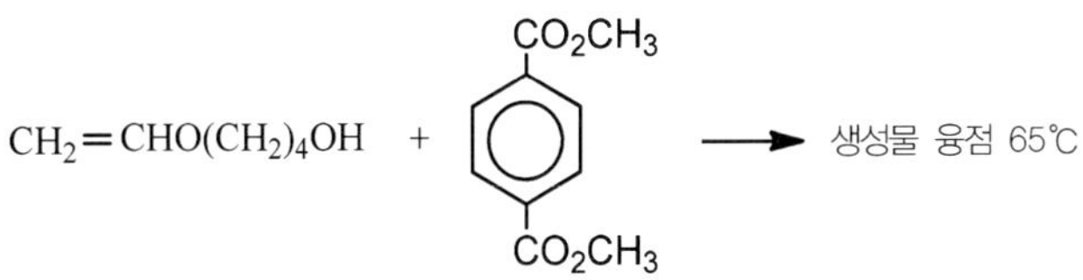

$$CH_2=CHO(CH_2)_4OH \;+\; \underset{CO_2CH_3}{\overset{CO_2CH_3}{\bigcirc}} \;\longrightarrow\; \text{생성물 융점 65℃}$$

그림 6.10 비닐에테르가 말단기인 방향족 에스테르

우레탄은 이소시아네이트와 히드록시 비닐에테르와 쉽게 반응할 수 있다 (그림 6.11).

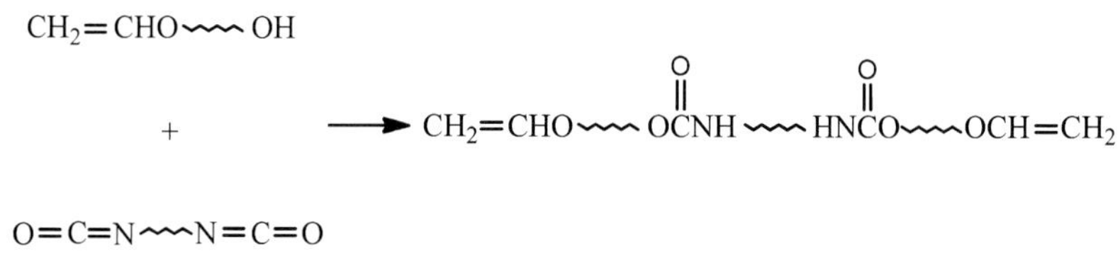

$$CH_2=CHO\sim\sim OH$$

$$+$$

$$O=C=N\sim\sim\sim N=C=O$$

$$\longrightarrow CH_2=CHO\sim\sim OCNH\sim\sim HNCO\sim\sim OCH=CH_2$$

그림 6.11 비닐에테르가 말단기인 우레탄

비닐에테르가 말단기인 우레탄은 톨루엔 디이소시아네이트(TDI), 디페닐 메틸렌 디이소시아네이트(MDI), 이소포론 디이소시아네이트(IPDI)로부터 합성한다. 그리고 말단에 비닐에테르가 있는 폴리우레탄 합성에 쉽게 적용될 수 있다(그림 6.12).

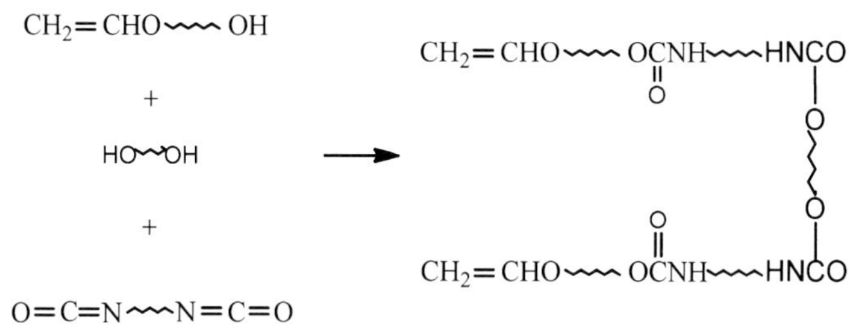

$$CH_2=CHO\sim\sim OH$$
$$+$$
$$HO\sim OH$$
$$+$$
$$O=C=N\sim\sim\sim N=C=O$$

$$\longrightarrow$$

$$CH_2=CHO\sim\sim OCNH\sim\sim HNCO$$
$$CH_2=CHO\sim\sim OCNH\sim\sim HNCO$$

그림 6.12 비닐에테르가 말단기인 올리고머형 우레탄

2-클로로에틸 비닐에테르는 비닐에테르가 말단기인 방향족 에테르를 합성하는 데 사용된다(그림 6.13).

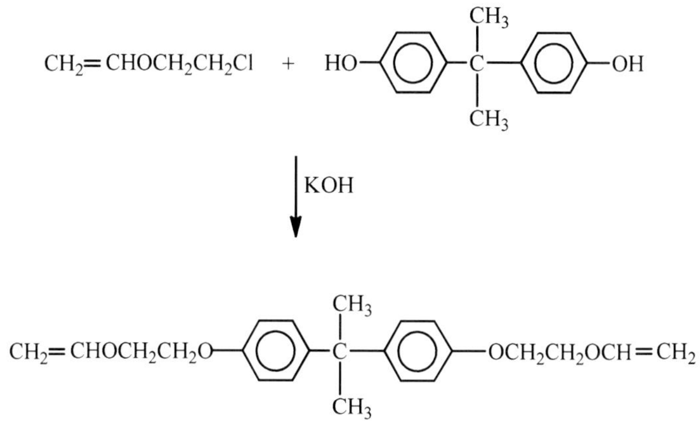

$$CH_2=CHOCH_2CH_2Cl \quad + \quad HO-\underset{\substack{CH_3 \\ | \\ }}{\overset{\substack{CH_3 \\ | \\ }}{C}}-OH$$

$$\downarrow KOH$$

$$CH_2=CHOCH_2CH_2O-\underset{\substack{| \\ CH_3}}{\overset{\substack{CH_3 \\ |}}{C}}-OCH_2CH_2OCH=CH_2$$

그림 6.13 비닐에테르가 말단기인 방향족 에테르

이러한 합성법은 노볼락 수지를 개질할 때도 사용된다.

접착제 산업에서 비닐에테르 실록산의 제조는 중요하다. 이들은 알릴 비닐에테르의 히드록실화를 통해 제조될 수 있다(그림 6.14).

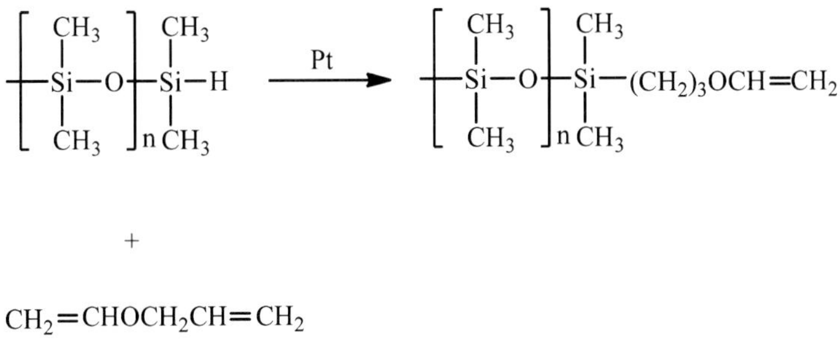

$$CH_2=CHOCH_2CH=CH_2$$

그림 6.14 비닐에테르가 말단기인 실록산

코팅의 물성 평가 방법

제7장

1. 코팅의 품질에 영향을 미치는 요소

도료의 품질을 정의하기 위해서는 도료가 어떤 목적으로 생성되는지를 알 필요가 있다. 따라서 소형 디스크의 보호코팅은 책을 덮는 커버에 적용되는 투명 바니쉬 오버코트(OPV, over print varnish)의 부절절한 기준을 충족시킬 것이라 예상된다. 이러한 이유로 기능적인 경화(functionally-cured)라는 용어는 코팅의 바람직한 특성을 얻는 시점을 나타내기 위해 사용된다. 이것은 모든 반응성 그룹을 의미하는 완전 경화(fully cured)의 용어와는 매우 다르다. 예를 들어, 아크릴레이트는 광경화 공정에 의해 소비된다. 코팅이 기능 경화로 경화되는지 평가하기 위해 실증적 테스트가 필요하다. 반면에 관능기 그룹 전환의 양을 결정하기 위해서는 정확한 측정을 필요로 한다. 시험방법을 자세히 살펴보기 전에 경화과정이 적절한 방법으로 이루어지지 않는다면, 코팅은 실패할 것이라는 점을 언급할 가치가 있으며, 더욱이 올리고머의 분자 골격 선택을 올바르게 하지 않는다면 코팅은 올바른 특성을 얻지 못할 것이다. 코팅이 만족스러운 것으로 분류될 가능성을 갖기 위해서는 관능기 그룹의 충분한 양이 이용되어야 하며, 고분자의 분자량과 가교결합의 정도가 적절해야 한다. 즉, 화학반응은 우수한 코팅을 얻기 위해 만족스럽게 발생되어야만 한다.

2. 실증적 테스트 방

2.1 썸-트위스트 시험(Thumb-Twist Test)

이 간단한 테스트에서 코팅은 (a) 점착성이 있는지, (b) 손가락으로 코팅을 따라 밀 경우, 생성된 필름이 기판에서 벗겨지는지 여부를 결정하기 위해 손가락으로 만져진다. 라디칼 중합에 의해 생성되는 필름의 표면이 끈적한 경우, 표면이 산소장애 때문에 적절히 경화되지 않을 가능성이 있다. 이 상황은 라디칼이 주로 산소를 제거하는 데 사용되는 광개시제(저비용의 유형 I 개시제)를 혼합한 더 효율적인 광개시제 시스템의 사용 또는 산소장애를 줄이기 위한 적절한 3차 아민의 첨가에 의해 해결될지 모른다. 때로는 표면 점착성은 지나치게 많은 광개시제(예를 들어, 벤조페논)의 사용에 의해 야기된다. 많은 개시제의 사용은 개시제의 일부가 가소화 효과를 나타내는 필름의 표면으로 이동하는 결과를 가져온다. 양이온 경화 필름에 의한 표면 점착성 발생은 고습 조건하에서 경화가 발생될 수 있다. 필름이 표면 및 표면 근처에서 경화되지만 바닥에서 그렇지 않은 경우, 필름은 기재에 대하여 접착을 나타내지 않을 것이다. 이러한 효과는 필름의 하부 영역에서 불충분한 빛을 받았기 때문에 발생한다. 이러한 상황에서는 사용되는 개시제 패키지를 검토하고 안료가 존재한다면 안료와 수지의 광 흡수 특성을 적절하게 고려할 필요가 있다. 두꺼운 필름에서의 강하게 흡수하는 광개시제의 사용은 경화에 어려움을 줄 수 있다. 효과적인 해결책으로는 변색이 일어나는 광개시제를 사용하는 것이다. 도막이 단단하게 형성됐는지 썸-트위스트 시험(thumb twist test)으로 인해 검토될지도 모른다. 엄지손가락을 코팅 위에 단단히 고정시킨 다음 여러 번 앞뒤로 몇 번에 걸쳐 비튼다. 우수하고 단단한 코팅이 얻어졌다면, 이것은 코팅에 전혀 영향을 미치지 못하며, 반면에 불완전한 경화로 부드럽다면 흠집을 낼 것이다. 엄지 비틈의 기계적 버전이 이용 가능하다. 엄지 비틈의 횟수는 코팅 가교결합이 어떻게 발생했는지에 대한 좋은 지표로서 요구된다. 그러나 코팅의 강성 또한 올리고머 분자 골격의 성질을 반영할 것이라는 점을 명심해야만 한다. 예로, 폴리에테르 골격은 방향족에스터 골격보다 유연한 코팅을 제공한다.

2.2 용제 러빙 테스트(Solvent Rubbing Test)

이 실험에서 용제(일반적으로 메틸에틸케톤 또는 아세톤)를 적신 헝겊으로 코팅이 기재에서 벗겨질 때까지 앞뒤로 문지른다. 이 검사는 손에 의해 또는 기계적으로 진행할 수 있다. 이중 문지름(각 방향으로 하나씩)의 횟수는 발생한 가교결합의 양에 대한 고안을 제공한다. HDDA의 필름에 대한 UV 및 EB 경화 연구에서 EB로 경화된 코팅은 비슷한 수의 아크릴레이트 그룹들이 중합된 UV로 경화된 코팅보다 훨씬 더 큰 내용제성을 보여줬다. 이 실험들은 EB는 UV보다 훨씬 이전 단계에서 아크릴레이트 그룹뿐만 아니라 주요 골격을 통해 가교결합을 유도한다(여기서 가교결합은 중합 공정에서 도입된 말단 벤조일 그룹, 아크릴레이트 그룹을 통해 발생한다).

2.3 과망간산염 얼룩 테스트(The Permanganate Stain Test)

이 실험에서는 소량의 과망간산 칼륨 용액(물 1%w/v)을 코팅에 적용하여 직경이 약 1/2 정도의 영역을 덮는다. 코팅에 일부 미반응 물질이 있다면 이산화망간이 생성되고 이것은 코팅을 얼룩지게 한다. 과망간산염 용액을 코팅에서 씻어내고, 갈색 얼룩의 강도를 측정한다. 이것은 얼마나 많은 미반응된 물질이 코팅에 있는지에 대해 고안을 제공한다. 유사한 시료에 대하여 시험을 반복한다면 첫 번째 시험으로부터 몇 시간 후, 갈색 얼룩의 강도

는 산화 가능한 물질들이 이 시간 동안 표면으로 이동했는지 여부를 나타
낸다.

2.4 경도 측정(Hardness Measurements)

가교결합된 구조의 강성 및 물질의 기계적 강도는 물질의 경도에 주요한
원인이 된다. 물질에 의해 나타나는 경도는 경도를 평하는 데 사용되는 방
법에 의해 크게 달라진다. 사용되는 방법 중 일부는 다음과 같다.

1. 구형 또는 뾰족한 압자에 의한 압흔에 대한 물질의 내성
2. 다른 물질에 의한 긁힘에 대한 물질의 내성
   (표면을 가로지르는 날카로운 모서리 또는 연마제로 문지르는 것)
3. 진동 진자로부터의 흡수된 에너지
4. 떨어뜨린 물체로부터 흡수된 에너지

이 유형의 가장 간단한 시험 중 하나는 연필 경도 시험이다. 납 연필들은
2B(매우 부드러운)에서 9H(매우 단단한) 범위의 흑연 납의 경도로 분류된
다. 시험할 코팅된 표면은 수직의 위치로 있는 연필장치 아래 위치하며, 이
와 같은 방법으로 연필은 코팅에 압력을 적용한다. 코팅은 장치를 통하여
당겨진다. 증가하는 경도의 납 연필들은 시험샘플 표면에 가시적인 표시가
발견될 때까지 연속적으로 사용된다. 흠집를 야기하는 연필의 강도는 코팅
의 경도로 할당된다. 시험은 빠르게 진행되며, 코팅의 경도에 관한 빠른 암
시를 제공한다. 불행하게도 연필 등급 사이에서의 경도 단계는 일정하지 않
다. 그럼에도 불구하고 코팅산업에서 이 방법은 광범위하게 사용된다.

진자 펜듈럼 시험은 연필경도시험보다 훨씬 정교한 시험이다. 이 방법을
사용하려면 코팅은 적어도 30㎛의 두께이어야 되고, 평평한 표면에 적용되
어야 한다. 코팅 및 기판은 말단에 무게를 가진 평균대 버팀목을 지지하는

데 사용된다. 진자를 움직이게 하고, 진자의 진폭이 특정 값으로 줄어들게 걸리는 시간은 다음과 같다(예를 들어, 6°에서 3°).

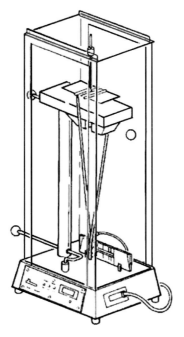

그림 7.1 펜듈럼 경도 측정기

코팅의 경도는 이 식을 사용하여 계산된다.

$$HP = t/[2.303(\log A_0 - \log A_t)]$$

여기서 HP는 경도(초단위)이며, A_0와 A_t는 초기 진폭이며, 시간 t가 지난 후 상대적 진폭이다. HP값은 코팅의 감쇠효과를 반영한다. 매우 단단한 코팅이 사용된다면, 진자의 감폭은 거의 관찰되지 않지만 반면, 매우 연질 코팅의 경우에는 반대이다. HP는 가교결합의 정도에 관한 우수한 지침을 제공한다. 경화의 정도에 대한 고안을 제공하는 데 사용될 수 있다. HP의 값은 기재의 유형에 매우 의존적이라는 것을 알아야 된다. 예시로 유리와 복합보드에서의 동일 유형의 코팅은 매우 다른 결과를 가져온다.

2.5 취성(Brittleness)

이 시험은 코팅된 기판을 180°로 접고, 주름을 따라 생긴 잔해의 양을 평가하는 것을 포함한다. 1(부스러기 없음, 즉 유연한 코팅)에서 5(다량의 잔해, 매우 부러지기 쉬운)까지 임의의 스케일이 사용된다. 코팅의 취성/유연성은 가교결합의 정도, 올리고머 및 희석제의 분자구조를 반영한다.

3. 정량적 시험방법

3.1 적외선 분광법

이 분광기 방법은 경화 공정에 이용되는 관능기 그룹의 양을 결정하는 데 유용하다. 기판에 부착되어 있는 코팅을 검사하기 위해, 예를 들어 종이, 플라스틱, 금속은 특수 샘플링 기술의 사용이 필요하다. 합리적인 비용으로 고품질의 FTIR 분광기의 성공적인 도입은 일상에서 사용할 수 있는 훨씬 더 정밀한 특정 샘플링 방법을 위한 길을 열었다. 광음향 방식의 분광 검출기의 사용은 종이 및 유사한 기질에 적용된 코팅을 검사하는 데 매우 중요하다. 광음향 효과는 오래전 1881년 알렉산더 그레이엄 벨이라는 사람에 의해 기술되었다. 탐지 시스템은 적외선이 허용 가능한 윈도우를 갖고 있는 밀폐, 동봉된 셀로 구성된다. 그리고 한 면에는 마이크와 연결되어 있다.

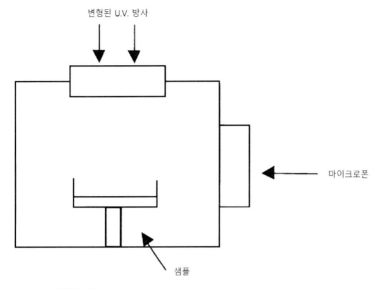

그림 7.2 광음향 셀

　적외선 흡수는 진동을 야기하는 특정 결합의 들뜸을 초래한다. 예를 들어 늘어남, 구부러짐, 흔들림 등이 있다. 흡수된 에너지는 열로 분해되며, 샘플 표면 온도의 주기적 변화는 마이크에 의해 검출되는 음향파의 생성을 초래한다. 어떤 경우에는 적외선 변조 주파수를 변화시킴에 의해, 정밀한 분석이 가능하다. 광음향 분광학은 전자빔 양의 함수로 종이기재에 대한 경화도를 성공적으로 측정하는 데 있어 사용된다. 자주 사용되는 또 다른 샘플링 방법으로 감쇠된 총 반사율(ATR)이 있다(종종 다중 내부 반사 분광법-MIR로 언급된다). 첨부파일의 개략도는 그림 7.3에 나와 있다.

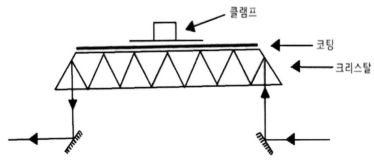

그림 7.3 ATR 액세서리

코팅은 결정의 표면에 적용되며, 클램프의 도움으로 코팅과 결정 면 간의 우수한 접촉이 얻어질 수 있다. 어떠한 정량적 연구가 시행되더라도 필수적이다. 코팅에 들어가는 적외선 빔의 정도는 사용되는 결정유형(아연 셀렌화물 또는 게르마늄) 및 결정의 말단 절단각(the angle of cut)에 의해 결정된다. 종이, 유리에 적용된 코팅은 이 방법으로 쉽게 검사될 수 있다. 상기 방법은 아실포스핀 옥사이드가 개시제로 사용된 일부 아크릴레이트 배합의 표면경화의 정도를 결정하는 데 사용된다. ATR 장비의 가장 큰 장점은 적외선 빔으로 샘플 표면을 여러 번 검사하고, 우수한 신호 대 노이즈의 비율을 갖는 신호를 얻는 데 매우 유용하다는 것이다. 이것은 매우 얇은 필름(2㎛)을 검사할 때 매우 중요하다.

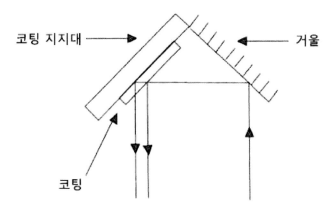

그림 7.4 반사율 부가장치

훨씬 간단하고 훨씬 비용이 적게 되는 부착물은 정반사성의 반사 액세서리이다(그림 7.4). 이 장치에서는 적외선 빔은 코팅 표면에 나쁜 영향을 준다. 입사광은 표면에서 부분적으로 반사되며, 이것은 정반사성의 반사 스펙트럼을 제공한다. 이러한 지지체(support)는 적외선의 우수 반사체이며, 일부 적외선은 지지체의 표면 코팅에 의해 투과될지도 모르고, 반사되어 코팅으로부터 나올지도 모른다. 이로 인해 반사-흡수 스펙트럼을 얻는다. 그러므로 반사 부착물로부터 얻어진 스펙트럼은 종종 합성 스펙트럼이며, 반사-

흡수 그리고 반사 성분을 포함한다. 에폭사이드 양이온성 경화로부터 얻어진 예시는 그림 7.5에서 보여준다.

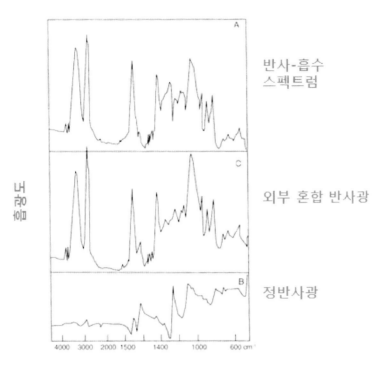

그림 7.5 에폭시 도료코팅으로부터 얻은 반사율 스펙트럼

3.2 라만, 공초점 라만 분광법(Raman and Confocal Raman Spectroscopy)

코팅을 생산하는 모든 사람에게 큰 관심사는 코팅의 다른 두께에서의 경화 정도이다. 제한된 정보는 ATR 적외선 분광법 또는 광음향 분광법(적외선, 자외선 모두)에 의해 제공된다. 경화된 필름들의 정밀한 분석에 적합한 새로운 기술로 공초점 라만 분광법이 있다. 수년간 생물학자에 의해 공초점 현미경은 사용되었다. 특정 두께에서의 샘플에 어떤 것이 발생하는지를 관찰자가 볼 수 있도록 하는 능력을 부여하는 이러한 현미경의 힘은 라만 분

광법의 분석 설비에 지금 활용되고 있다. 실시간 라만 분광법은 비닐에테르의 양이온성 경화를 모니터하는 데 성공하였다. 실험적 배치는 비교적 간단하다(그림 7.6).

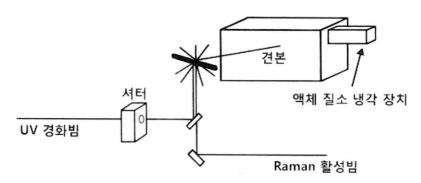

견본

액체 질소 냉각 장치

셔터

UV 경화빔

Raman 활성빔

그림 7.6 라만 분광학을 사용한 실시간 경화 모니터를 위한 실험적 배치

경화는 1322,1622,1636cm^{-1}에서 발견되는 이중결합과 연관된 피크의 감소에 따라 모니터될 수 있다. 경화 후 시료 검사에 공초점 라만 분광계의 략적 설계는 밑에서 보여준다. 이와 같은 장비는 100의 배율로 1㎛$^{-3}$의 부피에 대한 분광학적 정보를 얻게 한다. 이 기술의 기능은 여러 가지 방법에 의해 입증되었다.

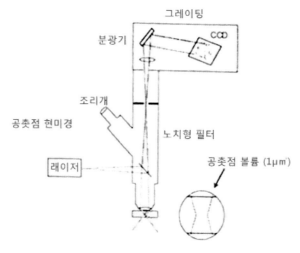

그레이팅

분광기

CCD

조리개

공촛점 현미경

노치형 필터

래이저

공촛점 볼륨 (1μ㎥)

그림 7.7 공초점 라만 분광기

아래에서 보여주는 그림은 경화된 폴리에테르 아크릴레이트 필름의 라만 스펙트럼을 보여준다. 필름의 중간 및 바닥에서의 스펙트럼은 표면 및 표면 근처와 연관된 스펙트럼보다 아크릴레이트 그룹에 관한 약한 흡수를 갖는다는 것을 볼 수 있다.

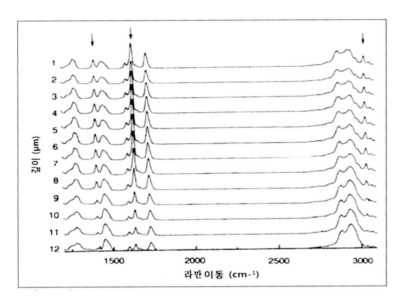

그림 7.8 폴리에테르 아크릴레이트 필름의 정밀분석

이와 유사한 방식으로 3차 아민을 시스템에 포함시키거나 미경화된 폴리에테르 아크릴레이트를 보호 표면에 적용하면 표면에서 경화되지 않은 아크릴레이트 수의 상당한 감소를 초래한다. 이 기술은 또한 두꺼운 필름들이 경화될 때, 필름의 하부영역에서의 내면경화가 탐지, 정량화될 수 있으며, 이러한 문제는 적절한 광개시제의 사용에 의해 해결될 수 있다.

이와 같은 연구들은 코팅 접착의 실패의 이유를 밝혀내는 데 큰 가치가 있다.

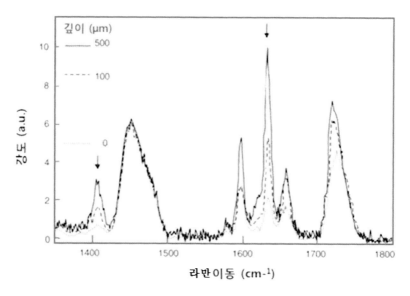

그림 7.9 다양한 두께에서 경화된 폴리에테르 아크릴레이트 필름의 라만 스펙트럼

안료 함유 도료로 코팅된 필름을 연구하려면 관심 있는 그룹의 분포는 횡방향으로 발견되어야 하므로 미세절단기로 절단될 필요가 있다. 이 방법으로 10% 이산화티탄을 함유한 30㎛ 두꺼운 필름이 바닥 표면은 완전히 경화되었지만, 필름의 윗부분은 산소장애 때문에 완전히 경화되지 않았음을 보여준다. 횡방향의 매핑(mapping)은 또한 경화된 필름에서의 자외선 흡수제와 광안정제의 분포를 발견하는 데 사용된다. 이와 같은 첨가제는 경화 공정에 영향을 미칠 수 있다. 그리고 자외선 흡수제의 경우, 그것들은 광개시제와 경쟁한다. 이로 인해 경화 속도는 감소된다. 이것은 사실이라고 증명되었다. 그리고 이 결과는 올바른 개시제 선택이 얼마나 필요한지를 보여준다. 경화된 필름에서 첨가제의 행방을 매핑(mapping)하는 것은 이와 같은 물질들이 필름들의 풍화 예방이 얼마나 성공적인지를 평가하는 데 중요하다. 이 다기능 기술의 응용분야가 많다는 것은 분명하다.

3.3 화학적 분석을 위한 전자분광법

이것은 표면의 원자 구성을 검사하는 매우 강력한 도구이다. 샘플의 표면은 약한 x-ray 빔을 받아, 이것은 광이온화(즉, 코어 전자의 손실), shake-up(이온화와 동시에 점유된 전자 점유 전자 단계에서 비점유 전자 단계로의 원자가 전자의 들뜸), 광이온화와 동반된 원자가전자의 이온화인 shake-off 등이 초래된다. 이러한 각 공정과 관련된 에너지는 전자와 관련된 원소와 그 원소와 관련된 결합에 의해 결정된다. 따라서 산소는 에테르 및 카복실 그룹 양쪽에 존재한다. 구별되는 두 가지 그룹에서의 산소전자 결합에너지는 충분히 다르다. 따라서 ESCA는 화학적 구조와 관련된 세부사항과 원소 조성과 관련된 정보를 제공한다. 덧붙여 이 기술은 코팅의 심도 있는 분석을 하거나, 표면 동질화를 결정하는 데 사용된다. ESCA는 풍화를 광경화된 코팅의 풍화(예로, 자극적인 햇빛에 의한 광분해, 자연적 광분해)를 연구하는 데 약간의 성공을 거뒀다. 유형 II 광개시제 시스템을 사용하여 경화된 아크릴레이트 코팅의 경우, 개시제 시스템의 아민 성분이 표면으로 이동했다는 것을 보여준다.

3.4 졸-겔 분석

졸은 우수한 용제(예를 들어, 디클로로메탄, 테트라하이드로퓨란, 아세토니트릴 등)에 용해되는 물질로 정의된다. 분지 사슬 또는 선형 사슬로 구성된다. 겔은 우수한 용제에 불용성인 물질로 간주(비록 이러한 용제에 의해 팽창될 수 있지만)되며 가교결합 고분자 사슬로 구성된다. 코팅에서 겔 함량은 우수한 용제를 추출한 후 남아 있는 코팅의 부분으로 간주할 수 있다. 보통 추출은 속실렛 추출기(a Soxhlet extractor)를 사용하여 수행된다. 추출 전후의 시료의 중량을 측정하여 겔 함량을 확인할 수 있다. 경과 과정이 성공적이라면 매우 높은 겔 함량이 발생해야 한다, 그러나 통상적인 광경화 코팅은 광개시제로 구성된 추출물, 광개시제 분해 생성물, 아민 증감제, 중합되지 않은 단량체 및 비중합성 첨가제 등을 발생시킬 것이다(예로, 산화 방지제, 자외선차단제, 슬립제). 지금 추출물을 확인하고 정량화하는 것은 더 중요해지고 있다. 그것들은 코팅 내에서 이동 가능한 것으로 고려되기 때문이다. 광개시제에 기인하는 이동량을 줄이기 위해서 중합성 광개시제가 합성되었다. 유형 Ⅱ(벤조페논) 중합성 광개시제의 경우는 증감제의 N, N-디메틸에탄올아민과 아크릴레이트 배합과 함께 사용되었을 때, 경화된 코팅은 주요 중합되지 않은 아크릴레이트와 아민 증감제가 있는 추출물을 함유함을 알아냈다(그림 7.10).

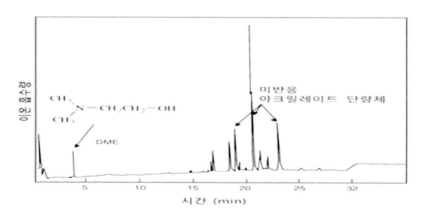

그림 7.10 UV 경화 아크릴레이트 코팅으로부터 추출물의 GC 추적

3.5 동적, 기계적 열 분석

이 분석 방법은 고분자샘플의 기계적 성질이 온도 범위(-150℃에서 500℃)에서 기록될 수 있도록 한다. 샘플로는 유리선과 같은 지지체의 코팅이나 필름을 분석할 수 있다. 광경화 도료에 의한 얇은 필름으로 배합물은 선에 적용, 경화되며 이어서 분석된다. 샘플들은 사전에 선택된 진폭의 사인곡선 변형을 생성하기 위해서 사인곡선의 기계적 응력을 받는다. 샘플들은 저장탄성률(E'), 손실탄성률(E'') 모두를 갖는다. E'는 변형의 한 주기당 저장되는 에너지이며, 상 응력(phase stress)과 연관되어 있다. E''는 열 손실로 인한 한 주기에서의 에너지 손실과 연관되어 있다. E'/E''의 비율은 $\tan\delta$과

동일하다. 그림 7.11을 참조하여 용어 δ을 더 쉽게 이해할 수 있다.

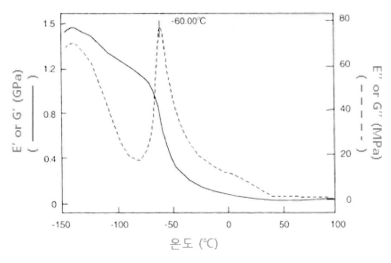

그림 7.11 전형적인 DMTA 그래프

샘플이 어떻게 거동하는지에 대한 정보는 대개 E/와 tan 대 온도의 도식
으로 나타낸다. 전형적인 도식은 그림에 나와 있으며, 표면적인 유리섬유의
4개 가닥에 포함된 에폭시 아크릴레이트를 기반으로 한 UV 경화 반응물에
관계된다.

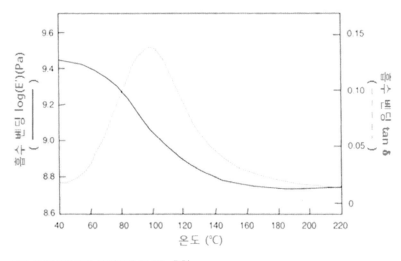

그림 7.12 UV 경화 합성물의 DMTA 추척

온도에 따른 E′의 감소는 고체에서 액체 상태로의 점진적인 변화를 나타내지만 tan δ에서의 최댓값은 샘플의 Tg(~100℃)이다. 교차결합밀도와 같은 다른 매개변수들은 DMTA에 의해 결정될 수 있다. 다른 배합으로부터 생성된 필름들의 특성을 비교하기 원한다면, 유리선은 배합물에 담가지며, 코팅된 선을 경화하고, 그다음은 일반적인 방법으로 시험한다. UV 경화 가능한 수성코팅의 결과가 그림 7.13에 나와 있다.

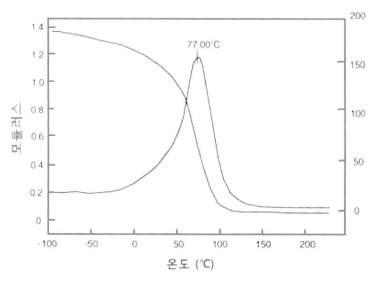

그림 7.13 UV 경화 수성 코팅의 DMTA 추적

의심할 여지 없이 DMTA는 코팅의 성능을 예측하고, 코팅의 특성에 의해 코팅을 특정 짓는 가장 강력한 방법 중 하나이다.

3.6 시차 주사 열량측정법(Differential Scanning Calorimetry)

열량 측정은 공정에 의해 주어지거나 받는 열의 양을 결정하는 데 사용된다. 연화, 용융, 열 분해는 흡열 공정이지만 많은 중합 공정은 발열반응이다. 이 공정에서 발생하는 온도는 시스템의 구성에 따라 다르다. 시차 열량

측정기는 배합물에 여러 범위의 온도로 가열이 가능하므로 다른 공정들의 온도는 기록될 수 있다. 장비는 열전대의 사용에 의해 온도를 기록하며, 가열할 수 있는 두 개의 샘플 팬으로 구성된다. 열전대로부터의 정보는 전자장비시스템에 반영되며, 이것은 둘 다 동일한 온도로 유지하기 위해서 팬의 열을 제어한다. 하나의 팬만 배합물로 인해 사용되면 다른 하나는 비게 된다. 팬이 가열될 때, 흡열 과정이 발생하며, 샘플 팬을 비어 있는 팬과 동일한 온도로 유지시키려면 더 많은 에너지가 샘플 팬에 공급되어야만 한다. 공급된 에너지의 양은 샘플이 겪는 흡열 과정을 야기하는 데 필요한 칼로리 수와 직접적으로 관련된다. 샘플이 발열과정을 겪는다면, 열은 비어 있는 팬에 공급되어야만 한다. 이를 행하는 데 필요한 에너지는 샘플에 의해 방출되는 열의 양과 직접 관련된다. 모든 코팅 및 실제 고분자에 대한 중요 매개변수는 유리전이온도(T_g)이다. 이 특성은 물질이 어떤 조건하에서 사용될지를 결정하기 때문이다. 광경화 코팅의 경우에는 T_g는 경화 정도(소비된 중합 가능한 그룹의 수)와 관련된다. 유리전이온도는 구조적 움직임을 허용하는 데 충분한 열에너지가 있는 온도이다. 선형 고분자의 경우 다분산도 1을 갖는다(고유 분자량을 갖는다). T_g는 별개의 값이 된다. 다른 길이의 사슬들이 고분자에 존재할 때, 그들 각각 자체의 별개 T_g값을 갖는다면 열량계에 기록된 흡열은 일정범위의 온도로 퍼지며, 결과적으로 더 이상 출력에서 날카로운 피크가 아닌 넓은 봉우리로 관찰된다. 이 피크가 매우 넓어지면 관찰하기가 어려워진다. 이러한 상황은 일반적으로 가교결합 중합시스템에서 발견된다. 사슬 간의 사슬길이가 엄청나게 다양화되기 때문이다. 이로 인하여 넓은 범위의 T_g가 존재한다. 이러한 이유로 DSC는 경화된 코팅의 T_g값을 결정하는 데 크게 사용되지는 않지만 많은 경우에 코팅 내에 존재하는 비중합된 그룹의 정도를 결정하는 데는 중요하다. 아크릴레이트 중합에 의해 생성된 코팅에 열을 가하는 것은 잔류 아크릴레이트의 열적 중합을 초래하고, 이는 열중합된 그룹의 수에 비례한 방출된 열의 양을 기록한다.

3.7 유리전이온도(Tg)

코팅의 Tg는 올리고머 및 희석제의 분자구조, 중합의 정도, 가교도를 반영한다. 경화공정에서 액체 배합물이 졸로 변환된 후, 그리고 나서 젤로 변환되면, 경화가 발생하는 온도는 매우 중요하다. 경화온도가 상승됨에 따라 젤화가 지연될 것이며, 이로 인해 중합 가능한 그룹이 큰 비율로 이용될 것이다. 따라서 경화가 발생하는 온도는 Tg값에 반영될 것이다. 그리고 이 값은 경화 온도보다 절대 높지 않을 것이다. DMA(DMTA)는 코팅의 Tg값을 결정하는 데 사용되지만 이 방법은 몇 가지 한계가 있다. 예를 들어, 금속 기재상의 얇은 코팅의 Tg값을 결정하는 데 사용되지 않는다. DSC는 가교 결합된 시스템에 대한 Tg와 관련된 열 흐름변화를 모니터하는 데 매우 어렵다는 점에서 다소 제한적이다. 이와 같은 샘플들에 대처하는 다른 방법으로 분산염료는 샘플의 연화(그들의 Tg)와 연관되는 온도에서 고분자에 들어간다는 사실에 근거한다. 즉, 형광 염료가 사용되는 경우, 염료가 고분자에 들어가는 것을 형광현미경으로 쉽게 추적할 수 있다. 이 장비는 그림 7.14에서 다이어그램 형태로 보여준다.

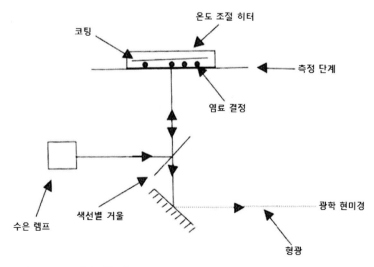

그림 7.14 고분자의 얇은 층의 Tg를 결정하는 데 사용되는 형광 현미경 및 부가장비

이 장비를 사용하여 올리고머에 대한 반응성 희석제의 비율 변화 영향과, Tg값에 따른 아민 증감제의 양 변화에 의한 영향이 나와 있다.

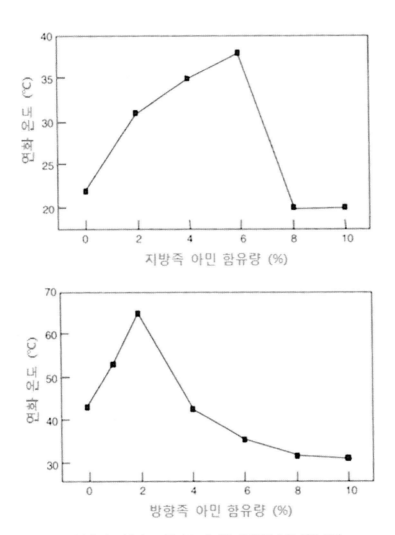

그림 7.15 경화된 아크릴레이트 필름의 Tg에 대한 아민증감제 양 변화 효과

3.8 마이크로파 유전 측정

코팅의 유전 특성은 코팅을 제조하는 데 사용되는 올리고머, 반응성 희석제와는 매우 다르다. 그것들의 차이는 코팅에서 단량체 대 고분자의 비율을 결정하는 데 사용되는 유전특성을 측정할 수 있을 만큼 충분히 크다(예를 들어, 잔류 단량체를 결정하기 위해서). 이 방법은 또한 경화공정 이후에 사용된다.

광중합개시 및 중합효율 측정 방법

경화된 코팅의 특징 외에도 광경화 산업을 위한 새로운 재료개발 및 중합 공정의 효율을 알기 위해서는 매우 중요하다. 예를 들어, 새로운 광개시제가 개발되었다면 반응과정에서 어떠한 장점이 있는지 쉽게 알아내어야 한다.

1. UV/가시 분광법

자외선/가시광선을 통해 반응을 일으킨다는 것을 감안할 때, 배합의 모든 성분이 자외선/가시광선 흡수 특성과 코팅과 램프 사이에 위치한 유리의 투과특성을 아는 것이 중요하다. 대부분의 광개시제 제조업체는 흡수 스펙트럼 데이터는 표시하지만 반응성 희석제 단량체 및 올리고머에 대한 데이터는 거의 표시하지 않는다.

올리고머 및 반응성 희석제가 용매 없이 사용된다면 산란반사 또는 매우 짧은 경로셀(예, 1mm)을 사용하는 투과 분광법으로 박막의 스펙트럼을 기록해야 한다. 방향족 그룹을 포함한 올리고머를 사용하면 $1\mu m$ 이하의 깊이에서 340nm 이하의 빛을 효과적으로 차단할 수 있다. 자외선/가시광선 흡수 분광법은 반응 과정을 모니터링하는 데 사용할 수 있다. 광개시된 자유 라디칼 중합반응의 경우, 때때로 광개시제의 분열 반응을 모니터링할 수 있다. 이는 2-벤질-2-디메틸아미노-1-(4-모르폴리노페닐)부탄-1-온(A) 및 아실포스핀 옥사이드와 같은 변색 가능한 광개시제에 특히 중요하다. 경화 배합에서 (A)의 광퇴색은 실시간으로 모니터링 된다(그림 8.1).

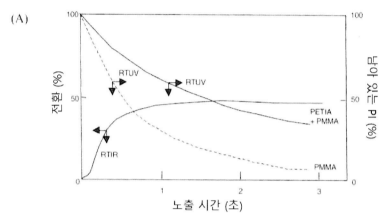

그림 8.1 분해에 따른 실시간 UV 분광기 사용(A)

아실포스핀 옥사이드의 α-절단은 화합물 파장(λ_{max}350nm)을 발생시키는 발색단을 파괴한다. 결과적으로, 투명 코팅제 배합에 사용된다면, 배합물의 색은 광개시제가 분열됨에 따라 황색에서 투명으로 변한다.

$$O \quad CH_2CH_3$$

에오신, 클로로필 등 많은 3차 아민 안료에 의해 광환원되며 특정 색소가 손실된다. 이것은 질소하에서 경화 시 특히 잘 진행되고, 공기의 존재 시 염료의 환원된 형태(류코 형태)는 산소에 의해 산화되어 염료를 재생시킨다. 이러한 변화는 자외선/가시광선 흡수 분광법으로 편리하게 모니터링할 수 있다. 2,3-디페닐퀴녹살린도 유사한 상황이 발생한다. 3차 아민 및 질소 존재하에 이 화합물을 조사하면 변색이 일어난다(그림 8.2). 공기가 유입되면 퀴녹살린은 고수율로 재생된다. 재생과정은 퀴녹살린의 중합 초기단계 효율에 매우 중요한 역할을 한다.

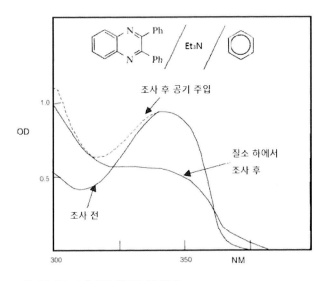

그림 8.2 2,3-디페닐퀴녹살린의 광 변색

RT-IR 분광법은 퀴녹살린 3차 아민 시스템이 산소가 없는 경우 매우 비효율적인 중합이 일어나지만 산소가 존재할 때 효율적으로 중합이 일어난다는 것을 보여준다. 발색단의 파괴를 포함하는 중합공정은 자외선/가시광선 분광법에 의해 확인할 수 있다. 스틸바졸륨염은 [2+2] 사이클로첨가 반응을 거쳐 두 개의 방향족 고리 사이의 결합을 파괴한다(그림 8.2). 사이클로첨가 반응이 360nm 흡수대에서 진행함에 따라 270nm에서의 새로운 흡수대가 증가하고 강도가 감소한다. 이러한 사이클로첨가 방식을 할 수 있는 반응은 신나메이트(그림 2.18) 및 칼콘 그룹(그림 2.22)과 관련된 것들을 포함한다. 자외선/가시광선 확산 반사율 분광법은 투명 코팅제의 경화 시 발생하는 황변의 정도를 측정하는 데 광범위하게 사용된다. 아민 경화 촉진제를 이용해 경화한 필름의 색과 그 필름을 인공 태양광선으로 조사했을 때 일어나는 색 변화에 대한 연구가 있다. 벤조페논-에폭시 아크릴레이트/TPGDA

혼합물이 사용되었고, 다양한 아미노 알코올이 촉진제로 사용되었다. N-메틸디에탄올아민을 사용한 경화된 필름은 초기에 변색(조사의 처음 20시간)이 일어나고 황변이 일어나기 시작한다. 이러한 효과는 그림 8.3과 같은 난반사 스펙트럼에서 쉽게 볼 수 있다.

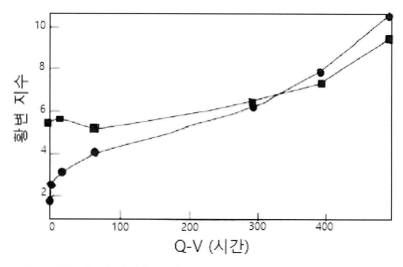

그림 8.3 에폭시의 조사 시 발생하는 광 요오드화 벤조 페논-트리에탄올 아민

혼합물(n)을 사용하고 벤조 페논만을 개시제(1)로써 사용하여 경화시켰다. 황변의 정도는 종종 황변화 지수의 측정치로 보고된다. 이 지수는 표준 시험방법 ASTM-E313-73을 따른 반사 분광법에 의해 결정된다. 일반적으로 분광계가 아닌 색도계가 산업용 테스트에 사용된다. 황변 지수는 아래의 방정식을 사용하여 계산된다.

$$YI = 100(X - Z)/Y$$

여기서 X, Y 및 Z는 650(적색), 450(청색) 및 550(녹색)nm에서의 반사율과 관련된 3자극값이다. 백색을 측정하는 다른 색도 방법이 있다. 예를 들어, 포스트 색상 번호(PCN)가 있다. 이것은 457nm에서 작동하는 반사계를 사용하여 얻는다. 그리고 아래의 방정식을 사용한다.

$$PCN = 100X \left[(K/S)_r - (K/S)_{r=0}\right]$$

여기서:

$$K/S = (1 - R\infty)^2/(2R\infty)$$

t_0는 표준 샘플의 반사율이고, $R\infty$은 빛이 투과되지 않는 샘플의 반사율이다.

2. 형광 분광법

때로는 광활성 발색단이 자극에 따라 형광을 낸다. 특별한 예로 스틸바졸륨염이 있다(그림 2.23). 이 혼합물은 아세탈화된 폴리(비닐알코올)이며, 고분자 필름은 쉽게 빛을 발한다. 양전하를 때는 펜던트 그룹은 응집되는 경향이 있으며 이것은 스틸바졸륨 그룹의 형광 및 광활성에 중대한 영향을 미친다. 집합체는 새로운 광범위한 특색 없는 형광 밴드를 이끌어낸다(그림 8.4).

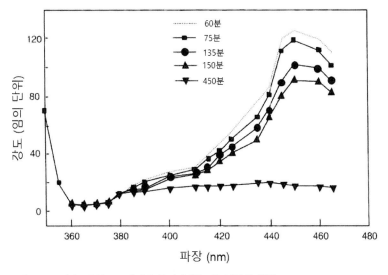

그림 8.4 스틸바졸륨염으로 개질된 폴리비닐알코올 필름의 형광

필름에 빛이 조사될 때 방출 밴드의 강도는 감소하고, 사이클로 첨가과정에서 응집이 잘 일어난다. 형광 프로브는 광중합반응 공정을 모니터하기 위해 사용되었다. 대표적인 예로 형광 들뜬 단일항 상태와 바닥 상태 분자의 혼합으로 만든 들뜬 다이머(엑시머)가 있다. 형광방출은 근처 들뜬 단일항 상태 때문에 적색으로 이동이 된다. 특히 잘 알려진 예는 피렌이 있다.

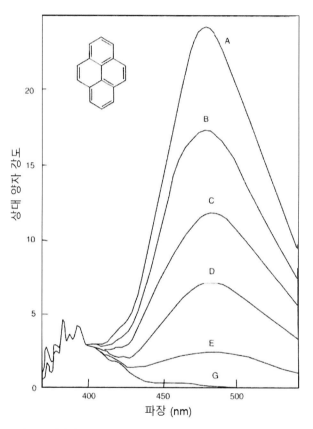

그림 8.5 피렌 용액의 형광 스펙트럼

미세구조를 나타내는 편재된 상태로부터의 방출과는 대조적으로 엑시머 방출은 광범위하고 구조가 없다는 것에 주목할 것이다. 엑시머의 형성 효율에 영향을 미치는 파라미터 중 하나는 점도이다. 따라서, 피렌이 액체 방사선 경화 배합에서 적절한 농도로 존재한다면, 그것은 엑시머를 형성할 것이지만, 경화 시 혼합물의 점도가 증가함에 따라 엑시머 방출의 강도 대 편재된 상태의 비율은 시간이 지날수록 농도가 증가함에 따라 변화할 것이다. 엑시머는 동일한 유형의 분자 2개를 연결함으로써 형성될 수 있다. 예로 나프탈렌 또는 피렌이 있다. 유연한 사슬은 2개의 말단 그룹의 상호작용을 도와 결합될 수 있게 해준다.

예로 (B)가 있다

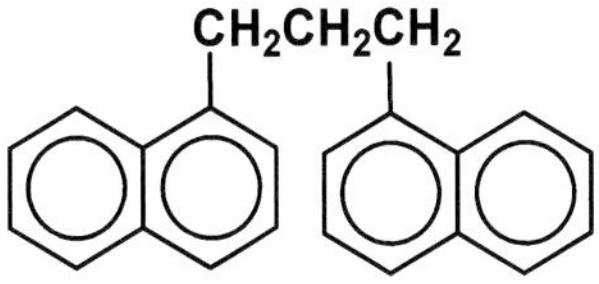

(B)

다른 유형의 프로브는 분자 내 운동에 영향을 미치는 용매 점도에 의존한다. 4-N, N-디메틸아미노벤조니트릴 및 1-디메틸아미노나프탈렌-5-술포닐-n-부틸아미드(1,5-DASB)와 같은 화합물은 들뜬 분자 내 전하이동 혼합물을 형성한다(그림 8.6).

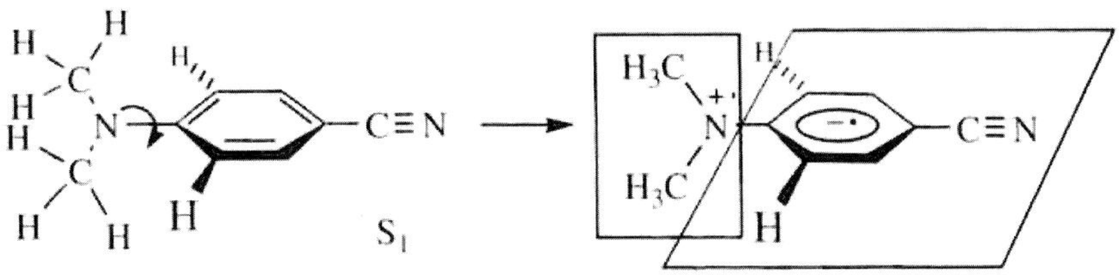

그림 8.6 4-N, N-디메틸아미노벤조니트릴의 들뜬 상태에 따른 구조적 변화

이러한 혼합물은 편재된 들뜬 단일항 상태로 적색을 방출한다. 그 결과 분자의 비틀림 시 점도를 증가시키는 효과는 방출의 강도 및 스펙트럼 이동변화를 관찰함으로써 용이하게 모니터된다. 1,5-DASB의 경우, 매체의 점도가 증가하면 형광 밴드의 파란색 이동이 발생한다(그림 8.7).

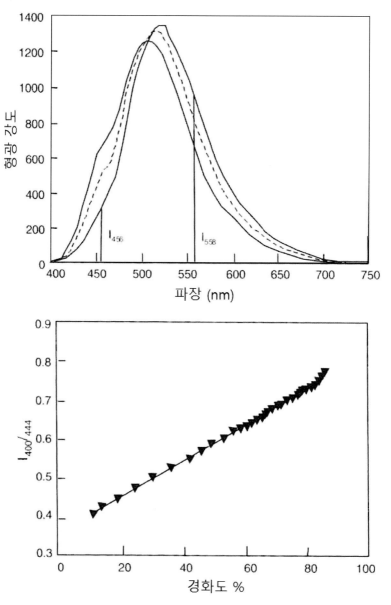

그림 8.7 경화 정도에 따른 아크릴레이트 코팅에서 DASB의 형광 스펙트럼 변화

단파장으로의 이동 범위는 중합된 아크릴레이트의 양과 상관관계가 있다. 중합이 진행됨에 따라 발생하는 형광의 변화에 의존하는 경화는 기기(그림 8.8)를 이용해 온라인으로 모니터링 할 수 있다.

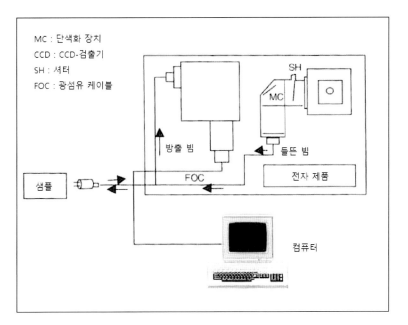

그림 8.8 광경화 모니터의 다이어그램

이 기술을 사용하기 위해서는 적절한 형광종을 경화될 배합물에 도핑할 필요가 있다. 아크릴레이트 및 메타크릴레이트 배합의 경우, 아래에 나타낸 쿠마린 레이저 염료가 양호한 효과를 얻기 위해 사용되었지만 1,5-DASB가 적합하다(그림 8.9).

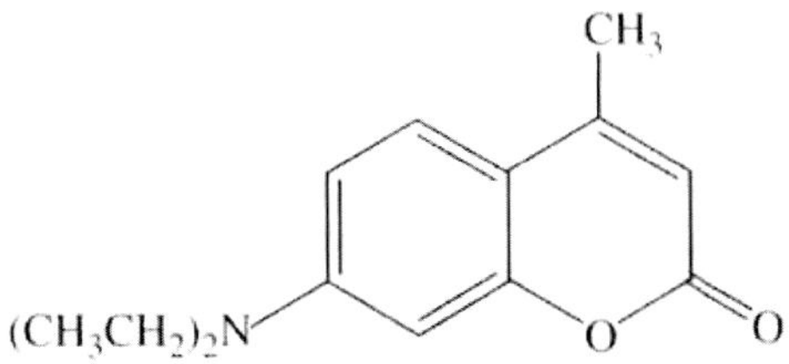

그림 8.9 경화의 온라인 모니터링에 사용되는 쿠마린 레이저 염료

형광 프로브는 자외선을 중합 개시에 사용하거나 외부 공급원과 경화 모니터로 인해 들뜬 상태가 된다. 본질적으로 분광형광계이고, 경화 정도와

스펙트럼 이동의 반사되는 비율의 정도에 따라 파장을 두 가지 미리 선택하고 형광 강도를 모니터한다.

형광 프로브는 자외선을 중합반응을 시작하는 데 사용하거나 외부 소스에서 추출하는 데 사용하고 분광형광 측정기인 경화 모니터는 미리 선택된 두 개의 파장에서 형광강도를 모니터링한다. 비율은 스펙트럼 이동의 범위와 그에 따른 경화 정도를 반영한다. 이는 그림 8.10에 설명되어 있다. (a)에서 원자료가 표시되고 (b)에는 444nm와 400nm에서 방출 강도 비율로 결정된 경화 범위가 표시되었다.

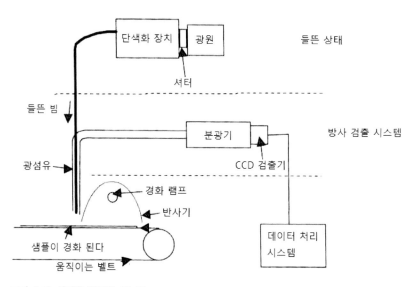

그림 8.10 상업용 온라인 모니터

지금까지 설명한 프로브는 아민이므로 양이온 시스템의 경화를 모니터하는 데 사용할 수 없다. 일부 적절한 프로브는 그림 8.11과 같은 올리고 페닐렌비닐렌이 있다.

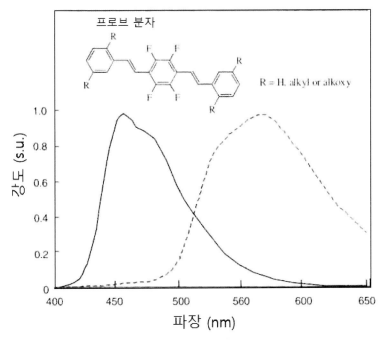

그림 8.11 양이온 경화와 형광 스펙트럼 모니터링에 적합한 올리고페닐렌비닐렌의 구조

용액에서 고상으로 이동함으로써 야기되는 분자 운동의 제한은 위에서 보인 형광 스펙트럼에서 볼 수 있듯이 청색으로 크게 이동된다. 이러한 프로브는 에폭시 실리콘의 양이온 경화를 모니터링하는 데 사용되어 왔다. 안료 함유 도료의 라디칼 및 양이온 시스템의 경화는 이 방법을 사용하여 모니터되지만, 일부 안료가 프로브를 들뜬 상태로 만들기 어렵고, 또는 그 자체가 형광성인 경우 정확하게 경화도가 반사되지 않은 계측기에 의해 형광 강도가 검출된다.

3. 적외선 분광법

적외선 분광법을 이용하면 이 그룹(810, 792 및 820cm^{-1})과 연관된 흡수 밴드가 시간 경과에 따라 사라지는 비율에 따라 아크릴레이트, 에폭사이드 및 비닐에테르의 경화를 모니터링할 수 있다. 경화된 배합물은 염화나트륨 플레이트, 금속 등에 적용될 수 있다. 코팅 경화 후 IR 스펙트럼들을 실행할 수 있다. 염화나트륨 플레이트를 사용하면 투과 스펙트럼들을 쉽게 기록할 수 있다. 코팅이 IR 방사선이 투과하지 못하는 기질에 적용된 경우 다른 샘플링 방법을 사용해야 한다. 예로 광음향 또는 ATR(attenuated total reflectance spectroscopy)이다. 최근에는 실시간 적외선 분광법으로 알려진 기술이 소개됐다. 이 방법의 기본 원리는 IR 분광계에 자외선을 동시에 조사해, 중합 도중 그룹들 간의 흡수 감소를 이용해 모니터링한다. 일반적인 실험 설계가 그림 8.12에 나와 있으며 그림 8.13에는 아크릴레이트를 경화 시 얻는 일반적인 플롯이 나와 있다.

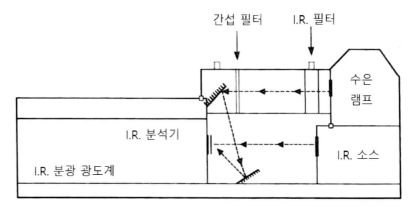

그림 8.12 RTIR 분광법을 수행하기 위해 사용된 장비의 개요

250

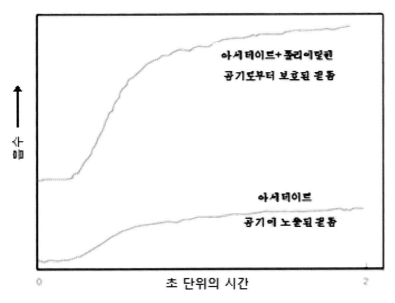

그림 8.13 RTIR 분광법에 의한 아크릴레이트의 경화 모니터링 흡수

분산 IR 분광기가 아닌 FTIR이 사용되는 경우, 비교적 짧은 간격으로 촬영된 스펙트럼들이 기록되고 시간에 따른 특정 흡수 밴드의 감소율 스펙트럼들도 얻을 수 있다. 그러나 이 경우 곡선은 분산 기기로 생성된 실제 곡선과 반대되는 데이터 요소를 연결하여 생성된다. 샘플이 수직으로 놓여 있다면 조치가 취해지지 않는 한 혼합물은 염화나트륨 플레이트를 따라 움직일 수 있다. 샘플이 용액 셀에 포함되어 있다면 용액이 잘 경화되어 셀의 판이 영구히 경화될 위험이 있다. 이러한 원치 않는 효과를 야기할 가능성이 있는 다관능 아크릴레이트를 연구하기 위해 적절한 두께의 스페이서가 장착된 폴리에틸렌 시트에 이 혼합물을 적용한다. 스페이서 내부에 혼합물을 넣고 2개의 폴리에틸렌 시트를 붙인 다음 이 샌드위치를 두 개의 염화나트륨 플레이트 사이에 배치한다(그림 8.14).

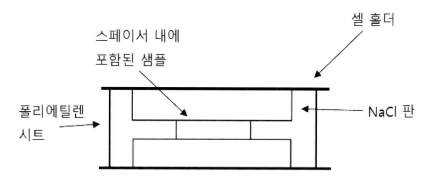

그림 8.14 RT-IR에 의해 연구되기 위해 가교결합을 거치는 배합을 가능하게 하는 부속장치

폴리에틸렌은 아크릴레이트, 에폭사이드 및 비닐에테르와 관련된 IR 흡광도 밴드의 측정을 너무 심하게 간섭하지 않는다. 위에서 설명한 문제를 극복하기 위해 새로운 방법론이 도입되었다. FTIR 분광계는 일반적으로 IR 현미경과 인터페이스하여 미세한 샘플의 IR 스펙트럼을 기록할 수 있다. 이러한 현미경은 자외선이 현미경의 광학장치를 통해 전송되어 IR 광선에 의해 샘플의 동일한 영역에 조사하여 충돌할 수 있도록 할 수 있다. 현미경에 고감도 검출기(수은 카드뮴 텔루라이드)를 사용하면 매우 적은 스캔으로도 우수한 품질의 스펙트럼을 기록할 수 있다. 자외선 조사가 진행됨에 따라 스펙트럼이 쌓이고, 스펙트럼 세트 또는 관심 있는 단일 밴드를 선택할 수 있고, 조사 시간에 따른 흡수 강도의 변화가 표시된다. 그림 8.15는 샘플을 자외선 및 적외선으로 동시에 조사하기 위한 광학 배치를 도시하고, 그림 8.16 및 8.17은 각각 아크릴레이트 및 비닐에테르의 경화를 위해 얻은 스펙트럼을 도시한다.

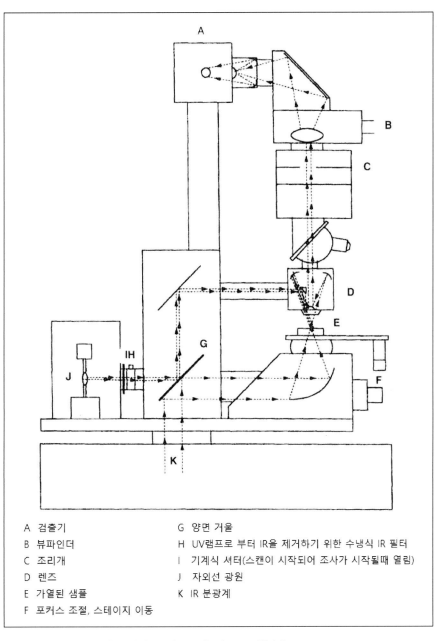

A 검출기
B 뷰파인더
C 조리개
D 렌즈
E 가열된 샘플
F 포커스 조절, 스테이지 이동
G 양면 거울
H UV램프로 부터 IR을 제거하기 위한 수냉식 IR 필터
I 기계식 셔터(스캔이 시작되어 조사가 시작될때 열림)
J 자외선 광원
K IR 분광계

그림 8.15 샘플에 UV 광을 조사할 수 있도록 개조된 RT-IR 현미경

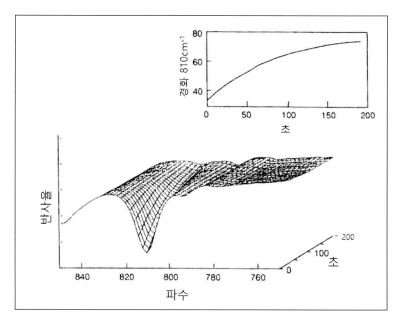

그림 8.16 아크릴레이트의 경화를 보여주는 RT-IR 추적

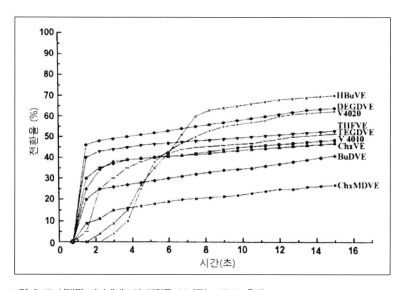

그림 8.17 선택된 비닐에테르의 경화를 보여주는 RT-IR 추적

현미경을 사용하면 수평 위치에 있는 시료를 연구할 수 있으며 여러 가지 가능성을 열어준다. 아래에 첨부된 부속품은 샘플을 가열하고 질소 또는 공기 중에서 경화를 시킬 수 있다.

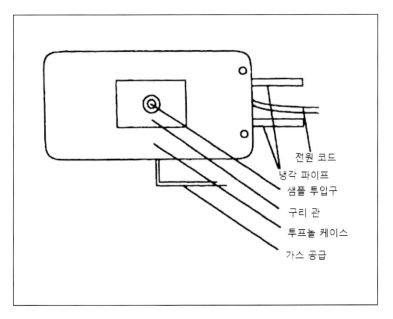

전원 코드
냉각 파이프
샘플 투입구
구리 관
투프놀 케이스
가스 공급

그림 8.18 현미경용 부착물

경화 속도에 대한 온도의 영향 연구는 아크릴화 액정의 경화를 조사할 때 특히 유용하며, 결정이 정렬되었을 때 경화의 정도가 가장 컸다는 것을 보여준다. 다양한 온도에서 시료의 경화를 연구하는 기기는 분체 도료의 경화를 조사하는 데 매우 유용하다. FTIR 분광계의 액세서리는 아래에 나와 있다.

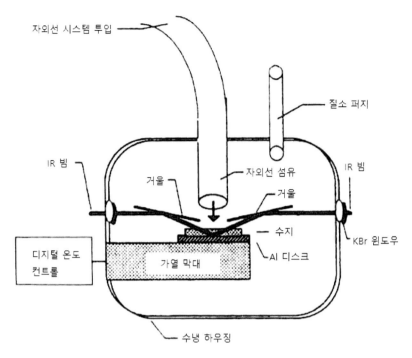

그림 8.19 큰 각 반투명(LARI)셀

말레산 에스테르-비닐에테르 시스템을 기준으로 110℃에서 분체 도료의 경화 속도는 아래에 나와 있으며 FTIR 분광기의 다기능성은 두 가지 다른 파장에서 동시에 경화될 수 있다는 것을 강조하고 있다. 그래프는 푸마레이트 및 비닐에테르 그룹이 동시에 소비되는 것을 나타내며, 이는 교대 공중합체와 중합 공정이 일치한다.

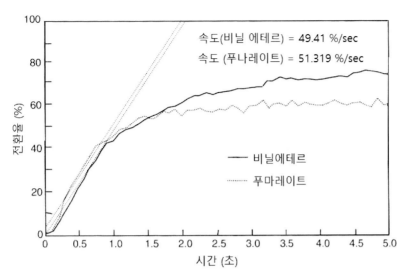

속도(비닐 에테르) = 49.41 %/sec
속도 (푸나레이트) = 51.319 %/sec

— 비닐에테르
····· 푸마레이트

전환율 (%)

시간 (초)

그림 8.20 말레에이트-비닐에테르계를 기본으로 한 분체 도료의 경화

4. 광 시차주사 열량계(photo DSC, photo DPC)

이 방법은 등온 모드에서 작동하는 시차주사 열량계(즉, 시료는 가열 또는 냉각되지 않음)를 사용하고 반응은 시료의 조사에서 유도된다(그림 8.21). 이러한 방식으로, 열 방출 속도 및 반응 속도는 조사 시간의 함수로서 기록될 수 있다.

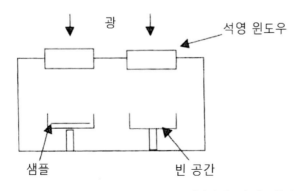

광   석영 윈도우

샘플   빈 공간

그림 8.21 시료 및 기준샘플의 조명을 허용하는 DSC 장치의 개조된 시료 홀더

방출된 열이 반응된 단량체 몰수에 비례한다는 것을 감안할 때, 시간의 함수로서 단량체 전환도 (a)는 다음 식으로 계산할 수 있다.

$$\alpha = ([M]_0 - [M]_t / [M]_t) \times 100 = (H_t / H_0) \times 100 \ (mol \ \%)$$

$[M]_0$과 $[M]_t$는 시간(t) 전후의 단량체 농도이다. H_0는 단량체의 총 변환과 관련된 중합 열이며, H_t는 시간 t 동안 조사 후 방출된 열이다. 이러한 방정식을 사용하기 위해서는 완전히 전환될 때 방출되는 열의 양을 알아야 한다. 이것은 계산 또는 실험적으로 결정될 수 있다. 따라서, 단순한 모노 아크릴레이트가 광중합되면, 방출되는 열이 결정되고 IR 분광법으로 단량체의 전환 정도를 측정할 수 있고 아크릴레이트 결합의 전환을 위해 방출되는 열의 양을 계산할 수 있다. 그림 8.22에는 시간에 따른 전형적인 열 방출이 나와 있다.

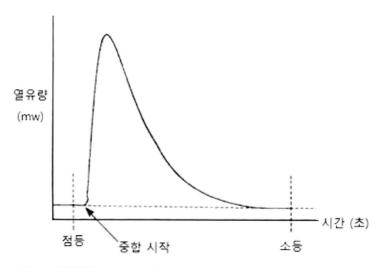

그림 8.22 일반적인 광DSC의 추적

반응에서 방출된 총열량은 곡선 아래의 면적으로 표시된다. 광DSC는 많은 용도를 가지고 있다.

a) 반응에 다른 광원을 사용할 때 영향을 평가할 수 있다.

b) 반응에 들뜬 파장의 변화에 따른 영향을 평가할 수 있다.

c) 반응에 대한 광 강도의 영향을 평가할 수 있다.

d) 불활성 질소의 영향은 쉽게 평가할 수 있다.

e) 반응에 대한 온도의 영향을 쉽게 평가할 수 있다.

f) 경화 과정에서의 색소침착의 영향을 쉽게 알 수 있다.

이 방법에는 몇 가지 한계가 있다. 기기의 시간상수(응답 시간)는 빠른 반응의 경우 열 방출 대 시간 그래프가 왜곡될 수 있다. 장비에 사용된 샘플 팬과 관련된 어려움이 있다. 액체가 용기의 벽을 따라 기어 올라가서 일정한 시료 깊이를 얻기 어렵다. 또한, 경화된 코팅의 두께(60㎛)는 종종 배합물의 두께보다 훨씬 두껍다. 이러한 단점에도 불구하고 이 기법은 실제 가치가 있다. 최근의 예에서, 합성된 벤조페논 및 우레탄 아크릴레이트와 트리메틸올프로판 트리아크릴레이트 혼합물의 중합개시 시 이들 화합물의 상대적인 효율에 기초한 다수의 중합체 광개시제가 쉽게 평가되었다(그림 8.23 및 8.24).

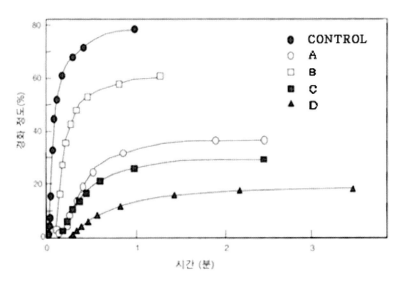

그림 8.23 중합체 벤조페논 개시제 시스템을 사용하여 대기하에 있는 우레탄 아크릴레이트 배합을 경화하기 위한 광DSC 추적

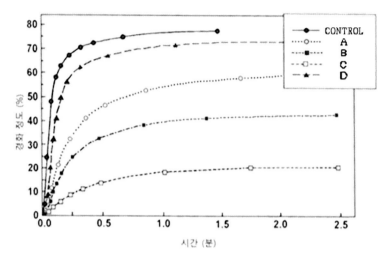

그림 8.24 벤조페논 개시제 시스템을 사용하여 질소가스하에서 우레탄 아크릴레이트 배합을 경화하기 위한 광DSC 추적

개시효율이 낮은 개시제의 경우, 질소를 사용함으로써 개시 효율을 높일 수 있다. 또한, 철 아렌 헥사플루오로포스페이트에 의해 개시된 디에폭사이드의 경화를 알아보기 위해 에폭사이드와 같은 양이온성 시스템의 경화에 대한 예가 제시되어 있다. 시간 대 열방출의 그래프 곡선(그림 8.25)은 많은 변화가 있음을 나타낸다.

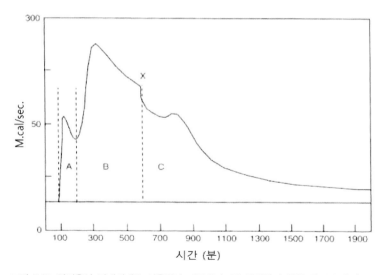

그림 8.25 양이온성 광개시제를 사용하여 에폭사이드를 경화하기 위한 광DSC 추적

곡선의 영역 A에서, 개시제는 산소와 반응하여 액체 단량체 상부에 고분자층을 생성시키는 중합반응을 개시하는 철(Ⅲ)종을 생성한다. 영역 B에서, 개시제의 효율을 감소시키는 산소 감소 시스템에서 중합이 일어난다. 지점 X에서 빛은 꺼지나, 유리화가 시작될 때까지 중합은 계속된다(즉, 후경화).

5. 겔 투과 크로마토그래피(GPC)

GPC 또는 때때로 크기배제 크로마토그래피로 불리는 것은 분자크기로 혼합물의 성분 분리를 하는 기술이다. 크기(예를 들어, 부피)가 분자량과 같다고 가정하면, 상기 방법은 적합한 기준이 선택된다면, 분자량 분포를 결정하는 데 사용될 수 있다. 이 기술은 고분자 화학자들에게 매우 가치 있는 응용방법이다.

만일 경화된 코팅막을 추출하면, 저분자량종(예, 미반응 광개시제), 광개시제 잔유물, 아민 증감제 및 올리고머가 코팅에서 제거된다. HPLC 분석 및 HPLC/질량 분석법은 비올리고머 생성물의 양을 나타내고 정량화하는 이상적인 방법이다. GPC를 사용하여 올리고머 생성물을 확인할 수 있다.

GPC는 용매에 용해되는 물질만 사용할 수 있으므로 가교결합된 시스템은 사용이 제한된다. 따라서, 특정 개시제 시스템의 효율을 평가하고자 하는 경우, 상기 시스템을 사용하여 모노 아크릴레이트(예, 이소데실아크릴레이트) 중합에 개시한다. 형성된 고분자의 양, 고분자 및 올리고머의 분자량 분포로부터 개시 공정에 관한 정보를 추론할 수 있다. 이러한 시스템을 사용하는 또 다른 장점은 모노 아크릴레이트가 일반적인 방사선 경화를 사용하여 박막으로 경화될 수 있다는 것이다. GPC 크로마토그래프는 일반적으로 굴절률과 가변적인 파장 검출기가 장착되어 있다. 굴절률 검출기(RI)를 사용하여 고분자 및 올리고머의 상대적인 양을 알 수 있다. 분석 파장의 현명한 선택에 의해, 고분자 및 올리고머의 말단그룹(광개시제 및 경우에 따라 아민 증강제로부터 유도됨)이 검출될 수 있다. RI 감지기와 자외선검출기는 고분자 및 올리고머에 존재하는 말단그룹의 양을 측정할 수 있게 한다. 이 방법론을 사용함으로써, 라우릴 아크릴레이트의 중합을 위한 티옥산톤-에 틸-4-디메틸아미노벤조에이트 개시제 시스템이 티옥산톤 및 아민 그룹 모두 를 함유하는 고분자를 제공한다는 것을 입증할 수 있다. 또 다른 예에서, 중 합 가능한 티옥산톤(아크릴화된 티옥산톤) 광개시제가 사용되었고, UV 검출 기와 함께 RI 검출기를 사용하였다. 그것은 티옥산톤이 고분자에 포함되었 음을 보여주었다. 이것은 다이오드 어레이 검출기(DAD)를 사용하는 자외선 모니터링 시스템이 사용될 때 가장 확실하게 입증된다(그림 8.26).

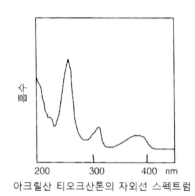

아크릴산 티오크산톤의 자외선 스펙트럼

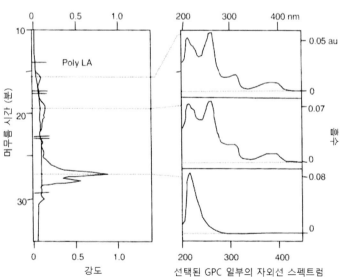

선택된 GPC 일부의 자외선 스펙트럼

그림 8.26 아크릴화된 티옥산톤을 사용하여 중합된 라우릴 아크릴레이트로부터 얻 어진 선택된 피크의 GPC 및 UV 스펙트럼

광개시제의 화학적 조사

대부분의 광개시제 사용자는 광개시제가 나타내는 반응의 유형에 대해 제조업체가 제공한 정보에 의존한다. 파장의 반응 및 분해 과정에서 형성된 부산물을 포함한다. 광개시제의 광화학 연구에 사용할 수 있는 방법 중 일부는 다음 장에서 설명된다.

1. 레이저 플래시 광분해

플래시 광분해 기술은 노리시(Norrish)와 포터(Porter)에 의해 도입되었으며, 나중에 레이저의 출현과 함께 레이저 플래시 광분해가 개발되었다. 가장 빈번하게 발생하는 형태로, 샘플은 빛의(수 나노초 동안) 짧은 펄스로 인해 광분해되고, 예를 들면 자외선에 의한 들뜬 상태(일반적으로 삼중항 상태), 라디칼 이온 및 라디칼이 순간 생성물로 검출된다. 이 검출 방법은 순간 생성종이 쉽게 검출될 수 있는 흡수 스펙트럼이 있어야 한다. 이러한 방법으로 안 되는 경우, 순간 생성종은 광음향 분광기에 의해 감지할 수 있다. 다양한 용매의 Ⅰ형 광개시제(C)는 레이저 플래시 광분해에 적용되어 삼중항 수율(~0.25)을 결정하고 벤조일 라디칼을 제공하기 위해 α-분열(α

-cleavage)이 일어나는 삼중항 상태에 대한 증거를 제공한다.

$$Ph-\overset{\overset{\displaystyle O}{\|}}{C}-\overset{\overset{\displaystyle OH}{|}}{\underset{\underset{\displaystyle CH_3}{|}}{C}}-CH_3$$

(C)

하이드록실 그룹이 아세톡실 그룹으로 대체될 때, 삼중항 상태는 오래 지속되므로 α - 분열이 비효율적이다. 당연히 이 화합물은 비효율적인 광개시제이다. 마이크로 세컨드 플래시 광분해를 사용하면 아민 증감제가 삼중항 방향족 케톤을 환원시켜 케톤(예, Ph_2COH)으로부터 유도된 케틸(ketyl)을 얻는다. 나노 및 펨토초 레이저 플래시 광분해를 이용한 이후 일차 광화학 반응은 아민에서 삼중항 케톤으로 전자 이동하는 것을 증명했다(그림 3.4).

이 예는 광개시 라디칼의 생성을 유도하는 과정을 풀기 위해 플래시 광분해가 어떻게 사용될 수 있는지를 설명한다.

2. 전자 스핀 공명(E.S.R.)

이 기술은 시스템에서 라디칼의 존재를 보여주고 이를 확인하는 데 사용된다. 일반적으로 두 가지 방법이 사용된다. 첫 번째 접근법에서 개시제는 ESR 분광계의 공동 내에 위치한 셀에서 조사되므로 유리한 환경에서 생성된 라디칼을 구별할 수 있다. 하나 이상의 유형의 라디칼이 생성되면 ENDOR 분광기를 사용하여 확인할 수 있다. 때로는 라디칼을 확인하기 위한 우수한 스펙트럼들을 얻는 것이 매우 어렵다. 이러한 상황에서 스핀 트래핑이 종종 유리하게 사용된다. 이러한 목적으로 사용되는 일반적인 화합물은 그림 9.1에 나와 있다.

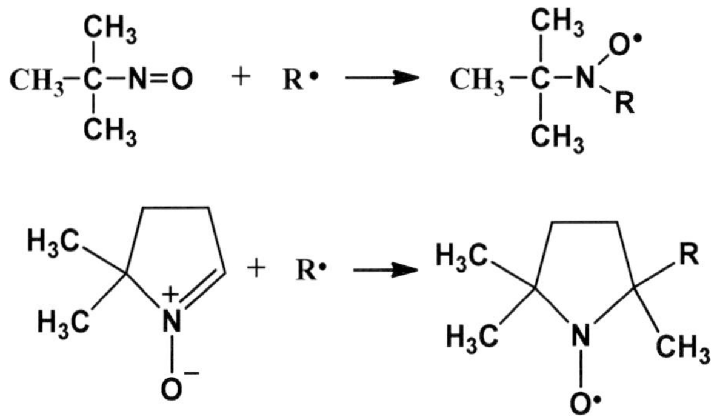

그림 9.1 라디칼의 확인을 돕기 위하여 사용된 스핀 트랩

이들 기술의 사용 예는 삼중항 케톤과 삼차 아민의 반응에서 생성된 케틸 라디칼의 확인 및 삼중항 티옥산톤과 에탄올아민, 트리에틸아민의 반응에서 생성된 아미노알킬 라디칼을 확인할 수 있다. 그림 9.2에 도시된 라디칼은 이러한 트래핑 반응에 의해 확인된다.

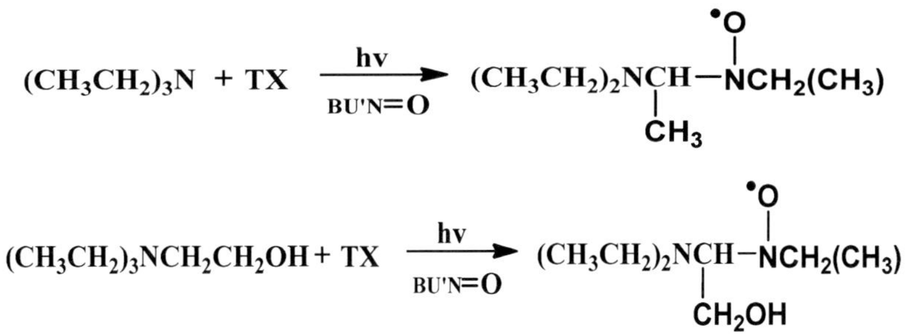

그림 9.2 2-메틸-2-니트로프로판을 이용한 α-아미노알킬 라디칼의 트래핑

지금까지 언급된 모든 경우에 있어서, 라디칼은 용액 안에서 생성된다. 따라서 자기장과 함께 정렬되어 식별하기 용이한 고분해능 스펙트럼을 생성한다. 단단한 메트릭스에서 라디칼이 생성되는 시스템이 있다. 중합된 1,6-헥산디올 디아크릴레이트 시스템의 경우 중간 사슬 라디칼(D)(그림 9.3)이 있다. 1,6-헥산디올 디메타크릴레이트가 중합될 때 매트릭스에 존재하는 라디칼은 말단 사슬 라디칼(E)이다.

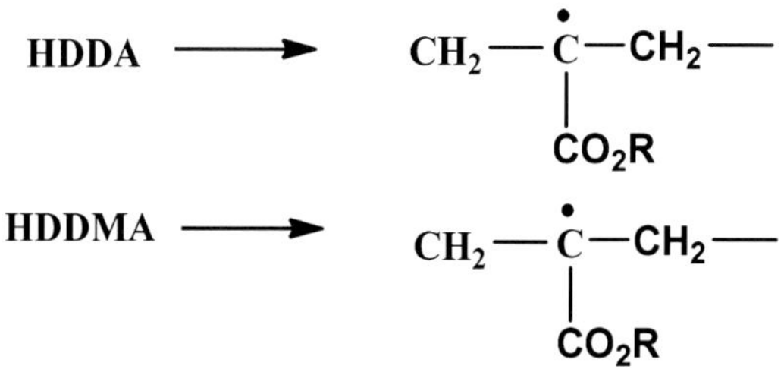

$$\text{HDDA} \longrightarrow \quad \text{CH}_2\!-\!\overset{\bullet}{\underset{\displaystyle \text{CO}_2\text{R}}{\text{C}}}\!-\!\text{CH}_2\!- \qquad \text{(D)}$$

$$\text{HDDMA} \longrightarrow \quad \text{CH}_2\!-\!\overset{\bullet}{\underset{\displaystyle \text{CO}_2\text{R}}{\text{C}}}\!-\!\text{CH}_2\!- \qquad \text{(E)}$$

그림 9.3 헥산-1,6-디올 디아크릴레이트 및 디메타아크릴레이트 중합에 의해 발생된 라디칼

라디칼은 산소가 존재하지 않는다면, 매트릭스에서 매우 오래 존재한다. 산소와의 반응은 퍼옥실 라디칼 생성을 유도한다. 모든 경우에 있어 정상 상태 빛이 사용되었다. 그러나 펄스 광원을 사용하는 것이 가능하며 이러한 실험은 훨씬 더 많은 정보를 발견할 수있다. 이 기술은 시간 분해 CIDEP (Chemically Induced Dynamic Electron Polarization)로 알려져 있다. CIDEP 는 라디칼의 존재와 특징을 확인할 수 있으며 이들이 들뜬 단일항 또는 삼중항 상태에서 생성되었는지 여부를 확인할 수 있다. 이 기술을 사용하여 2,4,6-트리메틸벤조일디페닐포스핀옥사이드에 조사 시 생성된 라디칼을 특성화하고 아실포스핀옥사이드의 삼중항 상태를 전구체로 나타냈다. 그림 9.4는 CIDEP 스펙트럼과 흡수 및 방출선 발생을 모두 보여준다. 그것은 라디칼 생성에 원인이 되는 들뜬 상태를 확인할 수 있는 흡수 및 방출선의 패턴이다.

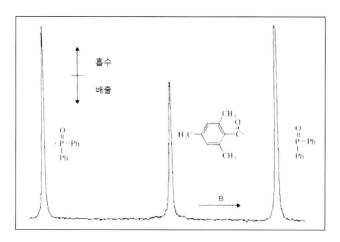

그림 9.4 아실포스핀 옥사이드의 광분해에 의해 생성되는 라디칼

3. N.M.R. 분광기

NMR 분광기(^{1}H 또는 ^{13}C)의 공동 내에 포함된 혼합물의 조사는 제품의 발전을 추적하는 데 매우 중요하다. 따라서 중합되지 않은 매질에서 타입 I 광개시제 용액을 조사하면, 라디칼-라디칼 조합 및 불균등화에 의해 유도된 생성물을 확인할 수 있다. 그러나 다른 효과도 관찰될 수 있다. 경우에 따라 케이지 반응의 발생은 화학평형 값으로부터 크게 벗어나는 반응 생성물의 스펙트럼에서 신호 강도를 유도한다. 이 효과를 CIDNP(NMR에 상응하는 CIDEP)라고 한다. CIDNP 실험에서 배출과 흡수 강화 결합이 모두 관찰되고 이 정보로부터(Kaptein의 법칙) 제품이 단일항 또는 삼중항 라디칼 쌍으로부터 유래되었는지 여부를 추론할 수 있다. 중수소화 벤젠에서 개시제(F)를 조사하여 유도된 ^{1}H-FT-CIDNP 스펙트럼들을 그림 9.5에 나타내었다.

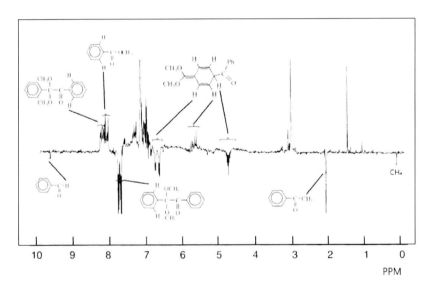

그림 9.5 ^{1}H FT-CiDNP 스펙트럼

스펙트럼은 예상되는 생성물(즉, 벤조알데하이드 및 아세토페논)의 공명 뿐만 아니라, 라디칼-라디칼 배합물(G)의 공명도 보여준다(그림 9.6).

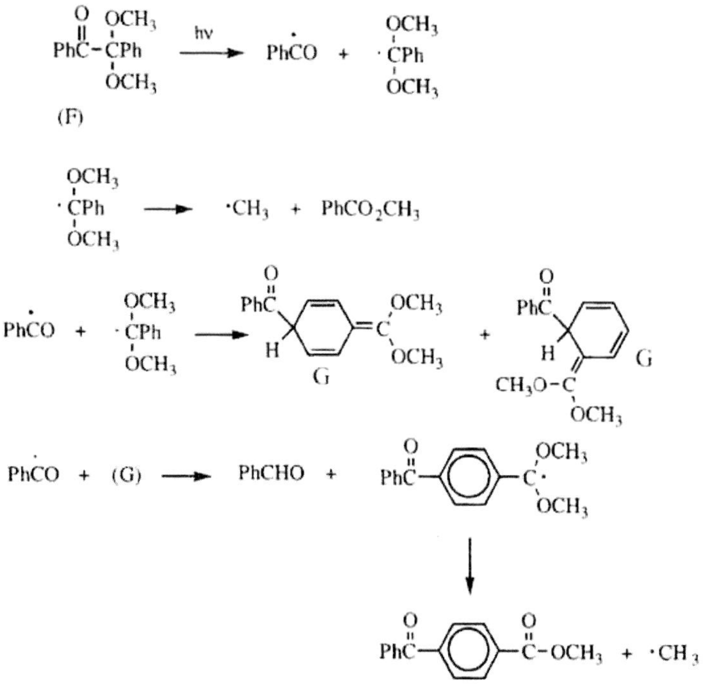

그림 9.6 (F)의 광분해로 생성된 생성물

시간 분해 CIDNP는 라디칼-라디칼 프로세스를 분리하는 데 사용된다. 이는 이중 라디칼쌍 과정(빠른)과 확산 조절 과정인 훨씬 느린 랜덤 위상 과정를 통해 발생한다. 가스를 제거한 벤젠에 함유된 개시제 H의 시간 분해 CIDNP 스펙트럼(레이저 펄스 후 1μ sec 기록)이 그림 9.7에 나와 있다.

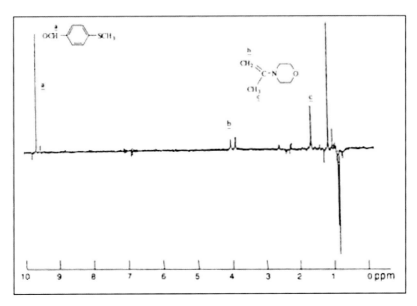

그림 9.7 시간 분해 ^{1}H NMR 2-이소프로필티옥산톤의 존재하에 개시제(H)의 조사된 가스 제거 샘플의 CIDNP 스펙트럼

그림 9.8 H를 조사함으로써 생성된 탈출 라디칼로부터 생성된 생성물

이 실험은 삼중항 티옥산톤이 에너지 전달을 통해 (H)의 α-절단을 할

수 있음을 보여준다(그림 9.8). 9.64ppm(강화된 흡수)에서 보이는 강한 신호는 (Ⅰ)의 알데하이드 양성자 때문이다. 3.98 및 3.86ppm에서는 올레핀 양성자로 인해 두 가지 신호가 보이고 (J)에 존재하는 메틸렌 그룹 때문이기도 하다. 이 화합물의 메틸 그룹은 1.68ppm에 위치한다. 0.87ppm에서 강하게 분극된 신호는 다른 생성물 2-(N-모르폴리노)프로판의 메틸기 때문이다.

4. 개시제 시스템에 의해 생성된 라디칼의 화학적 식별

유형 Ⅰ 개시제의 조사는 두 개의 라디칼을 생성한다. 이들 라디칼은 니트록실 라디칼에 의한 라디칼 트래핑에 의해 안정한 화합물로 전환될 수 있다. 이 트랩 중 가장 많이 사용되는 것은 2,2,6,6-테트라메틸피페리딘옥실(TMPO)(그림 9.9)이다.

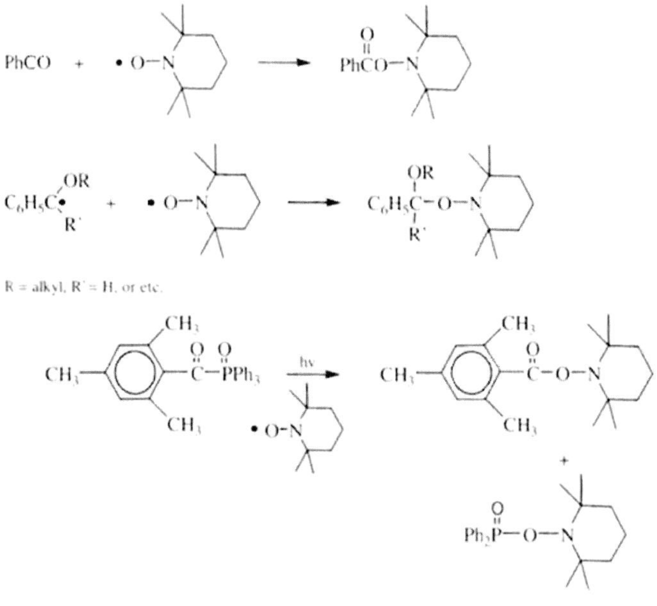

그림 9.9 니트록실 라디칼을 갖는 광에 의해 생성된 라디칼의 트래핑

이들 생성물의 구조적 설명은 포획된 라디칼의 구조에서 생성한다. 라디
칼을 포획하는 또 다른 좋은 방법은 비중합성 알켄을 사용하는 것이다. 이
목적으로 1,1-디페닐에텐 및 1,1-디(4-메틸페닐)에틴이 사용된다(그림 9.10).

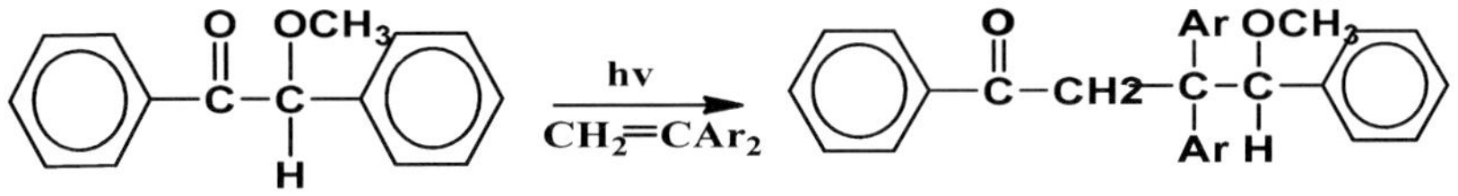

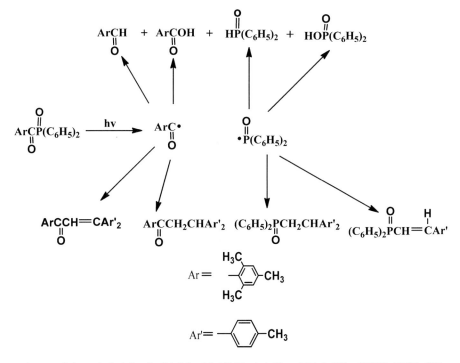

그림 9.10 1,1-디페닐에텐을 갖는 광에 의해 생성된 라디칼 트래핑

1,1-디(4-메틸페닐)에틴의 존재하에서 2,4,6-트리메틸벤조일디페닐포스핀
옥사이드의 분해가 흥미로운 생성물을 제공한다(그림 9.11).

그림 9.11 아실포스핀 옥사이드의 광분해에 의해 생성된 라디칼을 포획하기 위한 비중합성 알켄의 사용

광경화의 응용

제10장

1. 개요

광경화(자외선/전자빔)는 연간~10%의 성장률로 급속하게 성장하는 기술이다. 무엇이 이 성장을 이끌었을까? 가장 중요한 세 가지 원동력은 다음과 같다: (1) 무용제 공정(수성 제외), 즉 100% 고형분 시스템이며 휘발성 유기 화합물(VOC)은 생성되지 않는다. (2) 공정은 에너지 효율적이며, (3) 이 공정은 공간적 제한이 없으며 경제적이다. 지난 20년 동안 대기오염을 일으키는 휘발성 유기화합물 방출에 대한 우려가 커지고 있다. 대부분의 선진국에서 배출량을 줄이거나 완전히 없애기 위한 법안이 진행 중이다. 용제를 사용해야 하는 공정의 경우, 용제 제거 또는 소각단계가 필요하다. 광경화는 의심할 여지없이 청정기술이며 친환경기술이라 말한다. 이 기술의 지속적인 성장은 일부분 환경 친화적 공정이기 때문이다. 초기 성장에서 또 다른 큰 원동력으로는 이 기술이 받아들여졌을 때, 누적되는 눈에 띄는 에너지 절감이 있다. 확실히 속도가 중요한 열 경화 및 건조 작업은 부분적으로 비효율적이기 때문에 비용이 많이 든다. 화학 및 장비 제조업체는 사업 확장을 함으로써 더 많은 재료를 개발하고 장비를 맞췄다. 오늘날 업계는 여전히 아크릴레이트/메타크릴레이트 화학이 주도하고 있으며, 이들 제품의 범위를 넓히려는 많은 노력이 기울여지고 있다. 광경화제품(특히 아크릴레이트)의 독성에 대한 우려는 저독성 물질의 개발로 이어졌다. 예를 들어 1,6-헥산 디올디아크릴레이트와 같은 우수한 아크릴레이트는 초기 "광경화"에서 높은 자극성을 나타내기 때문에 나쁜 평판을 얻었다. 대부분의 경우 이러한 좋지 않은 특성은 제품에서의 자유 아크릴산의 존재를 야기했다. 요즘 제조업체는 최근 재료의 자유 아크릴산 존재를 제거하는 데 극도로 주의를 기울이고 있다. 아크릴레이트의 자극성을 감소시키는 또 다른 방법은 에틸렌 또는 프로필렌 옥사이드를 사용하여 알코올 전구체를 만든 다음, 제품을 아크릴화하는 것이다(그림 5.15). 이 공정은 분자의 아크릴레이트 함량을 감소시키며, 결과적으로 이들 화합물이 변성되지 않는 아크릴레이트의 중량에 대해 같은 중량으로 사용될 때, 배합물에서의 아크릴 그룹들의 함량은 낮아진다. 이것은 배합물의 반응성을 낮추지만, 산소에 인접한 반응성 C-H 결합을 함유하기 때문에 폴리에테르 그룹 경화를 도와줌으로써, 일부 상쇄된다. 확실히 많은 공정이 아크릴레이트의 자극성을 줄이기 위해 만들어졌지만 이것은 결코 완전히 제거되지 않으므로 더 안전한 방법을 찾고 있다. 현재 비닐에테르는 보다 안전한 취급 특성 때문에 에폭사이드 및 아크릴레이트에 비해 우위에 있는 것으로 보이지만 가수분해 불안정성이 문제가 되고 있다. 자유 라디칼 비닐에테르-말레이트계는 광개시제를 포함하는 다양한 재료 및 비용 때문에 매력적이지만, 그러나 산소 퀜칭(quenching)에 대한 민감성은 적지만 불행히도 경화속도는 아크릴레이트의 자유 라디칼 경화보다 느리다. 확실히 비닐에테르-아크릴레이트 시스템과 같은 혼합물의 장점은 찬사를 받고 있지만 이것은 아크릴레이트 화학에 대한 이상적인 대안은 아니다. 구매 비용이나 공간 임대비용이 주요 비용이기 때문에 공간절약 또한 중요한 경제적 문제가 될 수 있다. 대부분의 경우 광경화로 변경하면 바인딩하기 전에 인쇄물을 저장하는 데 필요한 건조 오븐에 차지하던 넓은 공간 확보가 가능하다.

2. 그래픽 아트

영국의 경우 이 분야의 강점이 있으며 스크린, 리소그래피, 플렉소 인쇄기, 그라비아, 음각 및 제트 인쇄 공정을 다룬다. 이들 공정에 요구되는 잉크는 그 특성이 매우 다르다. 예를 들어 실크스크린은 페이스트 잉크(버터 같은 농도)를 사용하고 두꺼운 층($20{\sim}80\,\mu m$)으로 쌓으며, 리소 그래픽은 비교적 소수성이고 상대적으로 얇은 필름이어야 하며, 활판 인쇄기는 잉크 페이스트를 사용하고 상대적으로 두꺼운 필름, 그라비어 인쇄 및 롤러 코팅 잉크는 점도가 비교적 낮고 음각은 페이스트 튜브 잉크를 사용한다. 배합 중 안료의 양은 매우 다양하며, 결과적으로 경화에 요구되는 조건들은 다양한 시스템에 따라 매우 다르다.

3. 목재 코팅산업

유럽에서는 2만 톤 이상의 광경화 제품이 사용되고 있다. 사용되는 배합에는 두 가지 주요 유형이 있다. 스티렌 불포화 폴리에스터 및 아크릴레이트 시스템이 있다. 다소 선택되는 시스템으로는 지리적 선호가 나타난다. 예를 들어, 남부 유럽은 스티렌 폴리에스테르 시스템을 주로 사용하는 반면, 영국에서는 주로 아크릴레이트가 가장 선호된다. 확실히 스티렌 폴리에스테르 시스템은 아크릴레이트된 시스템에 비해 저렴(40%)하지만 낮은 인화점, 심한 악취, 낮은 속도 및 높은 중량 요구 등의 단점이 있다. 목재 코팅을 위해 수성 아크릴레이트 시스템을 사용한다. 파켓 플로링(parquent flooring)의 경우, 배합은 우수한 접착력, 내마모성 및 내스크래치성을 가진 코팅을 만들어야 한다. 이런 경우 우레탄 아크릴레이트(예, 이관능기 방향족 우레탄 아크릴레이트)의 사용이 필요하다.

4. 광섬유 생산

광섬유는 모뎀 통신시스템의 기반이며 광신호를 한 지점에서 다른 지점으로 전송하는 데 사용된다. 이것이 효율적으로 이루어지려면 전송 중에 신호의 강도손실이 없어야 한다. 광섬유(도프된 실리카 유리) 내에서 광신호의 전송을 돕기 위해 섬유보다 굴절률이 낮은 재료로 광섬유를 코팅해야한다(그림 10.1). 이러한 방식으로 섬유는 도파관으로 작용한다.

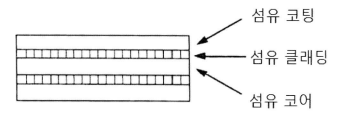

그림 10.1 이상적인 광섬유

광섬유는 표면 스크래치 또는 먼지입자의 흡착이 광섬유의 수명을 단축시킬 수 있기 때문에 엄격한 품질 보증을 받아야 한다. 굽힘 등으로 섬유가 손상되는 것을 방지하기 위해 일반적으로 섬유에는 두 개의 보호 코팅이 있다(그림 10.2).

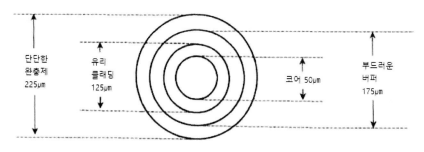

그림 10.2 두 개의 보호 코팅이 있는 광섬유

연질 완충액은 낮은 모듈러스를 갖는 고분자이며, 광섬유와 경질 외부코 팅 사이에 쿠션으로 작용한다. 외부 코팅은 가혹한 환경 조건에서 내부 부 품을 보호하도록 설계되었다. 이러한 완충 코팅은 자외선 경화를 통해 이루 어진다. 그림 10.3은 섬유가 만들어지는 방법과 코팅이 적용되는 방법을 보 여준다.

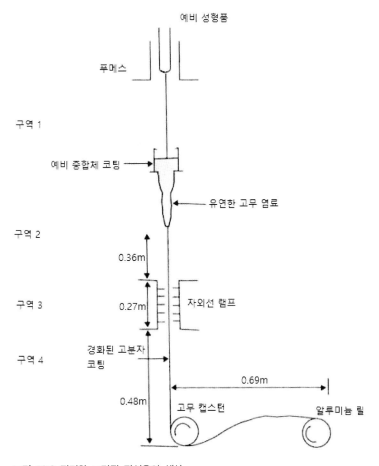

그림 10.3 광경화 코팅된 광섬유의 생산

이 코팅에 자주 사용되는 재료들로 우레탄 아크릴레이트 및 실록산이 있다.

5. 디지털 광학 기록 및 레이저 비전 비디오 디스크

아마도 이러한 장치들 중 가장 익숙한 것은 소형 디스크이다. 다른 장치로는 레이저 판독할 수 있는 영상정보 캐리어 및 컴퓨터 응용프로그램 관련 저장을 위한 디지털 광학 녹음이 있다. 자외선 경화는 복제 공정 및 장치에 대한 내구성 코팅 생성에 사용된다. 복제 공정은 그림 10.4에 나와 있다.

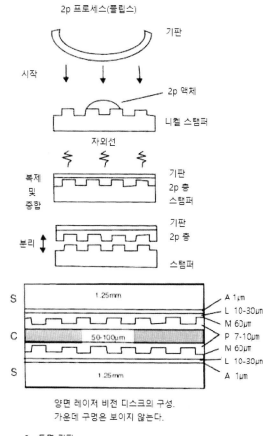

그림 10.4 "2p 공정"에 의한 레이저 비전 디스크를 생성하는 데 사용되는 광복제 공정의 도식적 표현

가끔 이 공정은 "2p 공정"(광중합반응으로부터)이라고 불린다. 단계 A에서 자외선 경화성 배합물은 몰드에 도포된다. 단계 B에서, 기재에 도포되며 이로 인해 광중합이 가능한 물질 층이 생성된다. 기재를 통과하는 조사는 수지를 중합시킨다. 단계 C에서, 기재를 주형으로부터 들어 올린다. 그리고 나서 얇은 금속 층으로 코팅하고, 그다음에 자외선 조사에 의하여 경화 가능한 층은 보호 코팅을 생성한다(단계 D). 원칙적으로 이 공정은 단순해 보이지만 많은 문제를 극복해야만 했다.

예를 들어, 중합 및 수축에 따른 아크릴레이트 및 메타아크릴레이트 수축은 복제본의 보전에 심각한 영향을 줄 수 있다. 그 결과, 사용된 올리고머의 구조 및 메타아크릴레이트 그룹의 농도를 잘 조절해야 한다.

6. 접착제

일반적으로 접착제는 액체 상태로 부품에 적용한 다음 두 번째 부품을 그 위치에 놓는다. 강한 접착력을 가지려면 두 부분을 완전히 젖게 해야 한다. 일반적으로 액체 접착제는 유기 용매에 고체 접착제를 넣은 용액이거나 물에 접착 물질이 분산되어 있는 형태이다. 접착제 결합을 형성하기 위해서는 용매(물 또는 유기물)를 증발시켜야 한다. 이 공정은 느리며 유기 용제가 사용되는 경우 원치 않는 VOC가 대기 중으로 방출된다. 이러한 문제를 극복하는 방법에는 다음이 포함된다. a) 핫멜트 접착제 사용, b) 반응성 접착제 시스템을 사용, c) 광중합성 접착제 시스템 사용. 핫멜트 접착제는 용융 상태에서 도포되고 냉각 시 응고되어 접착이 된다. 반응성 접착제는 일반적으로 가교결합 형성을 포함하는 중합반응을 겪는 두 가지 성분들로 구성된다. 이러한 시스템은 중합 공정이 느린 경우가 있고, 성분들의 혼합물은 곧바로 사용되어야만 하는 단점을 갖는다. 광중합성 접착제는 액체 형태로 표면에 적용할 수 있고, 상기 시스템을 광원에 노출시킴으로써 경화를 유도할 수 있는 장점을 갖는다. 그러나 이러한 시스템을 사용하기 위해서는 결합될 부품 중 적어도 하나의 부품은 광에 투과되어야만 한다. 이것은 심각한 한계점이지만 그럼에도 불구하고 유리 및 유기고분자 라미네이트 등은 이러한 방식으로 생산한다. 응용 분야에는 액정 디스플레이 장치의 생산이 있다. 부품 중 하나가 광에 투과되어야만 한다는 한계를 극복하는 한 가지 방법으로는 빛에 활성화되는 느린 경화 시스템을 사용하는 것이다. 에폭사이드의 양이온 경화는 느린 것으로 알려져 있다. 에폭사이드 및 오늄염의 조사는 산을 발생시킨다. 따라서, 이러한 배합물이 부품에 도포, 조사되고 그리고 나서 두 번째 부품에 도포된다면 열을 기반으로 하는 산촉매화된 (thermal acid catalyzed) 중합은 모든 에폭사이드 그룹이 사용될 때까지 진행되어 접착 결합이 형성된다. 일부 광활성 혐기성 접착제가 대안으로 고안되고 있다. 이러한 시스템은 산의 공급원인 오늄염이 포함되어 있다. 페로센의 존재하, 산은 하이드로 퍼옥사이드를 분해하는 데 사용되며, 하이드로 퍼옥사이드는 이어서 메타아크릴레이트와 같은 단량체를 중합하는 데 사용된다. 메타아크릴레이트의 경화는 산소의 존재하에서 매우 느리고 산소가 없는 경우 경화가 잘 일어난다. 이러한 혼합물이 2개의 기판 사이에 샌드위치될 때, 중합 가능한 접착제의 확산은 크게 감소되고, 중합반응이 일어나 접착 결합이 형성된다.

7. 래피드 프로토타이핑(Rapid Prototyping)

래피드 프로토타이핑은 비교적 새로운 개발이며 빠르게 발전하는 기술이다. CAD 시스템에서 3차원 모델을 3D 기능 모델(functional model)로 직접 변환할 수 있다. 엔지니어링 산업의 응용분야로는 주형 주조의 생산, 엔진 매니폴드와 같은 기능 모델의 생산이 있다. 또한 의학에 대한 방법론의 가치에 대한 인식이 증가하고 있다. 적절한 영상 데이터로부터 실물 크기 모형인 두개골, 손 또는 발을 만들 수 있다. 외과의사는 다친 뼈 구조의 정확한 복제품을 검사하는 것이 환자를 치료하기 위해 가장 효과적인 수술 방법이란 것을 알게 됐다. 몇 가지 래피드 프로토타이핑 시스템이 있으며 이 중 두 가지가 광경화를 사용한다. 가장 빈번히 발생하는 프로세스는 입체인쇄술(stereolithography)이 있다. 장치의 개략적인 버전이 그림 10.5에 도시되어 있다.

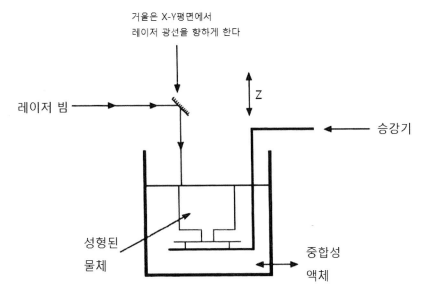

그림 10.5 스테레오 리소그래피 장치의 개략도

컴퓨터 시스템의 모델이 단면화된다(그림 10.6).

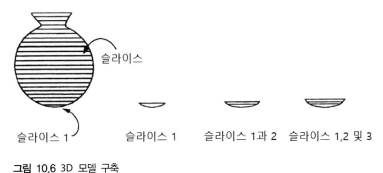

그림 10.6 3D 모델 구축

슬라이스 1이 선택되고 컴퓨터는 슬라이스 1의 복제 고형물을 생성하기 위해 레이저로 수지를 중합시키도록 하는 데 사용된다. 배스 내의 트레이는 슬라이스 1 위의 수지 높이를 슬라이스 2의 두께와 일치시키기 위해 낮춰진다. 이어서, 슬라이스 2는(컴퓨터에 의해 지시된 바와 같이) 레이저 빔을 통해 필요한 형상을 생성한다. 그렇게 함으로써 중합된 물질은 2층에 층을 이룬다. 과거에는 수지 탱크(resin tank)에서 중합 가능한 물질로 아크릴레이트를 많이 사용했다. 그러나 에폭사이드의 양이온 경화가 아크릴레이트의 중합보다 느리지만, 양이온 경화의 사용은 빠르게 수용되고 있다. 에폭사이드로 만들어진 모델은 보통 아크릴레이트 제품보다 훨씬 강하다. 말할 필요 없이, 에폭사이드로 제조하는 데 요구되는 시간은 아크릴레이트로부터 제조하는 데 요구되는 시간보다 더 길다. 합성물로 만든 모델도 이러한 방식으로 생산된다. 대안적인 공정에서 모델은 슬라이스들로 인해 만들어지며, 네가티브를 통한 조사에 의해 생성된다. 컴퓨터는 이미지가 전자사진법에 의해 생성되는 것과 유사한 방식으로 네가티브를 생성하는 데 사용된다. 즉, 불투명한 이미지는 토너 분말의 침착에 의해 만들어진다.

8. 치과 산업

1970년대 초 광중합성 치과용 수지가 소개되었다. 이 물질들은 아말감과 열경화 물질에 비해 몇 가지 장점을 가진다. 장점으로는 즉시 사용 가능하며, 기포가 없고, 작업시간 및 유효기간 연장하며, 빠른 중합 속도 및 우수한 색상 안정성이 있다. 이러한 방법을 채택하기 전에 몇 가지 문제를 해결해야 한다. 예를 들어, 자외선을 330nm 이하로 사용하는 것은 허용되지 않는다. 이는 치아 주변 조직에 손상을 줄 수 있으며 치과 의사와 환자가 자외선으로부터 보호되어야 하기 때문이다. 이러한 이유로 340nm 이상(보통 450~500nm)에서 흡수되는 개시제를 사용하는 경화 시스템이 개발되었고

286

가장 성공적인 것이 캄포퀴논(최대 488nm)이 있다. 이것은 보통 증진제로 에틸 4-디메틸아미노벤조에이트 또는 N, N-디메틸아미노에틸메타크릴레이트와 함께 사용한다. 중합 가능한 종의 선택에 주의를 기울여야 한다. 아크릴레이트는 피부 자극을 일으키기 때문에 입안에 있는 민감한 조직 근처에서 사용할 수 없다. 메타아크릴레이트는 아크릴레이트보다 경화속도가 느리지만, 고유의 낮은 자극성 때문에 사용된다. 경화된 수지(예를 들어, 충치를 채우기 위해 사용되는 수지, 치아를 형성하기 위해 사용되는 수지)에 약간의 기계적 강도를 부여하기 위해, 실리카와 같은 충진제가 첨가된다. 완성된 제품이 육안으로 보이는 경우, 즉 채워진 영역이 치아와 같아야 한다면 입자 크기를 정확하게 선택하는 것이 매우 중요하다. 경화된 수지는 치아처럼 보여야 한다. 이를 위해 경화 시 비교적 적은 양(2.5%)의 수축을 나타내는 메타아크릴레이트가 고안되었다(예, 비스페놀 A 디글리시딜에테르 디메타크릴레이트). 좋은 접착력을 얻기 위해서는 빠른 경화가 아닌 천천히 경화를 진행하는 것이 좋다. 고려해야 할 다른 특성에는 열 특성(에나멜 또는 상아질 치아의 유사한 팽창 계수)이 있다. 경화된 물질은 침출 가능한 성분을 포함하지 않아야 하며 침, 음료 등으로 침식되어서는 안 된다. 경화된 재료는 양호한 기계적 성질을 나타내야 하고, 매끄러운 마무리를 제공하도록 연마 가능해야 하며, 결함 등을 검출할 수 있도록 X-선에 불투명해야 한다. 다양한 배합이 현재 상업적으로 사용 가능하며 그중 많은 제품이 특정 필요성을 충족시키기 위해 만들어진다. 이러한 재료의 응용에는 임시 시멘트, 치과 보수재료, 균열 방지제, 이장재, 의치 기초 재료, 크라운 및 브릿지 베니어 및 인상재가 있다.

9. 복합 재료

고강도이면서 낮은 중량을 가지는 신소재에 대한 요구가 끊임없이 있다.

이러한 재료는 자동차, 항공기, 우주, 전자 및 조선 산업에 큰 가치가 있다. 금속의 사용은 목재와 같은 천연 재료의 사용을 대체했고 우수한 강도 및 쉬운 가공, 성형 등이 가능하다. 그러나 금속의 단점은 부식과 피로현상을 보인다. 우수한 강도를 보이고 낮은 중량으로 상당히 높은 강성을 나타내는 알루미늄 합금은 상업적 가치가 있다. 그래서 알루미늄 합금과 동등하거나 더 우수한 결과를 위해 복합 재료에 대한 벤치마크를 설정한다. 현재 복합 재료는 알루미늄 합금의 20~25%에 해당하는 우수한 강도, 기계 가공성을 위해 탄소섬유 및 유리섬유를 기반으로 한다. 복합재료 기술은 매트릭스(유기 고분자, 금속 또는 세라믹)에 섬유를 분산시키기 때문에 섬유의 강도와 강성은 중요하다. 그 결과 바인더 역할을 하고 한 섬유에서 다른 섬유로 힘을 전달한다. 복합재료의 강도는 벌크 형태의 섬유(수지가 작은 공헌을 하는 섬유)보다 종종 더 강하다. 복합 재료의 특성은 섬유의 강성도 및 강도, 섬유 직경, 섬유 길이, 섬유의 균일성, 섬유 부피, 섬유 배향성 및 섬유-매트릭스 계면의 온전성과 같은 요소에 의해 결정된다. 섬유-매트릭스 계면은 공극의 존재, 계면 결합강도 및 매트릭스의 특성에 의해 그 자체가 영향을 받는다.

복합재료에는 다양한 종류가 있다: 미립자 보강제(예, 치과재료에 사용되는 자외선 경화 배합물), 라미나(laminar), 불연속 섬유강화재(보강재의 길이는 단면치수보다 훨씬 큼, 복합재료는 섬유의 길이에 의해 결정됨) 및 연속 섬유강화재(섬유의 길이가 증가되도 탄성 계수의 변화가 없기 때문에 불연속이지만 연속이라고도 불림).

가장 일반적으로 사용되는 유리섬유는 전기용 유리[E-glass(전기적)] 및 기계적, 화학적 및 전기적 특성의 균형이 잘 유지되고 적당한 비용으로 구입할 수 있는 칼슘 알루미노보로실리케이트 유리가 있다. 더 우수한 내화학성, 높은 인장강도 등을 제공하는 또 다른 유리섬유가 있다. 붕소섬유는 매우 비싸지만 탄성 계수는 유리섬유보다 약 6배 더 크다. 탄소섬유는 매우 높은 강도를 나타내며, 밀도가 낮고, 크리프(creep)가 우수하고 내피로성, 강한 산화제는 아니지만 내화학성을 가진다. 하지만 이들은 부서지기 쉽고,

낮은 내충격성, 연신율을 가진다. 아라미드 섬유는 전기용 유리(E-glass)보다 탄성계수가 높고 인장 강도가 비슷하며 밀도가 낮아 일반적으로 사용된다.

매트릭스는 섬유를 함께 묶고, 섬유와 섬유 사이에서 하중을 전달하고 환경 및 취급 효과로부터 보호하기 때문에 매우 중요하다. 매트릭스의 특성에 따라 복합재료의 사용온도 제한 및 내후성이 결정된다. 현재 열경화성 수지와 열가소성 수지는 광경화를 사용하는 방법을 찾는 데 큰 어려움을 겪고 있다.

광경화가 제공할 수 있는 이점은 무엇인가? 열경화성 수지가 사용되는 경우, 액상 수지는 가교결합에 의해 단단하고 취성인 고체로 전환된다. 이 경화 과정은 상온에서 일어날 수 있지만 경화를 빨리 하기 위해서는 가열하는 것이 일반적이며, 비교적 오랜 시간이 소요될 수 있다. 전형적인 재료로는 에폭시 수지, 폴리에스테르 및 비닐 에스테르/아크릴이 있다. 일반적으로 사용되는 열가소성 수지는 폴리아미드, 폴리프로필렌, 폴리에테르이미드가 있다. 광경화를 사용하면 상대적으로 짧은 기간에 경화가 이루어지므로 에너지 절감 효과가 있다. 광경화 공정은 생산 속도를 증가시킬 수 있는 가능성을 제공한다. 상기 공정에서는 휘발성 물질이 생성되지 않기 때문에 휘발성 유기 화합물의 방출과 관련된 문제를 피할 수 있다.

광경화 공정은 열처리 공정보다 제어하기 쉽다. 왜냐하면 열처리 공정은 스위치를 열고 닫고 하면서 시작하거나 종료하기 때문이다. 배합이 최적화된 경우, 광이 켜지자마자 배합물의 상단, 중앙 및 하단에서 경화가 일어나지만 열 공정은 균일한 온도 분포에 도달하기까지 시간이 오래 걸릴 수 있으므로 광경화 방법이 더 좋다. 열경화성 수지의 경우 섬유에 적용하기 전에 경화제(예, 디아민과 같은 가교결합 종)를 배합에 첨가해야 하는 경우도 있다. 이는 섬유가 최적의 상태로 덮이기 전에 경화가 진행되거나 생산라인이 일시적으로 멈춘 경우, 정지 중에 경화가 발생하여 가공상의 문제가 발생할 수 있기 때문이다(예, 수지 초기단계에서 점도가 높아 섬유의 젖음에 악영향을 미칠 수 있음). 광경화성 배합은 사용자에 의해 완전히 배합될 수 있으므로 생산 라인이 정지되면 경화를 중지해야 하는 단점을 겪지 않는다.

광경화를 통해 두껍고 섬유로 채워진 복합재료를 생산하는 것은 진정한 도전 과제이다. 두꺼운 필름을 경화시키는 것은 쉽지 않다. 왜냐하면 필름의 표면에서 바닥까지 경화에 필요한 광을 얻는 방법이 어렵기 때문이다. 짧은 파장에서 높은 흡광계수 및 긴 파장에서 낮은 흡광계수를 갖는 개시제의 사용은 표면(짧은 파장에서의 흡수로 인한) 및 필름의 하부(긴 파장에서의 흡수로 인한)에서의 빠른 경화를 가능하게 한다. 아실포스핀 옥사이드와 같은 변색 가능한 개시제의 사용은 광이 표면 근처의 개시제 분자를 파괴해 필름의 하부까지 도달할 수 있기 때문에 두꺼운 부분을 경화시키는데 유리하다. 복합재료의 경화는 충전제(유리섬유, 탄소섬유 등)의 흡수, 반사 및 굴절 특성에 의해 복잡해진다. 이들 특성이 갖는 기여도는 충전제의 물리적 형태(예, 미립자)에 의해 결정된다. 그것이 미립자인가, 그렇다면 입자의 모양과 크기는 무엇인가? 아니면 섬유상인 것인가? 이 경우 섬유의 크기가 중요하다.

광투과 효율을 결정하는 중요한 요소는 혼합물의 흡수 특성이다. 경화될 부분의 두께가 증가함에 따라 자외선 스펙트라의 끝 부분에서의 약한 흡수에 대한 기여가 더욱 중요해지고 있다. 방향족 성분을 함유한 많은 수지(예, 비스페놀 A에 기초한 에폭시 수지)는 330nm까지 흡수한다. 또한 아크릴레이트화된 수지에 존재하는 4-메톡시페놀과 같은 산화방지제 또한 350nm까지의 흡수를 유도한다. 대부분의 경우 330nm 이하의 광 흡수는 경화될 표면의 근처로 제한된다. 개시제는 330nm 이하의 흡수 밴드를 가져야 한다. 빛에 대하여 수지와 경쟁하고 산소장애에도 불구하고 효율적인 표면경화를 가져오려면 높은 흡광계수를 가지고 있어야 한다.

유리섬유(E-타입, 미세하게 잘게 자른 형태로 사용됨) 및 아크릴레이트 폴리에스테르 수지를 주성분으로 하는 복합체는 벤조인 에틸 에테르와 같은 통상적인 개시제를 사용하여 경화되어 왔다. 사용된 섬유의 모양은 최상의 특성을 갖는 복합체를 만들지는 못했다. 하지만 그 이후로는 빛의 산란이 더욱 심해지므로 경화 시 이런 특성에 의해 일부가 경화되도록 약간의 아이디어가 가미되었다. 경화는 비교적 효율적이고 배합 내에 열 개시제를 혼입함으로써 더욱 증가시킬 수 있다. 광투과가 잘 안 되는 두꺼운 부분의 경화에서 많은 열이 발생해 열 개시제가 사용되는 계기가 될 수 있다. 이러한 시스템에서 온도가 130℃까지 달성될 수 있다. 더 놀라운 사실은 개시제가 조사 시 변색성을 겪고 이것이 경화 과정에서 중요한 역할을 한다.

섬유가 스티치 직물의 형태로 사용되는 유리섬유 복합체의 경화를 기술하는 많은 보고가 있다. 기계적 성질을 최적화하려면 유리섬유 함량이 50~70%이어야 하고 공극(공간) 함량이 1% 미만이 되도록 수지를 섬유에 적용해야 한다. 두꺼운 부분(예, 2cm)은 캄포퀴논-에틸 N, N-디메틸아미노벤조에이트 및 2-벤질-2-디메틸아미노-1-(4-모르폴리노페닐)부탄-1-원과 같은 개시제 시스템을 갖는 전통적인 자외선 경화 장치을 사용하여 성공적으로 경화하였다. 종래의 유형 I 개시제와 비스아실포스핀 옥사이드와 조합하여 사용되는 경우 추가적 개선이 이루어진다. 광경화 복합재료가 열처리 공정에서 생성된 당량 시스템의 물리적 특성과 일치하는 경우 열처리 과정에서 얻은 온도 이상에서 경화가 빠르게 일어난다. 달성할 수 있는 경화의 최대 범위는 배합 내의 중합 가능한 그룹의 농도, 많은 관능기를 가진 수지가 사용된 정도 및 경화 온도에 의해 결정된다. 유리화는 많은 관능기를 가진 화합물의 사용을 선호하고, 고도의 경화가 달성되어야 하는 경우 유리화된 수지의 T_g 이상에서 경화가 일어나야 한다. 배합자의 딜레마는 관능기가 많은 재료를 사용하면 경화속도가 증가하지만, 경화된 수지의 특성이 완전히 구현되기 전에 유리화가 될 수 있다. 이러한 문제는 적외선 히터를 자외선 램프와 함께 사용함으로써 극복할 수 있다.

폴리이미드 및 탄소섬유를 함유하는 복합재료의 경화는 특히 어려운 과제이다. 고전적인 타입 I 개시제(표면경화를 강화), 증감제 및 티올 증진제와 함께 헥사아릴비스이미다졸 및 분열 가능한 붕산염 반대이온을 갖는 근적외선 흡수 염료 등 개시제의 혼합물을 사용하여 개선할 수 있다.

전자빔 방사를 이용해 복합재료를 경화시키면 전자가 충전제로부터 거의 방해받지 않고, 두꺼운 샘플의 경우 조사된 표면의 반대 면까지 경화시키는 데 아무런 문제가 없는 등 큰 이점을 가지고 있다. 유리섬유 및 탄소섬유로 채워진 시료의 경우 공정 중에 상당량의 열이 발생하고 섬유 함량이 증가함에 따라 방출되는 양이 감소한다. 열 발생은 완전히 경화된 필름의 우수한 물리적 특성을 가지는 데 중요한 역할을 한다.

이러한 자외선 및 전자빔 경화 시스템의 성공은 광경화에 의해 생성된 복합체가 곧 상업화될 것임을 시사한다.

10. 광경화 코팅의 외장 적용

자외선 경화 제품은 햇빛, 비, 습기, 연마작용 등에 장기간 노출될 가능성이 많다. 아마도 가장 큰 상업적 기회는 자동차 마감재에 대한 것이고 포드 자동차 회사는 페인트 스프레이 후 열 건조하는 위험하고 오염된 과정을 없애기 위해 광경화를 초기에 받아들인 기업 중 하나이다. 광경화 시스템의 이해는 1960년대의 목표를 곧 실현될 수 있도록 했다. 다른 응용 분야로는 정원 가구, 건축 외장 패널, 이중 유약 등이 있다.

많은 광경화 코팅은 야외에 노출될 때 열악한 내구성을 가진다. 자외선 경화 시스템의 경우 미반응된 광개시제 또는 광개시제 잔여물의 존재 때문일 수 있다. 그러나 개시제 시스템이 생략되고 전자빔으로 경화하면 좋지 않은 특성을 가진다. 이러한 발견은 코팅의 분해에 개시제 및 그 잔여물로 인한 것일 수 있지만, 이들이 주요한 원인이 아니라는 것은 분명하다. 투명 코팅의 내구성은 수지 및 희석제 구조와 밀접하게 관련되어 있다. 폴리에테르는 자동 산화로 인하여 매우 열악한 내구성을 나타내며, 몇몇 지방족 에스테르에 대해서도 마찬가지이다. 방향족 잔여물은 쉽게 산화되어 착색된 종을 제공하는 페놀릭 종을 만드는 재배열 반응(예, 포토 프라이스 재배열)을 하기 때문에 문제가 된다. 이러한 공정에서는 경화성 노볼락 및 레졸수지의 사용은 배제한다. 지방족 우레탄은 비용이 드는 단점이 있다.

안료가 도료에 존재하면 자외선 차단제로 작용하여 보호 효과를 나타낼 수 있다. 일부 안료(예, 이산화 티타늄의 아나타제 형태)는 개시 라디칼 형성을 일으키므로 코팅에서 분해 억제제로 작용한다. 안료의 분산을 돕는 표면처리는 원하지 않는 반응을 일으킬 수 있다(예, 폴리아민 자동 산화 처리).

내구성에 영향을 미칠 수 있는 다른 요인은 경화 정도, 필름 및 기재의 수분 투과성, 코팅의 균질성, 코팅의 기계적 강도 및 코팅과 기재 간의 접착 효율성 등이 있다. 내구성을 향상시키기 위해서 가능한 많은 중합 가능한 그룹들을 사용하는 것이 필수적이며, 이들은 라디칼 반응에 참여하기 시작하여 과산화물 종의 생산을 유도할 수 있으며, 이는 분해 반응의 열 개시제로서 작용한다. 가교결합 밀도는 수분 투과율을 증가시키기 때문에 매우 중요하다. 수분이 기재와 코팅 사이의 접착 결합에 도달하면 박리가 일어날 수 있다. 필름에 아주 작은 구멍의 존재는 수분 침투를 통한 박리를 야기할 수 있으며, 또한 필름에 대한 산소 접근을 증가시키고 필름의 표면적을 증가시켜 산화 분해를 촉진시킨다. 필름의 기계적 강도는 응력과 변형(예, 굴곡 또는 먼지 입자로 인한 마모)에 영향을 받을 수 있는 상황에서 특히 중요하다(특히 자동차 마감재에서 중요). 광경화 시스템을 포함하는 많은 고분자는 코팅에서 응력을 형성하고 기계적 결함의 원인인 가교결합 밀도를 증가시키는 비산화성(즉, 산소 분자를 포함하지 않음) 분해를 겪는다.

자외선 경화 필름이 열적으로 생성된 필름과 유사한 내구성을 나타내기 위해서는 분해 과정이 제거되거나 최소화되어야 한다. 이것이 이루어지려면 산화 방지제와 자외선 차단제를 추가해야 한다. 사용 가능한 많은 산화 방지제 중에서 가리워진 피페리딘(HALS, 예, 2,2,6,6-테트라메틸피페리딘 및 그 유도체)이 현재 가장 선호되고 있다. 상기 화합물은 퍼옥사이드 및 퍼옥시 라디칼 간섭반응을 억제하는 데 매우 효과적이며 배합을 돕기 위해 다양한 치환체를 보유한다. 자외선 차단제는 2-하이드록시 벤조페논을 기본으로 하며 이 물질을 기반으로 한 화합물이 널리 보급되고 있다. 현재 하이드록시페닐벤조트리아졸 및 2-하이드록시페닐트라이아진을 기반으로 하는 더 비싸고 효과적인 재료가 개발되어 널리 사용되고 있다(그림 10.7).

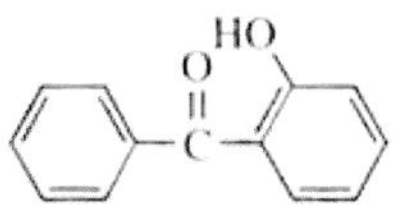

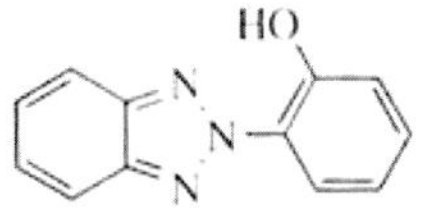

2-하이드로벤조페논   2-하이드로페닐 벤조트리아졸

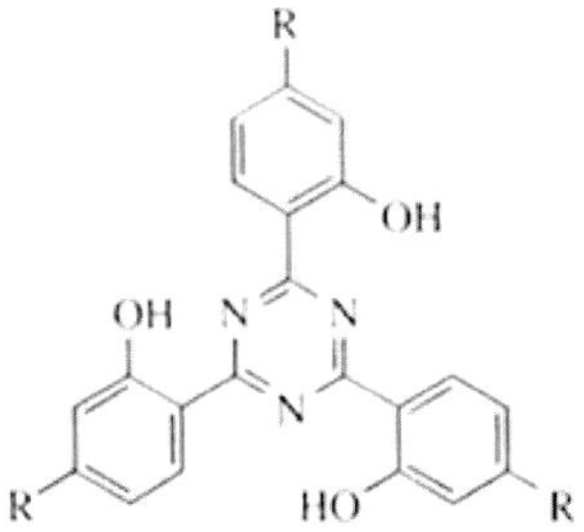

2-하이드로페닐트리아진   R=알킬,알콕시

그림 10.7 일부 자외선 차단제

　가능한 넓은 범위의 파장을 커버하기 위해서는 자외선 차단제의 혼합물을 사용하는 것이 일반적이다. 자외선 차단제는 400nm 이하의 빛을 흡수하도록 설계되었으므로 종종 광개시제를 활성화하는 데 필요한 파장을 흡수한다. 아실 포스핀 및 비스아실포스핀 옥사이드를 기반으로 하는 변색 가능한 광개시제가 이런 목적으로 가장 많이 사용된다. 앞서 말한 개시제와 자외선 차단제, 산화 방지제 및 지방족 우레탄 수지를 함께 사용하면 내구성이 있는 자외선 경화 코팅이 제조된다.

11. 분체 도료

　분체 코팅 기술은 표면 코팅 시장의 상당 부분을 차지하고 있다. 이는 우수한 접착력을 가진 내구성이 있는 코팅이 얻어지기 때문에 금속 표면을 코팅하는 데 특히 유용하다. 열처리 과정에서 분말 형태의 고분자가 표면에 도포된 다음 용융된다. 녹는 과정에는 두 단계가 있다: (1) 고분자 입자의 소결, (2) 생성된 용융 필름의 유출(그림 10.8).

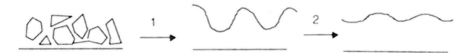

그림 10.8 용해 과정의 다이어그램

　내구성이 있고 우수한 코팅을 생산하려면 흐름이 균일한 필름을 생산해야 한다. 열경화성 수지를 경화하는 경우 용융 코팅에서 진행해야 한다. 사용된 열경화성 수지의 예로는 아크릴(경화된 이소시아네이트, 경화된 에폭시 및 경화된 산), 에폭시(경화된 디시안디아미드, 경화된 카복시-말단 폴리에스테르) 및 폴리에스테르(하이드록시 말단 이소시아네이트, 경화된 트리글리시딜 이소시아네이트) 등이 있다. 열가소성 시스템은 폴리올레핀(폴리에틸렌, 폴리프로필렌), 비닐 중합체, 폴리아미드, 폴리에스테르 등을 포함한다. 이러한 열경화성 시스템은 다목적이며 경제적이다. 그리고 액체 스프레이 코팅에 비해 좋다. 특히 가치 있는 측면은 표면에 달라붙지 않는 분체를 회수할 수 있고 90~98%의 높은 재사용률을 가진다.

　자외선 경화가 어떻게 코팅 기술을 더욱 확장시킬 수 있나? 용융 및 경화 공정은 180℃의 온도와 15~30분의 시간이 요구된다. 우리는 자외선 경화가 빠르다는 것을 알기 때문에 자외선 경화제를 사용하면 경화시간과 온도를 줄일 수 있다. 자외선의 적용은 분체가 열적으로 경화되지 않기 때문에 낮은 용융 범위(예를 들면, 약 100℃)를 가질 수 있고 우수한 저장 수명을 가진다. 낮은 용융 범위를 갖는 열적 경화 분체는 상온에서 저장 시 경화될 수 있다. 상온보다 약간 높은 온도에서 용융되고 그러한 조건하에서 경화될 수 있는 분체 시스템의 이용 가능성은 목재 및 목재 합성물와 같은 열에 민감한 물질도 사용할 수 있기 때문에 코팅될 수 있는 기재의 범위가 넓어진다. 분체 코팅은 액체 코팅에 비해 몇 가지 장점을 갖는다. 일반적으로 우수한 작업성을 얻기 위해 반응성 희석제를 수지에 첨가해야 하며 이러한 희석제 중 일부는 독성 및 취급 문제를 나타낸다. 경우에 따라 희석제를 사용하면 수지가 코팅 특성에 미치는 효율성을 감소시킨다. 분체 코팅은 희석제를 사용할 필요가 없으므로 이러한 문제를 피할 수 있다. 또한, 자외선 경화성 분말의 독성은 자외선 경화성 액체의 독성보다 낮을 수 있다(예를 들어, 흡입 또는 피부 접촉을 통해 섭취될 가능성이 적음).

저온 경화 분체를 사용하는 것도 문제가 없지는 않다. 이들 분체가 액체로 녹아 코팅이 될 때 기존의 자외선 경화성 코팅보다 훨씬 높은 점도를 가지며, 이는 기재를 균일하게 커버하기 어려울 뿐만 아니라 중합 가능한 그룹을 효과적으로 경화시키는 데 어려움이 있다. 이러한 문제에도 불구하고 자외선 경화형 분체 코팅은 현재 상업적 잠재력이 매우 큰 중요한 코팅 공정으로 부상하고 있다.

분체 코팅에서 자외선 경화는 어떻게 사용되나? 사용된 장비의 단순화된 그림이 그림 10.9에 나와 있다.

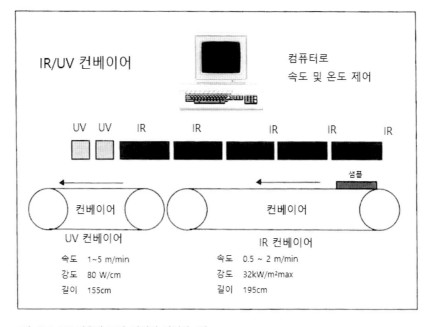

그림 10.9 UV 파우더 코팅 장치의 다이어그램

공정 초기에 도포되는 분체는 자외선 경화성이어야 하고, 적절한 온도 범위에서 용융되고, 기판상에 유출되어 양호한 코팅을 제공해야 한다. 분체는 자유 라디칼(아크릴레이트 및 비닐에테르-말레에이트 에스테르 시스템) 또는 양이온성(에폭사이드) 경화 공정을 기반으로 하며 적절한 광개시제를 함유해야 한다. 기판에 분체 도포방법은 일반적으로 정전기로(예를 들어, 마찰 대전성) 수행되지만, 인기를 얻고 있는 다른 방법은 코팅될 부품을 분체의 유동 층에 통과시키는 것이다. 코팅 후, 부품은 IR 및 대류 가열기에 의해 공급된 가열 영역을 통과한다. 이 구역을 통과하는 데 필요한 시간은 배합의 용융 특성 및 유출 특성에 따라 달라진다. 코팅된 제품은 자외선을 조사하여 경화시킨다. 이러한 방식으로 목재, MDF 보드 및 금속 기판이 코팅되고 우수한 외장 내구성을 나타내는 수지 시스템 코팅을 선택할 수 있다.

임진규 ————————————————————————————

▍약 력

이학박사(화학)
충북대학교 공과대학 공업화학과 교수
KELLON SCIENCE 대표이사

광경화형(UV, EB, LED)
   고분자 화학

초판인쇄   2017년 7월 21일
초판발행   2017년 7월 21일

지은이   임진규
펴낸이   채종준
펴낸곳   한국학술정보㈜
주소   경기도 파주시 회동길 230(문발동)
전화   031) 908-3181(대표)
팩스   031) 908-3189
홈페이지   http://ebook.kstudy.com
전자우편   출판사업부   publish@kstudy.com
등록   제일산-115호(2000. 6. 19)

ISBN   978-89-268-8066-1   93430